U0862045

“应急管理理论与实务”丛书编委会

编委会主任委员：胡　军

编委会副主任委员：林如鹏　宋献中

编委会委员：（按姓氏笔画排序）

马宏伟　王　播　王声湧　卢文刚

刘　沛　沈远平　林汉生　林如鹏

林毓铭　周云帆　胡涤非　唐书泽

梁茂春

“应急管理理论与实务”项目负责人：林毓铭

“应急管理理论与实务”丛书策划：林毓铭

应急管理理论与实务

食品安全应急管理

Food Safety Emergency Management

唐书泽　主编

暨南大学出版社
JINAN UNIVERSITY PRESS

中国·广州

《食品安全应急管理》编委会

主　编： 唐书泽

副主编： 张永慧

编　者： 唐书泽　教授　暨南大学国际学院

张永慧　主任医师　广东省疾病预防控制中心

吴希阳　教授　暨南大学理工学院食品安全研究所

彭喜春　副教授　暨南大学理工学院食品科学与工程系

陈卫东　主任医师　广东省卫生监督所

总　序

中国正处在社会转型与体制转轨、机遇与风险并存的高风险期，社会的急速变化加上各种自然灾害与人为事故纠结在一起，公共危机问题被迅速地集中和放大，蕴涵着各类不可忽视的风险。金融、环境、信息、流行疾病、民族分裂主义、自然灾害等诸多非传统安全危机已成为威胁国家安全的组成部分，这些非传统安全危机深刻地考验着中国政府的执政能力。面对非传统安全危机，加强执政能力建设，趋利避害、化解风险已成为中国政府长期面临的重要课题。从 2006 年 1 月国务院颁布《国家突发公共事件总体应急预案》起，就意味着战略性地应对公共危机已提升至国家高度。

"突发公共事件"是指突然发生的，造成或者可能造成重大人员伤亡、财产损失、生态环境破坏或严重社会危害、危及公共安全的紧急事件。随着世界各国社会经济的快速发展，各类突发公共事件的危害日益凸显。突发公共事件主要分为自然灾害、事故灾难、公共卫生事件、社会安全事件四类；按照其性质、严重程度、可控性和影响范围等因素分成四级，特别重大的是Ⅰ级，重大的是Ⅱ级，较大的是Ⅲ级，一般的是Ⅳ级。一国政府应对突发公共事件的能力已经成为评价其执政、施政能力的一个重要绩效标准。

北京大学丁元竹教授曾把中国社会的风险归结为十个方面：就业问题、三农问题、金融问题、贫富差距、生态与资源问题、台湾问题、全球化问题、国内治理危机、信心和诚信问题、艾滋病和公共卫生问题。这些风险是当代发展中国家走现代化、城市化荆棘之路的共性，也是正在进行追赶型、跨越式发展的中国社会不得不面对与思考的问题。能源安全、环境安全、生态安全、金融安全、网络安全、信息安全、卫生安全、文化安全等涉及社会生活的多个领域，具有隐蔽性、危险性、突发性和非确定性的特点。21 世纪以来，各种自然灾害、事故灾难、公共卫生事件、社会安全事件等的频频发生，往往使国家遭受重大损失。研究社会转型期各类重大的突发公共事件和社会经济风险，以及自然条件状态下的各种自然灾害和次生灾害所带来的应急管理问题，提高突发公共事件应急管理能力成为政府不可回避且亟待解决的现实课题。

中央综治办主任陈冀平曾指出，从目前的社会形势看，新的社会矛盾将不断产生，原有的一些社会矛盾可能随之凸显，并呈现出经济领域的新矛盾与其他领域的矛盾相互影响、相互作用的局面。这主要表现为涉及农村土地征用、城镇房屋拆迁、国有企业改革、部分军队退役人员安置等方面的信访问题已十分突出，非法集资、股市房市受损、高校毕业生就业、医疗、养老、环境污染、城市公共服务与管理等诱发群体性事件的因素也正在增多。由经济纠纷引发的暴力讨债、绑架、哄抢等“民转刑”案件可能更加频繁，流动人口犯罪、多发性侵权犯罪和非法集资等涉众型经济犯罪可能更加明显，城市社会治安问题向农村蔓延扩散的趋势可能更加突出，尤其是个人极端事件有可能进一步增多，治安问题的敏感性将会进一步增强，一起普通的刑事案件或治安案件有可能转变为社会热点问题，甚至可能诱发其他矛盾和问题。

近50年来，世界经济发展步伐加快，在石化能源体系支撑下形成了如火电、石化、钢铁、建材、有色金属等高碳工业群，并由此衍生出汽车、船舶、航空、机械、电子、化工、建筑等行业。气候变化主要是由于人为活动排放的二氧化碳、甲烷、氧化亚氮等温室气体造成的。全球变暖的后果是冰川融化、海平面上升、生态系统退化和自然灾害频发。从企业应急管理和经营发展的长远角度来看，企业外部市场变幻莫测，内部管理与控制日趋复杂。外部风险包括市场风险、竞争风险；内部风险则包括品牌风险、战略风险、文化风险、团队风险、领导人风险、财税风险、舆论风险、法律风险和技术风险等。

马凯在《求是》杂志中撰文指出，我国正处于工业化、城镇化快速发展时期，各种传统的和非传统的、自然的和社会的风险、矛盾交织并存，公共安全和应急管理工作面临的形势更加严峻。归纳起来，应急管理面临的态势包括四个方面：一是自然灾害处于频发期。我国是世界上自然灾害最为严重的国家之一，灾害往往具有种类多、分布地域广、发生频率高、造成损失重等特点。特别是近年来，极端气候事件频发，中、强地震呈活跃态势，自然灾害及其衍生、次生灾害的突发性和危害性进一步加剧。二是安全生产形势严峻。我国经济发展较快，能源、资源、运输供给长期偏紧，再加上安全生产基础薄弱，一些地方和企业责任不落实、监管不到位，生产安全事故发生率居高不下，重、特大事故时有发生。三是公共卫生事件防控难度增大。公共卫生事件的诱因和影响都呈较强的国际性特点，全球新发的三十多种传染病已有半数在我国出现，重、特大疫情和群体性不明原因疾病时有发生。随着人口流动量的加大和流动速度的加快，疾病的防控难度增加，造成的损失更加严重；而在食品、药品生产经营中，市场秩序混乱、源头污染严重、监管力量薄弱等问题尚未得到根本解决。四是社会安全面临新的挑战。我国改革发展进入关键阶段，各种利益关系错综复杂，国家安全面临的形势更加严峻，维护社会稳定的任务更加艰巨。对当前国际金融危机造成的重大影响和可能引发的各类突发公共事件，我们要有充分的准备。

2008 年 3 月 14 日，少数不法分子在西藏拉萨制造了打砸抢烧暴力事件，烧死或杀死藏汉群众 18 人，给当地人民群众生命和财产安全造成重大损失。2009 年乌鲁木齐“7·5”打砸抢烧严重暴力犯罪事件又造成 197 人死亡，其中绝大多数是无辜群众。后面这场打砸抢烧暴力事件的发生，是由以热比娅为首的境外敌对势力和境内极少数不法之徒极力炒作广东韶关旭日玩具厂群殴事件，把一起一般的治安案件渲染成民族事件，进而极力煽动民族仇恨所致的。虎年春节期间，山西省的晋中、太原、吕梁、长治、晋城、阳泉等地区到处都是地震将发的谣言，一场大规模的群众恐慌在山西蔓延。2010 年 2 月 20 日晚至 21 日凌晨，许多山西人离家，躲避在广场、公园等地，夜不归宿，甚至开车逃往外乡。许多山西人在户外度过了一个不眠之夜。造谣人利用网络传播大地震谣言，而政府机构最初也处于一片迷乱中，直到 21 日早晨，山西省政府及各地区地震部门通过媒体及移动通信转达了政府公告，称群众的这次避震行动为谣言所惑，要广大群众安心。此类民生事件实则是 2007 年哈尔滨水污染事件中短信传播哈尔滨要发生大地震的翻版。非常事件与突发事件应该由民调机构和覆盖面广的大众媒体联合发布，以正视听。

应急管理是指政府及其他公共机构在对突发公共事件的事前预防、事发应对、事中处置和善后管理过程中，通过建立必要的应急机制，采取一系列必要的应急措施，以保障公众生命和财产安全，促进社会和谐、健康发展的有关活动。美国佐治亚州州立大学著名应急管理学家威廉·L. 沃认为：“应急管理就是对风险进行管理，以使社会能够与环境或技术危险要素共存，并应对环境、技术危险要素所导致的灾害。”应急管理是对突发公共事件的全过程管理，根据突发公共事件的预警、发生、缓解和善后四个发展阶段，可分为预测预警、识别控制、紧急处置和善后管理四个过程。应急管理又是一个动态管理，包括预防、准备、响应和恢复四个部分，均体现在管理突发公共事件的各个阶段。

应急管理是一个完整的系统工程，可以概括为“一案三制”，即突发公共事件应急预案，应急机制、体制和法制。以政府应急管理为主线，围绕政府应急管理决策、技术管理、社会动员与响应机制等层次展开研究，达到在紧急状态下各行为主体凝聚人心、从容应对、缓解危机、减少缺失的效果。政府危机管理即政府在公共危机事件发生之前、发展过程之中和后危机时期，为减少和消除危机造成的危害和损失，根据危机管理计划和程序而对危机直接采取的对策及管理措施。它是在政府常态型危机管理基础上紧急状态的管理。各种信息资源、物质资源、人力资源如何高效配置与有效运作，如何防止灾害的蔓延与次生灾害的扩大等均是政府应急管理在紧急状态下需要解决的关键问题。我国正处于经济体制和经济增长方式双重转轨的特殊时期，存在着诱发公共危机的潜在性制度及非制度因素。高度重视公共危机管理、建立公共危机的预警机制和政府干预公共危机体系尤为必要。应急管理的基础是常规性政府危机管理，只有基础工作常抓不懈，才能在紧急状态下临危不乱。

发达国家十分重视对突发公共事件应急管理的研究，其研究范围覆盖了灾害或危机产生、发展、消亡的整个过程。日本是较早开展城市应急管理研究的国家，研究的领域和能力不断拓展，研究的水平位于世界前列。美国也在“9·11”事件发生后，组建了部级的美国国土安全部（DHS），此部门的设立标志着美国国家级突发公共事件应急管理体系从“综合应急管理”提升到“国家安全应急管理”的高度。相关国际组织也非常重视突发公共事件应急管理。联合国第二届世界减灾大会发表的《兵库宣言》要求各国将防灾减灾、保障国民生命和财产安全“作为国家的第一责任”，并将“确保减灾成为各国政府部门的工作重心之一”列为《兵库行动框架》（2005—2015年）提出的五个行动重点之一。世界各国的政府部门、学术团体和专门机构已经开始从事各种针对突发事件的预防、监测、预报、识别、测定、控制、应急预案制定、事发时的快速反应及救灾、灾后的快速评估与重建的研究。

美国的乔治华盛顿大学、马里兰大学、北达科塔州立大学和加拿大的尼加拉瓜学院等高校，在该领域均有较为系统的研究，包括危机与应急管理，流行病及预防医学，危机和应急管理中的信息技术、自然、技术危害以及恐怖袭击之风险管理，大规模恐怖行动的预防和反应之危机管理，灾后重建以及组织持续之减灾管理，健康与医疗应急管理等各个方面。上述研究系统地为政府层面与技术层面的公共危机与应急管理技术提供了强有力的理论指导。

公共危机与突发事件已成为构建和谐社会和可持续发展的重要隐患，如何有效应对突发事件、妥善预防和处理危机越来越多地引起社会各界的高度重视。2006 年 1 月国务院颁布《国家突发公共事件总体应急预案》，标志着从战略上应对公共危机已被提升至国家高度。中央进一步明确提出，要建立健全社会预警体系，提高保障公共安全和处置突发事件的能力。2007 年 8 月，全国人大常委会通过了《中华人民共和国突发事件应对法》。汪永清、莫于川、韩大元等学者对该法进行了阐释。另一些学者，如徐高、莫纪宏等，则比较系统地研究了国外针对处理紧急状态下的法律制度。目前，我国的应急管理研究基本上处于以介绍国外经验，对其存在的问题及对策等事实进行描述和提出对策措施为主的阶段，而对法理以及制度比较的研究尚欠深入，难以为应急管理的依法施行提供充分的理论支持。另外，对危机处理研究较多，对事后重建和救济研究较少，不利于达到依法规范政府行政行为、缓解公众利益和私人利益的矛盾、维护社会稳定的目的。

关于灾害及突发公共事件应急工程的研究，国内外已经积累了大量的研究成果。从第一个应急管理国际组织——国际应急管理工程协会诞生之日起，各类研究成果层出不穷。这些成果几乎囊括了火灾、地震、矿井塌陷、核泄漏事故等各个领域的灾害。我国从 20 世纪 80 年代末开始新增了许多研究学报和学术期刊，如《自然灾害学报》、《环境污染与防治》、《环境卫生工程》、《中国环境管理》、《中国减灾》等，针对我国自然灾害以及事故灾难的防灾减灾研究已经较为深入。目前国内较为集中的研究主要体现在城市灾害应急与管理，区域应急管理实务预案、演练及绩效，突发事件应急管理，现代城市公共安全应急管理，领导干部预防和处置突发公共事件实用指南与案例分析，公共危机与管理，国家与政府的危机管理，灾难性事故与事件应急处置，城市安全学，政府应急管理实务，中央和大城市政府应急机制建设，灾害应急处置与综合减灾，地震应急等领域。

政府应急管理和企业应急管理均需要建立应急管理综合平台和预案，运筹帷幄才能在非常态情境下保持临危不乱。但无论是国内还是国外，对于突发公共事件的研究普遍侧重于对技术和具体方法应用的应急工程研究，并形成了一类特殊管理理论与方法——应急管理，而蕴涵其中的基础科学问题研究并没有得到广泛关注。这样就构成了面向突发公共事件的应急管理和应急工程两个模块紧密结合、相辅相成的研究层面。其中，应急管理中的科学问题研究是应急工程问题研究的基础，而后者又是在前者指导下的实践。

从2008年暨南大学获教育部批准，在全国率先招收应急管理专业本科生并成立全国首家应急管理学院，到2009年广东省“211工程”三期重点学科建设项目“应急管理理论与实务”正式立项，再到暨南大学应急管理研究中心成立并成为广东省高校重点人文社科研究基地，暨南大学得到了广东省政府、省政府应急办的大力支持和社会各界的广泛关注，我们深感责任的重大与使命的神圣。应急管理属于新型交叉管理学科，“211工程”三期重点学科建设项目共设置了二十余个选题，从政治、经济、管理、公共卫生、新闻处置、社区与区域合作、应急管理史、应急管理平台等多个领域进行研究，试图对完善中国应急管理理论作出富有成效的尝试，也期盼对中国应急管理工作有所指导与借鉴。丛书的出版难免存在这样或那样的疏漏，期待读者给予批评指正。

广东省政府应急办　暨南大学应急管理研究中心
广东省“211工程”三期重点学科建设项目
“应急管理理论与实务”丛书编辑委员会
2011年6月

目 录

第一章　食品安全应急管理基本概念与发展战略

本章概述

本章将重点介绍食品、食品质量、食品安全、食品安保的基本概念和食品安全应急管理的基本理念，通过列举部分典型食品安全事件，提出食品安全应急管理所面临的挑战和发展战略。

要求掌握食品安全、食品安保、食品质量、食品标准、食品安全应急管理的定义与内涵，了解食品安全现状、食品安全突发事件发生特点以及食品安全应急管理战略。

“民以食为天，食以安为先。”食品为人体提供必需的营养素，与空气和水一样，是人体时刻不可缺少的生命元素，食品如果受到安全威胁，将直接影响人体健康甚至威胁生命安全。因此，食品安全一直是社会和消费者关注的热点，也是各级政府应急管理的重点。食品安全应急管理包括预防减灾（Prevention/Mitigation）、应急准备（Preparation）、快速响应（Respond）和恢复重建（Recovery），其核心是科学预防和快速处置。做好食品安全应急管理工作，首先应认识和理解食品安全的基本概念、食品安全突发事件发生规律、特点与趋势以及食品安全隐患源。

第一节　食品安全与食品安保的基本概念

一、食品和食品的基本要求

食品（Food）是指通过口腔摄入的任何一种可食的物质（Edible Substance）。所谓可食是指对人体有某种益处或者是人体必需的、很自然地愿意接受的物质，包括能够为人体提供能量、营养素、某种刺激等的物质。食品工业包括食品加工制造业、饮料制造业和烟草制造业，其中饮料制造业中的酒精饮料和烟草制造业中的卷烟对大脑具有某种刺激作用，在工业统计中归属到食品工业行业。由于烟草对人体健康有害，狭义的食品不包括烟草。

食品必须具备四个条件才能走向市场被消费者所接受：一是安全（Safe），对人体无害；二是符合产品本身的特征要求，即质量要求（Quality）；三是具有欣赏价值（Enjoyable），即好看好吃，吃得有味；四是价格合理（Price）。安全是强制性的（Enforcement），是通用要求，也就是说，任何一种食品，不管产自哪里，不管用什么原料和方法制造，都不允许含有任何对人体健康有害的物质，食品加工过程和加工技术的首要目的就是要消除食品原料本身和在加工过程中可能带来的食品安全隐患，如加工用水的消毒前处理、加热灭菌、添加防腐剂、真空包装、低温保藏等都是为了食品的安全。不同种类的食品对其质量指标有着不同的要求，如营养成分、重量体积、包装大小等。不同食品，其感官特征也不尽相同，如新鲜度、营养价值、颜色、结构、口味、风味、触感等。由此可见，不同的食品，其质量和感官特征即质量指标要求可能各不相同，但是对安全上的要求是一致的，例如食品不允许带有病原微生物，不允许农药和兽药残留超过限值，对基因改良食品必须标注。所以，从理论上说，所有加工食品都应该是安全的，摄食如果过量，只是胃部不适而已，但不应该有安全方面的毒副作用。

二、食品安全、食品保障、食品安保、食品安全标准

食品安全（Food Safety）是指食品被食入后，对人体健康没有任何危害。没有危害是因为食品中不含有任何不安全因子即危害因子（Hazard Factors）。但是，食品加工生产的全过程并非在真空状态下进行，原料采购、配料混合、

加工处理、包装贮藏、运输销售等很多环节都是在自然环境下进行的。食品在生产加工环节中，不可避免地会受到周围环境中有害生物（细菌、病毒、霉菌、原生物、寄生虫）、化学残留（农药、兽药残留）以及物理异物（毛发、碎石、灰尘）等有害物的侵袭（或叫污染），这些污染不是人为有意造成的，而是自然环境或突发灾害导致的。例如，鲜肉中可能含有致病的大肠杆菌，鸡蛋表面有很多致病的沙门氏菌，香肠腊肠在生产过程中很容易感染肉毒梭菌，并可能产生含剧毒的肉毒素。食品加工的首要目的就是尽可能排除这些不安全因子。

食品安保（Food Security）有两个含义。第一个含义是指粮食安全，或者叫食品保障，即每个人必须在食物的数量上得到基本满足，以防饥饿与营养不良。因为资源受限或者遭受自然灾害、战争灾难等原因导致食物短缺属于粮食安全问题。国际上每年向食物短缺的国家提供人道主义粮食援助（Food Aid）则属于粮食安全或食品保障的范畴。

美国 2001 年“9·11”恐怖事件发生后，食品安保有了第二个含义（Food Security，Food Defense），即如何防止在食品中人为投放或添加有毒有害物质。在食品中人为有意添加有毒有害物质导致人体健康受到危害属于食品安保范畴。在食品中投毒，一般是以恐怖威胁为目的，其结果会造成社会恐慌与动乱。投毒者所使用的有毒有害物质既有生物的，也有化学的，毒源往往来自非食品原料（生物毒素、化工原料等）。由于这是人为有意投毒，属于刑事案件，一般由公安部门监管和处置。一旦出现事故，要采用突发事件应对法案予以响应，有意投毒者不管是个人还是企业，都被视为刑事犯罪。如果食品因为人为有意投毒导致儿童和孕妇中毒受害，处罚会更严厉。所以，在西方国家很少有胆敢冒犯者。

食品安保（Security）与食品安全（Safety）虽只有一字之差，但概念与性质却完全不同，前者是有意投放，后者是无意识地被污染。前者投放的物质一般是食品中不允许存在的，后者是在一定程度上不可避免地存在，但有量的限制。在美国，食品安保归属国土安全部（Department of Homeland and Security，DHS）监管，食品安全归属食品药品管理局（Food and Drug Administration，FDA）监管。食品安全的控制应该采取强制性安全标准，监管部门依据标准监控。

食品安全标准（Food Safety Standard）指的是对食品中潜在的有毒有害物质种类和限量所给予的一种强制性规定。有毒（Toxic）、有害（Harmful）物质按其性质和来源可分为生物（病原菌）、化学（生物毒素、农药残留、兽药残留、食品添加剂残留）和物理（金属残留）的。我国目前尚未建立一套完整的食品安全标准。现行的食品安全标准借用了食品卫生标准，但食品卫生标准中的很多指标属于质量标准范畴，没有安全学意义。例如 GB－腊肉腊肠卫生标准中规定的酸价指标（4mg/100g 脂肪）其实没有安全学意义，而与健康密切相关的氧化物丙二醛（Malondialdehyde，MDA）却没有列在其中，能够反映这一致癌物多少的指标硫代巴比妥酸值（Thiobarbicuric Acid，TBA）也没有列入标准中。由于没有将安全标准与质量标准相区分，食品监管部门与企业的职责容易被混淆，国家和政府的公共资源没有得到有效利用和发挥。政府应该充分利用有限的资源，重点监管食品安全和食品安保，为消费者普及食品安全和食品安保科学知识，预防预警食品安全和食品安保事件。食品质量标准则应该由相应的行业协会来监管。

三、食品质量与食品质量标准

食品质量（Food Quality）指的是对食品所具有的特征性质要求，如食品营养组成、食品外观特征等。例如，白色、易溶、蛋白质含量 18% 以上是婴幼儿奶粉的质量标准要求，肥肉比不超过 20% 是一级腊肠的质量标准要求。

食品质量标准（Food Quality Standard）指的是对食品应该具有的符合自身特征和用途要求的一种规范。不同种类和品种的食品，其特征、用途、要求都不相同，如配料、营养组成、功能作用、重量大小、包装要求等都属于质量特征，这是指导和检验食品是否合格的基准。食品质量标准按照制标部门不同分为国家标准、行业标准、地方标准和企业标准。达到质量标准要求的食品被认为是合格食品，可以发给合格证，并准予入市销售。因为质量不达标而导致的事故属于质量事故。2004 年发生在安徽阜阳的“大头娃娃”婴儿奶粉事件，因为奶粉中掺有大量麦芽糊精（Maltodextrin）淀粉，导致奶粉中的蛋白质被大大稀释，使其蛋白质含量大大低于婴儿奶粉质量标准要求。有的奶粉，其蛋白质含量甚至被稀释到 1% 以下，最终导致受害婴儿出现严重的蛋白质缺乏症（Kwashiorkor），本质上属于食品质量事故。

四、理性食品安全

理性食品安全（Reasonable Food Safety）指的是用理性或科学的观点去看待或理解、认识食品安全。食品中不可能绝对不含任何有害物质，食品中也不存在零风险，但是食品的安全度（不是 100%）是可以接受的，因为食品的这种风险可以通过人体自身防疫系统予以排除。在美国，符合要求的食品安全叫

GRAS（Generaly Recognized as Safe），而不是绝对的 Safe。GRAS 是食品必须达到的要求。

任何食品无论是新鲜的还是加工过的，按照加工食品的基本要求，应该都是安全的，但是按照食品安全的科学含义，绝对的食品安全或者说食品安全的零风险是不存在的。食品的生产与加工并非在真空中进行，受自然环境的影响，食品污染是不可避免的，人体因为有自身防疫系统，能够适当耐受一定量的有害物质。理性认识、科学认识食品安全是制定食品安全标准的客观理念、科学依据和理论基础。食品是生命的粮食，不能因为出现一些食品安全事故而放弃对食品的消费。正确的方法一是要用欣赏的心态去主动消费食品；二是要科学认识和理解食品安全，科学选择食品，避免因为食品的消费而损害自身的健康。

第二节　食品安全应急管理面临的挑战与发展战略

一、食品安全应急管理概念

食品安全应急管理（Food Safety Emergency Management）指的是对因摄入食品导致的突发食品安全事件所进行的应急处理和有效管理。突发食品安全事件属于突发公共卫生事件范畴，对突发公共卫生事件的管理主要通过制定预案（Plan）来实施。预案的内容主要包括两方面：一是制定突发食品安全事件发生的预防措施（Prevention），二是对发生的突发食品安全事件能够进行快速响应和有效处理（Response），尽可能地降低损失。

二、典型食品安全事件

表 1 - 1 列出了部分公开报道的 73 起典型食品安全事件的发生时间、地点、原因及处置。时间自 1956 年至 2011 年，地点自鱼汞中毒（水俣病）的日本水俣镇至火鸡沙门氏菌中毒的美国。国家分布为中国 27 起，美国 14 起，日本 6 起，英国 3 起，德国 1 起，其余分别发生在俄罗斯、比利时、意大利、巴西、韩国、印度尼西亚、泰国、越南、蒙古、非洲某些国家等。来自动物源食品如肉、鱼、蛋、奶的安全事件 24 起（33%），危害源主要是病原微生物、重金属、二噁英。

表 1－1　典型食品安全事件

事件	地点	时间	危害	原因	处理方式	类型
火鸡沙门氏菌中毒	美国	2011/8/2	中毒 77 人，死亡 1 人，涉及 26 个州	火鸡肉泥中含沙门氏菌	召回产品	细菌
黄瓜中毒	德国	2011/5～6	中毒 >3 000 人，死亡 31 人	*E. coli* O104：H4 污染	销毁	细菌
牛奶放射性碘污染	日本	2011/3～4	无病例	八级大地震和海啸导致核电站泄漏	销毁	核泄
火腿含瘦肉精	中国河南	2011/3/15	无病例	双汇牌原料肉中被检出瘦肉精	召回产品，拘留 72 人	人为
馒头染色	中国上海	2011/4	无病例	非法添加染色剂	禁止销售	人为
早餐面条、稀饭中毒	中国四川	2010/10/8	中毒 57 人，死亡 1 人	亚硝酸盐当做盐加入	查封	人为
鸡蛋污染	美国加州	2010/8	中毒 266 人	鸡蛋被沙门氏菌污染，食前未熟煮	查封、罚款	细菌
饮料塑化剂	中国台湾	2010/5/23	无病例	含塑化剂邻苯二甲酸二酯 DEHP 饮品 961 种	召回产品	人为
餐饮地沟油	中国武汉	2010/3/8	无病例	多种餐饮油被鉴定为地沟油	预警	人为
开心果污染	美国加州	2009/6/22	中毒住院 100 多人	Salmonella 污染	召回产品 660 多种	细菌
烟熏鲑鱼污染	美国 7 个洲	2009/6/5	中毒住院 100 多人	单增李斯特杆菌污染	召回产品	细菌
花生食品污染	加拿大	2009/5/11	中毒住院 100 多人	Salmonella 污染	召回产品	细菌
食盐铊中毒	中国武汉	2009/5	中毒 8 人，死亡 2 人	沈华军两次向张文华厨房的食盐盒内投放硫酸铊	追究刑事责任	人为
杏仁饼干过敏	加拿大	2009/4/10	过敏反应住院 100 多人	花生仁过敏	召回产品	过敏
白酒甲醇中毒	土耳其	2009/4/7	留学生（德国）中毒多人，死亡 3 人	白酒中含甲醇	追究酒店、供酒商、餐饮部和采购部刑事责任	人为

（续上表）

事件	地点	时间	危害	原因	处理方式	类型
午餐肉和香肠含针	加拿大	2009/3/19	无病例	Loblaw 公司 50 份餐午餐肉中发现有针	召回产品	物理
红花籽油中含工业亚麻酸	巴西	2009/2	无病例	油中含被禁用的亚麻酸成分	罚款 150 万黑奥	化学
瘦肉精中毒	中国广东	2009/2/20	发病 67 人	食用了含瘦肉精的猪肉	查封、销毁	化学
松糕食物中毒	越南胡志明市	2008/12/26	中毒住院学生 400 多人	食用了当地 Thanh Phu Catering 公司的松糕	查封销毁	细菌
熟肉污染	加拿大安大略	2008/10/1	死亡 20 人	枫叶公司多伦多分厂的熟肉制品受李斯特杆菌污染	召回全部产品	细菌
三鹿牌婴幼儿奶粉含三聚氰胺	中国河北石家庄	2008/9/10	婴幼儿 29 万余人泌尿系统异常，死亡 6 人	三鹿牌婴幼儿奶粉含三聚氰胺，含量最高达 2 563 mg/kg	死刑 2 人，无期徒刑 1 人，有期徒刑 5 人，罚款 2 500 万元	人为
生姜含 Aldicarb	中国山东	2007/7	美国加州 24 家超市检出来自中国的生姜中含 Aldicarb	美国 Modern Organic Products 公司从山东莒县华腾有机生姜公司进口了含有 Aldicarb 的生姜	溯源、禁止进口	化学
胡椒污染中毒	美国	2008/7/7	42 个州 1 220 人患病住院	从墨西哥进口的胡椒被沙门氏菌污染	溯源、禁止进口	细菌
甘蔗农药中毒	中国广东江门	2008/7/24	中毒 9 人，死亡 3 人	超范围、超剂量使用 5% 特丁硫磷颗粒剂	禁止使用	化学
白酒中毒	蒙古	2008/1/1	中毒住院 21 人，死亡 11 人	假伏特加酒含甲醇	关闭店铺，中断当地新年庆祝活动	人为
饺子含杀虫剂	中国河北	2008/1/1	抱怨告状者 500 多人	出口到日本的饺子中被检出甲胺磷	溯源、停业、禁止出口	人为
盐酥鱼丁集体中毒	中国台湾高雄	2007/6	中毒 347 人，死亡 4 人，重伤 5 人	营养午餐中的盐酥鱼丁不新鲜，细菌致腐产生组胺	罚款新台币 4～20 万元	物源

（续上表）

事件	地点	时间	危害	原因	处理方式	类型
牛肉炭疽中毒	印尼东努沙登加拉省	2007/4/20	中毒 20 多人，死亡 8 人，重病 6 人	食用感染了炭疽病毒的牛肉	处置疫情，溯源	细菌
肯德基使用三硅酸镁油	中国广州	2007/3	无病例	油中含有三硅酸镁残留	禁止使用	化学
牛肝菌中毒	中国北京	2006/12	中毒住院 16 人	食用剧毒牛肝菌	溯源、整治	毒素
多宝鱼中含孔雀石绿	中国上海、北京	2006/12	无病例	多宝鱼中含大量孔雀石绿残留	溯源、整治	化学
胡萝卜汁中毒	加拿大多伦多	2006/10/10	中毒 5 人，其中瘫痪 2 名	胡萝卜汁中含肉毒杆菌毒素	召回产品	细菌
菠菜中毒	美国 25 个州	2006/9/26	感染病例 173 人，死亡 3 人	食用新鲜的生菠菜感染大肠杆菌	召回包括 31 个不同品牌的全部袋装菠菜	细菌
学生午餐中毒	中国四川崇州	2006/9/1	中毒 300 多人，住院 200 多人	崇州市实验小学午餐被志贺氏菌污染	整治	细菌
吉百利巧克力中毒	英国	2006/6	中毒住院 45 人，其中儿童 22 名	沙门氏菌污染	召回产品，赔偿百万英镑	细菌
福寿螺寄生虫中毒	中国北京	2006/6 ~ 8	中毒住院 87 人	福寿螺中含有未杀死的广州管圆线虫（*Angiostrongylus cantonensis*）	溯源、罚款、整治	寄生虫
牛肝菌中毒	中国	2006/7 ~ 9	中毒 183 人，死亡 31 人	食用剧毒牛肝菌	溯源、整治	毒素
红心鸭蛋	中国河北石家庄	2006	无病例	饲料中加红药水（46% Sudan Red IV）、问题鸭蛋 12 400 千克	曝光	人为
竹笋罐头中毒	泰国北部难府	2006/3/22	住院农民 170 人	一次聚餐食用了一种含肉毒杆菌的竹笋罐头	政府拨款 3 300 万泰铢抢救、溯源、整顿	细菌

（续上表）

事件	地点	时间	危害	原因	处理方式	类型
蔬菜农药残留超标	中国香港	2006/3	无病例	内地供给的蔬菜农药残留超标，检出率超过80%	下架、溯源、整顿	化学
辣椒酱中含苏丹红Ⅰ号	中国湖南等4省	2005	无病例	辣椒酱中含苏丹红Ⅰ号	判刑2人，罚款200万元	人为
雀巢奶粉碘含量超标	美国	2005	无病例	“金牌成长3+奶粉”多批次含碘超标	产品召回	化学
饮用水中毒	津巴布韦哈拉雷	2005/11/12	200多人暴发痢疾，14名儿童死亡	饮用水被沙门氏菌污染	卫生处理	细菌
白酒中毒	印度东北部阿萨姆邦	2005/9/30	中毒40多人，死亡16人	白酒中含甲醇	拘捕3人	人为
白酒中毒	中国广州	2004	中毒24人，死亡14人	烧酒中含甲醇	死刑1人	人为
龙口粉丝含吊白块	中国烟台	2004	无病例	使用含铅漂白剂、甲醛合次硫酸氢钠（吊白块）	查封、销毁	化学
泡菜含敌敌畏	中国成都	2004	无病例	76%的泡菜含敌敌畏	查封、销毁	化学
总统二噁英中毒	乌克兰	2004	总统脸部破相	水中被加入二噁英	溯源	人为
速冻饺子馅中毒	韩国	2004/6/13	无病例	含大肠杆菌的萝卜废料做成速冻饺子和包子馅	涉案公司经理遗书谢罪，投江自尽	细菌
火腿含敌敌畏	中国浙江	2003	无病例	火腿为防虫防腐，用敌敌畏浸泡	查封、销毁	化学
毒鼠强中毒	中国江苏南京汤山	2002/9	中毒300余人，死亡42人	陈正平为泄私愤投放“毒鼠强”	死刑	人为
熟食大肠杆菌中毒	英国西北部	2001/11/26	感染40多人，住院16人	超市的熟食含大肠杆菌	召回产品	细菌

（续上表）

事件	地点	时间	危害	原因	处理方式	类型
饮水污染	加拿大	2000/5	中毒2 300人，住院270人，重症27人，死亡7人	*E. coli* O157：H7和空肠弯曲杆菌污染	清理水源，卫生处理	细菌
午餐肉中毒	美国密歇根州	1999/12	死亡14人，染病97人，流产6人	1 400kg午餐肉和香肠含李斯特杆菌	召回产品	细菌
鸡蛋含二噁英	比利时	1999/2	无病例	误把二噁英的脂肪混掺在饲料中，鸡体内二噁英含量高于限值1 000倍	停产、查封	化学
警察午餐食物中毒	美国夏威夷	1998/12/19	中毒警察1 000多人	午餐中检出金黄色葡萄球菌1800万～30亿菌落/g	溯源	人为
奶制品食物中毒	俄罗斯	1997	感染住院400多人，其中儿童300多名	食用了某厂生产的奶制品	溯源、刑责	人为
二噁英中毒	美国	1997	中毒9人	某纺织研究所被周围环境污染	整顿	人为
牛肉含疯牛病病毒	英国	1996—1998	死亡69人	食用带有疯牛病病毒的牛肉	损失数百亿英镑，牛肉产业几乎崩溃	动物源
非洲鲨鱼中毒	马达加斯加岛	1993/11	中毒500人，死亡98人	食用一种真鲨科鲨鱼	追究刑事责任	动物源
饮水系统污染	美国	1990/1	中毒243人，住院32人，死亡4人	饮水中含 *E. coli* O157：H7	溯源、卫生处理	细菌
幼儿园井水污染	日本	1990	中毒186人，住院20人，死亡2人	井水污染，病原不明	整治	
甜瓜中毒	美国30个洲	1989	中毒25 000人	食用进口的甜瓜	溯源	细菌
麻痹性贝毒中毒	日本	1989	中毒7起，住院146人，死亡4人	食用含毒贝类	预警	毒素
紫贻贝中毒	加拿大爱德华王子岛	1987/11～12	中毒156人，死亡3人	食用养殖紫贻贝中毒，中毒物质为软骨藻酸（Domoic Acid）	追究养殖户刑事责任	毒素

（续上表）

事件	地点	时间	危害	原因	处理方式	类型
菠菜中毒	美国8个洲	1986/9/14	中毒50人	包装菠菜中含 *E. coli* O157：H7	销毁、溯源	人为
色拉中毒	美国	1984	中毒751人，死亡45人	食用含色拉伤寒沙门菌	一年后确认为Rajneeshees Cult所为	人为
饮水污染	加拿大	1983/2	中毒3 000人，死亡2人	病原未确认		
麻痹性贝毒	中国浙江沿海	1979	中毒423人，死亡23人	食用含毒贝类		毒素
二噁英污染	意大利塞维索	1976	中毒100多人	化工厂爆炸，二噁英扩及周围，污染食品	应急处置	化学
稻米中含镉	日本富山县神通川流域	1963—1979	患者130人，死亡81人	锌、铅冶炼工厂镉废水污染农田和水，使稻米和饮水含镉	患者及家属民事诉讼，两次胜诉	重金属
米糠油多氯联苯中毒	日本九州市爱知县	1968/3	中毒13 000人，死亡16人	生产米糠油时用多氯联苯作脱臭工艺中的热载体，多氯联苯混入米糠油中	追究刑事责任	化学
鱼汞中毒（水俣病）	日本水俣镇	1956	中毒1万多人，死亡1 000多人	甲基汞工业废水污染水体，甲基汞在鱼体内高浓度富集，食鱼中毒	到1997年，共10 355人得到赔偿，赔偿额超过300亿日元，清除水俣湾含汞底泥，总花费超过800亿日元	重金属

发生在中国的27起重大食品安全事件中，属于人为添加有毒有害物质的有16起，农药残留超标中毒的有4起，病原微生物中毒的有3起。影响巨大、损失惨重的重大食品安全事件有“苏丹红Ⅰ号”辣椒酱、“三聚氰胺”三鹿奶粉、“瘦肉精”猪肉和“塑化剂”饮料事件。

三、食物中毒事件

据世界卫生组织统计报告表明，全世界每年因食物污染而致病者达数亿人，如美国每年约有 7 600 万人食物中毒（约占总人口的 1/3，或者是 27.9%），其中住院 325 000 人，死亡约 5 000 人（资料来源：Foodborne Infections，DBMD）。

英国每年有食物中毒患者 1 050 万人（1995 年），其中直接与食品消费有关的为 240 万人，年损失 7.5 亿英镑。食物中毒的病原菌主要来自弯曲菌（*Campylobacter*）、沙门氏菌（*Salmonella*）、大肠埃希氏菌（或叫大肠杆菌，*Escherichia coli*，简称 *E. coli*）。20 世纪八九十年代，食物中毒事件处于显著增长期，其原因有：①生活方式改变（超市购物次数减少，多食用贮藏食品，餐馆用餐多，出国旅游多）；②不断出现新的病原菌；③食品市场全球化（国际传播快）。

在中国，食物中毒事件在突发公共卫生事件中也占有一定的比例。根据 2004—2010 年和 2011 年第 1、2 季度发生的食物中毒类突发公共卫生事件统计（见表 1-2），全国共报告食物中毒事件 3 278 起，中毒 101 476 人，死亡1 607 人，病死率为 1.58%。事件发生时间主要集中在 6~10 月，其中 9 月中毒人数最多。致病因素中微生物性食物中毒最多，其次为植物性、动物性和化学性；致死人数较多的因素依次为毒蘑菇、农药/鼠药和河豚鱼。病原微生物所导致的食物中毒是中国较大的食品安全问题，蘑菇中毒和农药/鼠药中毒是导致食物中毒事件中患者死亡的主要原因，人为食品安全事件即食品安保事件呈上升趋势。

表 1-2　2004—2011 年中国食物中毒事件

年份	事件	病例数	死亡数	病死率（%）
2004	557	16 923	197	1.16
2005	617	18 110	377	2.08
2006	606	18 454	205	1.11
2007	506	13 280	258	1.94
2008	431	13 095	154	1.18
2009	271	11 007	187	1.70
2010	220	7 383	184	2.49

（续上表）

年份	事件	病例数	死亡数	病死率（%）
2011	70	3 224	45	1.40
合计	3 278	101 476	1 607	1.58

注：2011 年为第 1、2 季度数据。2004—2007 年数据引自金连梅，李群．2004—2007年全国食物中毒事件分析［J］．疾病监测，2009，24（6）：459 ~461. 2008 年以后数据引自卫生部办公厅年度全国食物中毒报告情况通报。

四、食品安全应急管理

发生重大食品安全事件，首先必须对受害者的生命实施急救，同时紧急封存、召回、处理疑似食品，并加紧风险评估。详见食品安全应急处置的相关章节。

五、中国食品安全应急管理面临的挑战与发展战略

（一）食品安全应急管理面临的挑战

食品安全事件频繁发生的事实表明，食品安全问题并没有因为经济发展和社会进步而得到完全解决。传统性食品安全事件继续发生，新的非传统性食品安全事件不断出现。中国处于改革开放、经济高速发展的阶段，在食品安全方面既有过去贫穷带来的安全问题，又有发达国家所面临的食品安全问题，还存在遭遇恐怖袭击的可能。

与传统产业链相比，现代食品生产与加工的产业链大大延长，受到自然环境和人为接触的污染机会也大大增加，食品安全脆弱性环节增多，给食品安全防控增大了难度。比如养殖业，不仅有种猪生产过程中的生物性安全问题，而且有肉猪养殖过程中的非法饲料添加剂、抗生素残留、新的动物性疾病、非法注水、地下屠宰（死猪）以及低温肉冷链断裂等问题。人口不断增加、土地资源减少将会带来更多的食品进口需求，食品销售、消费全球化同样会给食品安全带来更多的脆弱性环节，这使得食品安全管理面临新的更为严峻的挑战。

食源性疾病仍然是危害公众健康的最重要因素，也是食品安全长期面临的挑战。在我国规定的法定传染病报告制度中，肠炎、痢疾等散发食源性疾病病例以及病毒、寄生虫所引起的食源性疾病并不包括在其中。我国致病性微生物引起的食源性疾病现状表明，由肠道致病菌（沙门氏菌、大肠杆菌 O157：H7、

单核细胞增生李斯特杆菌、副溶血性弧菌、霍乱弧菌）污染食品而引起的食物中毒以及疾病传播是直接造成人体健康的主要食源性危害源。目前，我国尚未建立完善的食源性疾病报告系统，根据世界卫生组织估计，发展中国家食源性疾病的漏报率在 95% 以上。因此，在我国，致病性微生物引起的食源性疾病仍然是人体健康的严重危害源。尽管现代科学技术已发展到了相当的水平，但在保证食品安全问题上，食物中毒和食源性疾病仍然是一个困扰世界的难题。

食品中新的生物性和化学性污染物将对健康产生潜在威胁：①农药使用量继续扩大，滥用情况普遍存在。全世界每年都有大量的农药施用于农作物，中国是世界上农药生产和使用量较高的国家。由于多用和不按规定滥用农药，我国每年因农药引起的食物中毒事件屡屡发生，特别是蔬菜中有机磷农药中毒事件。尽管最近几年我国相继出台了一系列关于农药生产、销售和使用的规定，加大了对农药的监管力度，但是由农药引发的食品安全问题仍然没有得到有效遏制。②化肥的大量使用和滥用。我国每年大量、超量或不合理使用化肥，导致化肥在土壤中的残留越来越多，由滥用化肥生产出的蔬菜对人类健康的威胁，并不亚于蔬菜上残留的农药。由于滥用化肥，引起的硝酸盐→亚硝酸盐→亚硝胺的反应产物给人体带来的危害已越来越多地引起人们的关注。③化学药物的泛滥。为了预防和治疗家畜及养殖水产品患病而大量投入的抗生素、磺胺类等化学药物往往导致药物残留于动物组织中。国内外发生的因兽药残留引起的消费者中毒事件，增加了消费者对食用畜产品的担忧和关注。兽药残留既包括原药，也包括药物在动物体内的代谢产物。在食品中，由于药物本身的副反应或耐药性细菌种群的增长，将会增加潜在的健康问题。④重金属污染范围不断扩大。据分析，金属污染以镉最为严重，其次是汞、铅等的污染，再就是非金属砷的污染。大多数重金属在体内有蓄积性，半衰期较长，能产生急性和慢性反应，可能还会有致畸、致癌和致突变的潜在危害。⑤各类毒素的污染。贝类毒素和真菌毒素能够直接或间接地进入食物链导致动植物食品受到污染，被认为是导致癌症患者数量增加的重要因素。⑥食品新技术、新资源的推广与应用。近 10 年来，以基因工程技术为代表的现代生物技术，已经在农业和食品领域呈现出极大的生产潜力和市场潜力，丰厚的利润和高额投资使现代生物技术的快速发展成为不可阻挡的趋势。生物安全可能导致的食品安全已成为国际社会关注的焦点。尽管目前还没有足够的证据证明转基因食品对人体有害，但有关转基因食品安全性的争论从未停止过。目前人们所担忧的是转基因食品对人体健康的风险。转基因食品是否对人类无毒、无副作用，转基因食品与非转基因食品是否“实质等同”或“无显著差异”等都还没有定论。⑦传统生产加工方式与现代集约化生产和规模化大型企业模式并存。以动物源食品生产产业链为例，我国同时存在两种模式：第一种是传统短链模式，县级以下城镇和乡村尤其是边远农村和西部欠发达地区普遍沿用这种模式。目前，我国大约有100万家企业从事食品生产加工，其中有70%以上的食品加工企业是10人以下的小企业，或者是家庭作坊。这些企业规模小、设施简陋、工艺落后，自身管理水平低，从业人员受教育程度低，给食品安全带来潜在隐患。随着经济的高速发展，近年来出现了大型工业化生产的第二种模式，这种模式链条长，环节多，分工精细，生产效率高。以肉品为例，涉及的行业有动物良种繁育业、肉用动物饲养业、饲料加工业（饲料主食、饲料添加剂）、动物防疫（兽医兽药）业、牲畜屠宰业、肉品加工业、仓储物流运输业、超市零售业、餐饮制作业、家庭烹饪业等，管理部门也相应增多。产业链的延伸是专业化生产、经济发展和生产效益的必然体现，专业化生产理应使食品安全更加得到保证。但同时必须看到，链条的延长给有毒有害物质的侵入提供了更多的环节，进而给食品安全监控增加了新的挑战。

（二）食品安全应急管理发展战略

充分认识食品安全面临的新挑战，潜心研究新的安全危害源，正确区分食品安全、食品安保、食品质量，科学制定食品安全标准、食品安全突发事件应急预案，确保食品消费者的身心健康是未来食品安全应急管理所面对的战略任务。

政府应该集中有限的资源于食品安全标准、食品安全应急预案的研究和实施上。重点研究并监管无意识污染（食品安全）和有意投毒（食品安保）的可能性，对于前者，重点在于潜在的安全隐患，应鼓励对潜在的安全隐患源（危害因子）的特点和危害规律的研究。对于后者，应该将其列为刑事案件，按照有意投毒、故意伤害他人的性质，通过公安机关从严惩处。

2003年发生的“非典”（Severe Acute Respiratory Syndrome，SARS）事件，使中国第一次感受到突发公共卫生事件对社会的巨大冲击，2008年1月30日发生的“毒饺子”事件使中国感受到突发食品安全事件对于国际贸易和外交政策的冲击，2008年9月发生的三聚氰胺“三鹿奶粉”事件使中国再次感受到突发食品安全事件对人民健康、食品工业产业、国家经济建设、对外声誉、社会稳定的巨大撞击，其综合影响不亚于八级大地震。类似的还有2011年发生的双汇“瘦肉精”和台湾“塑化剂”饮料事件。因此，树立“应急”（Emergency）理念，做好应急管理工作，预防突发食品安全事件的发生，快速应对突发事件，科学实施应急预案已经成为政府、企业管理层的必修课。

应急管理要求在突发事件爆发后，以最小的成本、最快的速度把突发事件造成的损失减少到最低程度。为此，中国政府特别加强了应急管理的教育、培训、研究和管理工作力度，并制定了相应的战略措施。2004 年，国务院颁布了关于突发事件预案的纲要框架，建立了包括国务院总体应急预案、国务院专项议案等在内的五级预案体系。根据国务院的总体预案，公共安全被划分为四大类：自然灾害（Natural Disaster）、事故灾难（Accident Calamity）、突发公共卫生事件（Emergency Public Health Incidence）和突发社会事件（Emergency for Social Instability）。食品安全事件属于公共卫生事件。2009 年 3 月，教育部批准在暨南大学设立全国第一个"应急管理"专业；5 月，暨南大学成立了全国第一所应急管理学院；8 月，首个国家级应急培训基地在国家行政学院挂牌成立，专门用于对中高级官员进行应急管理工作轮训。

本章学习要点

1. 食品安全应急管理相关概念。
2. 国内外食品安全应急管理现状。
3. 食品安全应急管理战略。

关键术语

食品安全　食品安保　食品质量　标准　应急管理

思考与练习

1. 食品应该是安全的吗？为什么？
2. 食品有没有安全问题？为什么？
3. 为什么说 GRAS 是食品安全追求的目标？

拓展阅读

[1] Campbell, John. *Homeland Security and Emergency Medical Response* [M]. Boston: McGraw - Hill Higher Education, 2008.

[2] National Center for Immunization and Respiratory Diseases. *Foodborne Infections* [M]. Washington D. C. FDA, 2005.

[3] 金连梅，李群. 2004—2007 年全国食物中毒事件分析 [J]. 疾病监测，2009，24 (6)：459 ~ 461.

第二章　常态下食品安全危害源

本章概述

本章将简要介绍常态生产条件下，食品安全生物与化学危害源。这些安全隐患主要包括致病的细菌、真菌、病毒、寄生虫以及植物性毒素、动物性毒素和农业污染物等。要求掌握有毒有害物的特点、性质、污染途径以及毒性机理，了解在常态生产条件下，食品中可能存在的生物性安全隐患和化学性安全隐患。

食品是否有安全隐患，主要在于食品中是否含有影响人体健康的不安全因子或者说食品安全危害因子（Hazardous Factor）。食品不是在真空中生产和消费的，因而要受到原料生产、原材料处理、加工制造、包装储运、物流交易、市场销售、家庭处理、消费食用等每个环节周围环境的影响。这些环境中的危害因子，不可避免地会接触到食品，从而产生安全隐患。食品安全隐患分为常态和非常态安全隐患，前者指的是自然环境或正常生产加工条件下食品中可能出现的安全隐患，如食品中可能含有的致病菌、农药残留、有害金属残留、食品添加剂残留等，这些安全隐患是不可能在食品生产加工过程中完全消除的，这些隐患是生产加工过程中无意识带来的。非常态安全隐患指的是人为有意识地在食品生产加工过程中添加某种毒性很强的危害因子。本章主要介绍常态下的食品安全危害源。非常态下的食品安全危害源将在下一章介绍。

第一节　生物性危害源

食品的生物性危害源（Biological Hazards）主要来自病原微生物如食源性细菌（Bacteria）、真菌（Fungi）、病毒（Virus）、寄生虫（Parasite）等。可以侵犯人体引起感染甚至导致传染病的微生物，叫做病原微生物（Pathogenic Microorganism），或称病原体（Pathogen）。病原体中以细菌和病毒的危害性最大。病原体侵入人体后，人体就是病原体生存的场所，称为病原体的宿主（Host），病原体在宿主中生长繁殖、释放毒性物质，引起机体不同程度的病理变化，这一过程称为感染（Infection）。不过，人体或动物不像人工培养细菌的培养基，可以让病菌不受限制、肆意地生长繁殖，轻易地导致机体死亡。病原体侵入人体后，在发生感染的同时，能激发人体免疫系统（Immune System）产生一系列免疫应答与之对抗，这称为免疫。感染和免疫是相互对立的，其结局如何，要根据病原体和宿主两方面力量的强弱而定。如果宿主足够强壮，可以根本不会被感染，即使被感染，病原体也多半会逐渐消亡，最终宿主康复。如果宿主很虚弱而病原体很凶猛，则感染扩散，宿主患病，甚至死亡。

一、食品的细菌危害

细菌是原核生物界的一种单核细胞生物，有广义和狭义两种范畴。广义上泛指各类原核细胞型微生物，包括细菌、放线菌、支原体、衣原体、立克次体、螺旋体。狭义上则专指其中数量最大、种类最多，具有典型代表性的细菌。它们形体微小，结构简单，具有细胞壁和原始核质，无核仁和核膜，除核糖体外无其他细胞器。

食品的周围环境中，到处都有微生物的活动。食品在生产、加工、储藏、运输、销售及消费过程中，随时都有可能被微生物污染并危害消费者健康。其中，细菌对食品的污染是最常见的生物性污染，是食品最主要的卫生问题。引起食品污染的细菌有多种，主要分为两类：一类为致病菌和条件致病菌，它们在一定的条件下可以以食品为媒介引起人类感染疾病或食物中毒；另一类虽非致病菌，但它们可以在食品中生长繁殖致使食品的色、香、味、形发生改变，甚至导致食品腐败变质，从而影响食品品质。

（一）食品细菌污染途径

在食品生产、加工、贮藏、运输、销售、家庭处理及消费过程中，细菌可通过如下途径污染食品。

1. 原材料

食品原料在采集加工前期表面往往附着众多细菌，尤其原料表面破损之处常有大量细菌聚集。即使在运输储藏过程中采取卫生防护措施，由于在产地早已污染了大量细菌，如果不加以灭菌处理，这些细菌是不会消失的，所以在加工前的原料食品中所含的细菌，无论在种类上还是在数量上，总是比加工后多。

2．加工过程

在加工过程中，食品受细菌污染的机会也很多。主要有：

（1）环境污染：食品加工的环境不清洁，空气中的细菌会随灰尘沉降到食品、食品加工原料、半成品、加工机械设备上，这都会造成食品的污染。

（2）加工中的交叉污染：尽管食品加工过程中的某些环节对微生物是不利的，特别是清洗、消毒和灭菌环节，可使食品中的微生物数量明显减少，甚至可使微生物完全被清除，但是如果加工过程中有不合理的操作和管理，如灭菌不彻底，加工用水用具设备和杂物不清洁，加工过程原料、半成品、成品交叉污染，则食品中细菌的数量不但无法得到控制，还会因此而增多。

（3）从业人员的污染：食品加工从业人员不注意个人卫生，不认真执行卫生操作规范，或从业人员患有传染性疾病没有及时离岗，均可通过其手、衣服、呼吸道、头发等直接或间接造成食品的污染。

3．储藏过程

食品储藏的环境与条件是食品储藏过程中造成微生物污染的主要因素。不良的储藏环境会使细菌通过空气、鼠或昆虫污染食品，不利的储藏条件会使残留在食品中的细菌生长繁殖，数量上升。

4．运输与销售过程

食品运输的交通工具和容器具不符合卫生条件，可使食品在运输过程中再次受到污染。食品在销售过程中的污染往往会被忽视。散装食品销售时所使用的量具、包装材料都可能成为污染源，销售人员不合理的操作也可能造成食品的污染。

5．食品消费

食品消费过程中也可能被污染且更易被忽视。食品购买后到消费这一段时间内的存放不合理，如生熟不分，或过分相信冰箱而使食品在冰箱中的存放时间过长，或烹调用具不卫生等均可造成食品的污染。

（二）食品细菌污染的危害

1．导致食品腐败变质

污染食品的细菌在食品中因为营养充足可以大量繁殖，其分泌的胞外酶可将食品中的大分子物质分解，导致食品腐败变质（Spoilage），使食品的营养价值、感官品质和商品价值降低。不同食物的理化成分组织结构不同，因而发生食品变质的敏感性不同，这种引起食品腐败变质的敏感性或倾向性称为食品的易腐性（Susceptible）。根据食品易腐性的高低，可以将食品分为三类。

（1）最易腐食品：这类食品通常营养丰富且水分含量高，微生物容易生长，如鱼、肉、奶及大多数水果蔬菜。

（2）半易腐食品：这类食品的易腐性介于最易腐食品与不易腐食品之间，如坚果。

（3）不易腐食品：也称稳定性食品，这类食品通常是一些水分含量低的食品，如小麦、面粉、大米、干豆等。

2．诱发食物中毒

有的食品被致病菌污染后，一方面在适宜的温度、水分、pH 和营养条件下大量繁殖，使食品中致病菌数量大量增加，当人体摄入一定数量的活菌后造成食物中毒。另一方面有些污染菌在食品中繁殖并产生毒素，引起食物中毒。据国内外统计，细菌性食物中毒在各种食物中毒中所占比例最大。常见的细菌性食物中毒有：沙门氏菌食物中毒、副溶血性弧菌食物中毒、变形杆菌食物中毒、金黄色葡萄球菌食物中毒、蜡样芽孢杆菌食物中毒、肉毒梭状芽孢杆菌食物中毒、小肠结肠炎耶尔森菌食物中毒、李斯特杆菌食物中毒等。

3．引起食源性传染病

有些致病菌如痢疾杆菌、伤寒杆菌，在污染食品后可在食品中存活一定时间，若食用前未采取杀菌措施，则可因食入活体致病菌而引起食源性传染病。常见的通过食品传播的细菌性传染病有：痢疾、伤寒、霍乱等。

4．导致经济损失

无论是因食品腐败变质造成的食品废弃，还是诱发人类疾病，都会伴随着一定的经济损失，据 WHO 统计，每年全球因食品腐败变质而造成的经济损失就多达几百亿美元。

食品细菌污染的危害性质与程度取决于污染食品的细菌种类和数量。如以杂菌为主的食品细菌污染则以引起食品腐败变质为主，而当肠道致病菌污染食品时，则可能会引起通过食品传播的传染病或食物中毒。共存于食品中的细菌的种类和数量称为食品的菌相，其中相对数量较大的细菌称为优势菌种。通过对食品菌相与优势菌种的检验分析，可预测食品的变化。食品的菌相可因细菌污染的来源，食品的理化性质，食品所处的条件如温度、水分含量、pH、氧气及渗透压等的不同而有所不同，从而决定了食品的变化及危害。

（三）食品细菌污染的预防

1．防止食品细菌污染

食品在加工、储藏、运输、销售及消费过程中均可能会受到细菌的污染，为减少食品的细菌污染，应注意：

（1）重视企业环境卫生：企业选址首先要考虑环境卫生状况，如水源、风向、污水及废物处理等可能存在的潜在污染源。比如，厂房要有空气过滤设备，车间门窗应有防蝇装置，进出口处应设有手、鞋、工作服和运输车辆等的清洗消毒设备。

（2）减少生产过程污染：食品的生产过程是食源性细菌污染的主要途径，为减少食品细菌的污染，应采取合理的生产工艺，尽可能缩短工艺流程，尽量实行生产的连续化、自动化和密闭化。

（3）注意食品储存卫生：储存食品或半成品的容器要及时清洗和消毒，储存场所要定期消毒以保持清洁，维持低温、通风、干燥的储存环境，有条件的企业，可采用冷库储藏。加工过程中要注意荤、素、生、熟、成品与半成品分开存放，最好分别建库存放，防止食品的交叉污染。成品应尽快包装，以使食品隔绝污染源。

（4）避免销售过程污染：销售部门应根据销量进货，防止产品积压，不得销售超过保质期的食品，无包装食品应使用工具售货，避免用手直接接触食品。

（5）保持从业人员清洁卫生：食品从业人员应严格遵守卫生制度，做好个人日常卫生工作。企业应定期对员工进行健康检查，发现患有传染病的职工应立即将其调离工作岗位。从业人员应通过摄取适当的营养和清洁身体以保持身体健康，一旦生病，应在工作前及时向管理人员报告病情，以便调整工作岗位，防止发生食品污染。养成良好的卫生习惯，勤洗澡、勤洗头、勤剪指甲、勤换洗内衣和工作服，进行食品生产操作时，应戴帽子或发网。在大小便、处理废料和其他污染材料、处理生肉制品或蛋制品与乳制品、接触货币、吸烟、咳嗽、打喷嚏后都应清洗消毒双手。

2. 去除与杀灭微生物

食品在加工、储藏、运输、销售及消费过程中要完全避免微生物污染几乎是不可能的，食品的原材料中也或多或少会存在着微生物，清除与杀灭微生物的目的在于去除致病菌与腐败菌，以减少有害微生物对人体的伤害。

（1）微生物的去除：去除微生物的方法有很多，洗涤是应用最广泛、最有效的除菌方法。实验证明，用干净的水冲洗苹果，可除去苹果表面95%以上的微生物。对于有些不能采用洗涤方法的食品如液体食品，可采用过滤的方法去除微生物。

（2）微生物的杀灭：对于某些不适宜采用去除微生物的方法的食品，或除菌效果不理想，食品中仍存在微生物时，可采取微生物杀灭的方法，在食品加工中常采用除菌与杀菌相结合的方法，以达到安全食用的目的。

（3）热处理：热处理是应用最广泛的杀灭食品中的微生物的处理方法。热处理使细菌菌体蛋白变性凝固，细菌因细胞内的代谢停止而死亡。不同微生物由于结构及理化组成的不同，对热的敏感度也不同，因而热处理对不同微生物的杀灭效果也不同。原则上，加热的温度越高、时间越长、微生物杀灭得越彻底，但长时间的高温不仅会影响食品的感官品质，也会破坏食品的营养成分。因此，人们对可以杀灭微生物的最优化热处理条件进行了广泛而深入的研究。热处理的杀菌效果可采用热致死时间（Thermol Death Time，*TDT* 值）和 10 倍递减时间（Decimal Reduction Value，*D* 值）表示。热致死时间是指在特定温度下杀死 90% 微生物所需的时间。利用不同的温度及该温度下的 *D* 值或 *TDT* 值可以绘制细菌的耐热曲线，以 *D* 值或 *TDT* 值的对数为纵坐标，温度为横坐标，曲线的斜率即为 *Z* 值，它可以用来描述某种微生物受热时在食品中的死亡速度。通过多年的研究，针对不同的食品，已开发出多种加热杀菌技术。

①高压蒸汽灭菌法（Autoclave）：在高压蒸汽过程中，使用 110 ℃ ~ 121 ℃ 的温度进行加热杀菌。一般是在 121 ℃保持 20 ~ 30 min，以保证把全部微生物和芽孢杀死。其优点是杀菌彻底，可使繁殖型与芽孢型细菌被杀灭，缺点是对食物的营养成分破坏较大，对食物的感官性状也有一定的影响。本法适用于罐藏食品、瓶装饮料及其他强耐热性食品。

②煮沸消毒法（Boiling/Blanching）：在沸水中（100 ℃）保持 15 ~ 20 min，可杀死细菌的营养细胞，但不能杀死芽孢，适用于一般食品。

③巴氏消毒法（Pasterization）：采用较低的加热温度进行杀菌。该法主要是杀死细菌繁殖体，因为温度低，可减少食品营养成分及风味的损失。有低温长时间消毒法和高温短时间消毒法两种，适用于液态食品如牛奶、啤酒、果汁、酱油、醋等。

④超高温消毒法（Ultra Heating Temperature，UHT）：用 137. 8 ℃ 加热 2 秒，可杀死细菌繁殖体及部分芽孢，而食品营养成分及风味的损失很小，是常用的牛奶消毒方法。

⑤微波加热法（Microwave）：微波是指 300 ~ 300 000 MHz/s 的电磁波，微波对微生物的杀灭作用，主要来自于微波产生的热效应，微波产生的热效应使菌体内部温度在短时间内急剧升高，导致细菌大分子物质如蛋白质和核酸变性而死亡，微波也会造成细菌内部的分子运动加剧，使菌体细胞受损。

（4）辐射杀菌（Radiation）：由于热杀菌对食品的性状、营养等破坏较大，近年来辐射杀菌的应用越来越多。辐射杀菌是利用放射性同位素发生分子跃变时释放的射线如 α - 射线、β - 射线和 γ - 射线进行杀菌的一种方法。

γ-射线的波长短，穿透力强，杀菌效果好，应用最为广泛。射线具有很强的解离作用，可使细菌内部的无机分子如水发生解离产生自由基，引起细菌的损伤而最终死亡。辐射的剂量用戈瑞（Gy）表示，1 Gy 是指被辐射的物质吸收了1焦耳的能量，1 000 Gy 称为千戈瑞（kGy）。用5 kGy 以下的辐射强度进行照射，可以杀死部分腐败菌以延长保质期，称为辐照防腐（Radurization），用5～10 kGy的辐射强度进行照射，可以杀死除芽孢以外的微生物，称为辐照消毒（Radicidation），当辐照计量达10～50 kGy 时，可杀死一切微生物，称为辐照杀菌。

辐照杀菌仅使食品轻微升温，食品的营养成分及感官性状变化不大，至于辐照食品是否安全，主要看食品在辐照过程中是否受到放射性物质的污染与食品的成分是否会在射线的作用下受激发而发生跃变。近年的研究显示，食品在辐照过程中不会直接接触到放射源，而辐照结束后，射线也不会残留在食品中，因此一般不存在放射性物质污染的问题。食品中的成分受射线激发而产生跃变和受辐射的强度与食品的成分有关，只有当辐射强度很大和食品中存在同位素时才有可能发生，目前所用的辐射剂量远低于激发能量，所以一般不会使食品受激发而产生射线。动物试验与人体观察结果也表明，在10 kGy 剂量下对食品进行辐照是安全的。

3．控制微生物的繁殖

微生物的生长需要一定的条件，当条件不利时，微生物会停止生长甚至死亡，因此通过控制食品的储藏条件可达到延缓腐败的目的。最常用的方法是降低食品的水分含量。

降低食品的水分含量可使微生物的生长受到抑制，如当粮食中的水分含量在13%以下时，可阻止微生物的生长。降低食品中的水分含量称为食品的脱水（Dehydration）。根据食品的种类、脱水要求及设备条件，可采用日晒、阴干、喷雾干燥、热风干燥、接触干燥、减压蒸发、真空冷冻干燥、辐射干燥等方法进行食品脱水。

（1）日晒法：在太阳下直接晒干的方法。此法简单易行，但对食品的感官性状和营养成分影响较大，其中的维生素C几乎全部损失，适用于不含维生素的谷类食品的脱水。

（2）阴干：利用风使食品脱水的方法。阴干对食品的感官性状和营养成分影响也较大，在家庭和农村应用普遍，适用于果品如红枣的干燥。

（3）喷雾干燥：把液体食品以细微的雾滴喷到特制的高温室内空中，使水分迅速蒸发而干燥的一种方法。此法适用于奶粉等食品的生产。

（4）热风干燥：以热空气为热源，借对流传热将热能传给物料，使食品脱水的方法。

（5）接触干燥：借助间壁如钢板的导热将热能传递给与间壁接触的物料，使食品脱水的方法。

（6）减压蒸发：通过减压降低水的沸点，从而使蒸发温度降低，使食品在较低的温度下迅速脱水的方法。

（7）辐射干燥：利用辐射线如红外线、远红外线、微波等能源，使食品脱水的方法。

（8）真空冷冻干燥：将物料冷冻至冰点以下，使水变成冰，然后在较高的真空度下，将冰直接转化为蒸汽而去除。真空冷冻干燥由于不升温，可最大限度地保存食品原有的理化性质和营养成分，是目前最好的脱水方式，因而发展迅速，广泛应用于蔬菜、咖啡、调料、肉类、水产品等的干燥。

真空冷冻干燥虽有很大的优点，但由于设备昂贵，加工成本高，在我国的应用还受到较大限制，特别是在经济落后的地区，很多食品仍采用传统的脱水方法。传统的脱水方式对食品中的营养成分的破坏较大，特别是蔬菜、水果等富含维生素 C 的食品。

为降低营养成分的损失，可在干燥前对食品进行预处理，预处理的方式有：

（1）原料分选。剔除腐败和其他不可食用的部分，按大小、成熟度等进行分选，以利于干燥。

（2）清洗，以除去泥土，同时可以去除大部分附着的微生物。

（3）有的经过碱处理去皮，以加速干燥过程。

（4）有的需要切分成一定的大小和形状。

（5）预煮和漂烫，以钝化酶的活性，同时杀灭一部分微生物。

（四）食源性致病细菌举例

1. 葡萄球菌属

（1）形态及培养特性：葡萄球菌属（*Staphylococcus*）无芽孢，无鞭毛，有的形成荚膜或黏液层，属于革兰氏阳性菌，但衰老、死亡或被白细胞吞噬以及抗青霉素的菌株则呈阴性。需氧或兼性厌氧，无运动力。可在普通培养基、血琼脂上生长。在普通琼脂平板上长成湿、光滑、隆起的圆形菌落，直径 1 ~ 2 nm，有的达 4 ~ 5 nm，菌落颜色依菌株而异，初呈灰白色、白色或柠檬色。色素的形成因培养基条件而异，在 22 ℃或在固体培养基中含有糖、牛奶或血清时，产生色素较多，有 CO_2 及 O_2 也较易形成色素。在血平板上形成的菌落较大。一般有致病性的菌株，呈 β 溶血。在普通肉汤中生长迅速，初浑浊，有少量沉淀，轻摇即成均匀状。培养 2 ~ 3 d 可形成很薄的菌环。葡萄球菌属中常见的食源性致病菌是金黄色葡萄球菌（*Staphylococcus aureus*）。

（2）抵抗力及药物敏感性：在干燥的脓汁或血液中可存活 2 ~ 3 个月，80 ℃ 30 min 条件下才能将其杀死，煮沸可使其迅速死亡，70 ℃乙醇可抑制其生长繁殖。因此，临床上常用龙胆紫治疗由本菌引起的化脓症。对 1/20 000 的洗必泰、消毒净、新洁而灭和 1/10 000 的度米芬较为敏感。对青霉素、金霉素、土霉素、红霉素、新霉素磺胺类等敏感，但易产生耐药性。

（3）致病性：本菌能引起两类疾病，一类是化脓性疾病，另一类是毒素性疾病，由本菌污染的食物和饲料，人和动物食后易引起中毒性的呕吐、肠炎及人的毒性综合征等。本菌之所以能引起这两类疾病，主要是它可以产生一些重要的毒力因子。

①α 毒素（Alphatoxin），又名 α 溶血素（α-Haemolysin）。可致牛羊坏疽性乳腺炎。导致白细胞崩解，并作用于平滑肌细胞的血管壁细胞，导致平滑肌收缩，麻痹，最终坏死。同时对多种动物的细胞有溶血作用，其原理是毒素分子插入红细胞的细胞膜疏水区，形成微孔，破坏了膜的完整性，造成细胞溶解，因此它属于穿孔毒素，其类毒素对因本菌致病的绵羊和羊乳腺炎有一定的保护作用。α 毒素是不耐热的蛋白质，分子量约为 34 000。

②肠毒素（Enterotoxin）。该毒素可引起食物中毒，其原理主要是刺激呕吐中枢，使动物呕吐、腹泻。

肠毒素是结构相似的一组蛋白质，分子量为 26 000 ~ 34 000，耐热抗酸，100 ℃ 30 min 条件下不能破坏其活性，胃蛋白酶也不能将其水解。

③休克综合征毒素 1（Toxic Shock Syndrome Toxin，TSST-1），旧名肠毒素 F 和致热性外毒素 C。本毒素为蛋白质，分子量为 22 000，是一种超抗原，引致人类变态反应，发生毒性休克综合征。

④凝固酶（Coagulase）。多数菌株能同时产生两种蛋白质：一种分泌于菌体外，另一种结合在菌体外表面。它们能使含有抗凝剂的家兔或人血浆凝固，称为凝固酶。前一种称为游离凝固酶（Free Coagulase），其作用似凝血酶原。后一种称为结合凝固酶（Bound Coagulase），或称凝聚因子（Clumping Factor），可使血浆纤维蛋白与菌体交联，引致菌体凝集。凝固酶耐热，经 100 ℃ 30 min 或高压灭菌作用仅降低少量活性。具有抗原性，易被蛋白酶分解破坏，凝固酶有助于致病菌株抵御宿主体内吞噬细胞和杀菌物质的作用，是致病菌株的重要特征。

⑤耐热核酸酶（Heat Stable Nuclease）。由致病菌株产生，100 ℃ 15 min 条件下仍有活性。感染部位的组织细胞和白细胞在崩解时释放出该核酸酶，有利

于病菌的扩散。

除上述几种酶外，本菌还可产生溶血纤维蛋白酶（Fibrinolysin），透明质酸酶（Hyalurouidase，又称为扩散因子，Spreading Factor），磷酸酶，卵磷脂酶，脂酶等。

2．埃希菌属

（1）形态及培养特性：埃希菌属（*Escherichia*）有5个种，其中最重要的是大肠埃希菌（*E. coli*），俗称大肠杆菌。*E. coli* 属革兰氏阳性的直杆菌，大小为20.4～0.7 μm×2～3 μm，两端钝圆，散在或成对存在，有鞭毛，可运动，多数对人和动物有致病性的菌株还具有与毒力相关的特殊菌毛；无荚膜，碱性染料着色良好；兼性厌氧，在营养培养基上生长良好，最适pH为7.2～7.4，培养18～24 h后，可形成凸起、光滑、湿润、半透明、灰白色的菌落；在麦康凯琼脂上形成红色菌落；在伊红美琼脂上产生带金属闪光的菌落；发酵多种碳水化合物，产酸产气；大多数菌株可发酵乳糖，约半数菌株可分解蔗糖；不产生硫化氢，不分解尿素，吲哚和甲基红试验为阳性；枸橼酸钠试验为阴性。

（2）抗原及血清型：*E. coli* 抗原主要有O、K和H三种，是血清型鉴定的依据。

O抗原为菌体抗原，目前知道有173种，耐热，121 ℃ 2 h仍不破坏其抗原性，它的抗原特异性决定于脂多糖（Lipopolysaccharides，LPS）的侧链结构。O抗原菌S型菌体，丢失该部分结构时，O抗原也随之丢失。每个菌株只含有一个O抗原，其种以阿拉伯数字表示。常用于因子鉴定。

K抗原为菌体表面抗原，目前已知有103种，多存在于被膜或荚膜中，个别存在于菌毛中。具有K抗原的菌株不与抗O血清发生凝聚。这种抗原对热不稳定，根据耐热性不同，又分成L、A、B三型，一个菌株可含有其中两型。也有的菌株不含K抗原。在103种K抗原中，除K88、K99是两种蛋白质K抗原外，其余均属多糖抗原。L型对热敏感，在100 ℃ 1 h条件下可破坏其抗原性，丧失与相应抗体的结合力和凝聚性。该抗原多位于被膜中，但见于荚膜和菌毛（K88、K99）中。A型能耐100 ℃ 1 h，但121 ℃即可破坏其抗原性和凝聚性，而仍保留与相应抗体的结合力。该抗原位于荚膜中。B型在100 ℃ 1 h条件下可破坏其抗原性和与相应抗体的凝聚性，而仍保留与相应抗体的结合力。

H抗原是鞭毛蛋白抗原，目前已知有60种，该抗原不耐热，经乙醇处理后即可破坏其抗原性。每一个有动力的菌株仅含有一种H抗原，无鞭毛菌株或丢失鞭毛的多种菌株则不含H抗原，H抗原刺激抗体产生高效价凝聚抗体。

一种大肠杆菌可同时含有两种或三种抗原，其血清型的表示方法为O∶K∶H。

如 O8: K23（L）: H19，即表示该菌含有 O 抗原 8，L 型 K 抗原 23，H 抗原 19。

（3）致病性：人和动物体内都存在很多的大肠杆菌，但并不引起人和动物发病，只有少数能引起人和动物发病，而这些能引起人和动物发病的大肠杆菌在正常情况下很少存在于健康体内。这类病原菌根据其毒力因子与发病机制不同，可分为五类：外毒素大肠杆菌（Enterotoxigenic *E. coli*，ETEC），类志贺毒素大肠杆菌（Shigalike Toxin *E. coli*，SLTEC），败血性大肠杆菌（Septicaemic *E. coli*，SEPEC）及尿道致病性大肠杆菌（Uropathogemic *E. coli*，UPEC）。其中前两种与动物的疾病关系最密切。

ETEC 是一种最常见的能引起人和动物腹泻的大肠杆菌，其致病力主要由黏附性菌毛和肠毒素两种毒力因子构成，二者密切相关，缺一不可。黏附性菌毛系人和动物 ETEC 的一类特有菌毛，因其能黏附于宿主的大肠上皮细胞，故称其为黏附素（Adhesin Anfigen）或定居因子抗原（CFA）。迄今为止，在动物 ETEC 中，已发现的黏附素主要有 F4（K88）、F5（K99）、F6（P987）和 F41。F42 和 F17 黏附素虽然不是导致宿主腹泻的直接致病因子，但它是构成 ETEC 感染的首要因子。ETEC 必须首先黏附于宿主的大肠上皮细胞，才能避免肠蠕动和肠液分泌的清除作用，并在肠内定居和繁殖，进而发挥致病作用。

肠毒素是 ETEC 在体内或体外生长时产生并分泌到肠体外的一种不耐热蛋白质毒素（Heat Labile Enrerotoxin，LT）和耐热毒素（Heat Stable Enterotoxin，ST）。在动物 ETEC 中，只有猪源 F4 + 菌株同时产生 LT 和 ST，其他菌株不产生 ST。

LT 毒素分子量为 8 800，由 1 个 A 亚单位和 5 个 B 亚单位组成，A 还可分为 A1 和 A2 亚基，其分子量为 28 000。B 亚单位分子量为 12 000，无毒性而有免疫原性，所有的 LT 对热都极为敏感，可将其变为类毒素。其致病机理是毒素作用于宿主的大肠和回肠引起肠内液过多的蓄积，特别是 A1，A1 是 LT 的毒性部位，能直接导致宿主肠上皮细胞液体分泌亢进，造成临床上表现水样腹泻。

ST 由多肽组成，其分子量仅为 5 000，一般也有免疫原性，耐热，100 ℃ 30 min条件下仍有活性，可透析，能抵抗脂酶、糖化酶和多种蛋白质的酶作用。根据其生物学特性和致病性的不同可将 ST 分为 STI 和 STII 两种。STI 按其来源不同可分为 STIa 和 STIb，前者来源于猪和牛的 ETEC，故又称 STp，对人和猪、牛、羊均有肠毒性；后者来源于人的 ETEC，故又称 STh，仅对人有致腹泻作用。STII 在猪源 ETEC 中产生。已知 STI 的受体为蛋白质和糖蛋白。

ETEC 的致病机制是通过口腔进入易感宿主的大肠，以其菌毛黏附素与大肠上皮细胞的微绒毛和细胞表面的受体相结合，并牢固地黏附于黏膜上，以抵御肠蠕动和流动肠液的冲刷作用，从而定居在肠内，并大量繁殖，同时产生并释放大量毒素，对其靶细胞产生毒性作用，LTI 以其 B 亚单位与大肠上皮细胞表面的 GM 菌受体相结合，而分子内的 A 亚单位通过细胞膜进入细胞内，活化胞内腺酸环化酶（Aclenylcyclase），导致环单磷酸腺苷（Cyclic Adenosine Monophosphate，cAMP）浓度上升，肠细胞分泌机能亢进，大量液体从细胞溢出，构成毛细胞吸收能降低，造成在肠管内电解质大量蓄积，引起水样腹泻和迅速脱水。LTII 与 LTI 在酶活性方面与腺苷酸环化酶的作用方式相似，但结合的受体不同，LTIIa 的最佳受体是 GD16 神经节菌酶，而 LTIIb 则为 GDa 神经菌酶。STI 的毒性作用是能选择性地激活大肠上皮细胞上的鸟酸环化酶（Guovnylcyclase），并刺激环单磷酸鸟苷（Guanosine 3′-5′-cyclic monophoaphate，cGMP）量增高，因钠盐代谢平衡失调而导致腹泻。STII 的作用机理尚不清楚。

SLTEC 又称为 Vero 细胞毒素大肠杆菌（Verocytotoxin - Producing *E. coli* Strain O157：H7，VTEC），是一类在体内或体外生长时会产生类志贺毒素（Shigalike Toxin，SLT）的病原性大肠杆菌，这种毒素主要引起猪的水肿瘤，以头部的荚膜和胃壁浆液性水肿为特征，引起猪水肿病的 SLTEC 有两类毒力因子。

黏附性菌毛，现命名为 F18，已克隆 F18 菌毛主要亚单位编码基因（fdeA）。大多数主要 O 抗原（O139，O141，O138）的菌株都有 fdeA 基因，并且大多数菌株的 fdeA 基因编码与猪水肿病菌株特有的毒素（SLT-2e 或 SLT-2V）基因相关，F18 菌毛是猪水肿病的 SLTEC 菌株的一个重要的毒力因子，它有助于细菌在猪的肠黏膜上皮细胞定居和繁殖。

致水肿病的 2 型类志贺毒素（SLT-2e 或 SLT-2V）系引起猪水肿病的 SLTEC 所产生的一种蛋白质细胞毒素。此毒素静注或腹泻注射适龄仔猪，均能复制出与天然病例相似的水肿病。现已证明，该病是一种毒血症，其发病机制为大肠杆菌以其菌毛（如 F18）黏附于小肠上皮细胞，定居和繁殖的细菌在大肠内产生 SLT-2e 并被吸收。毒素的吸收首先通过该毒素的 B 亚单位与肠上皮细胞的 Gb4 受体发生特异性结合，随后进入细胞内并发挥上述毒素作用，造成细胞死亡和组织病变。由于 SLT-2e 和其他 SLT 一样，也是一种血管毒素，因此当其被肠道吸收后，可在不同组织器官内引起血管内皮细胞作用，改变血管的通透性，导致病猪出现水肿和神经症状，神经症状是由脑水肿所致，并且是毒素对神经细胞的直接作用。

3．沙门氏菌属

沙门氏菌属（*Salmonella*）是一群寄生于人和动物肠道内的无芽孢直杆菌，

革兰氏阴性，生化特性和抗原结构相似，兼性厌氧。除极少数外，通常都以周生鞭毛运动。绝大多数发酵葡萄产酸产气，偶尔也有不产气的。在三糖铁琼脂上常产生 H_2S。一般利用柠檬酸盐，能使赖氨酸和鸟氨酸脱羧基。

（1）形态及染色特性：沙门氏菌的形态和染色特性与同科的大多数其他菌属相似，呈现直杆状 0.7～1.5 μm × 2.0～5.0 μm，革兰氏阴性。除雏禽沙门氏菌和鸡沙门氏菌无鞭毛不运动外，其余各菌均以周生鞭毛运动，且绝大多数具有 I 型菌毛。

（2）培养及生化特性：大多数沙门氏菌属细菌的培养特性与埃希氏菌属相似。只有鸡白痢、鸡伤寒、羊流产和甲型副伤寒等的沙门氏菌在肉汤琼脂上生长受限，只形成较小的菌落。在肠道杆菌鉴别或选择性培养基上，大多数菌株因发酵乳糖而形成无色菌落。本菌属在培养基上也有 S－R 变异。培养基中加入硫代硫酸钠、胱氨酸、血清、葡萄糖、脑心浸液和甘油等均有助于本菌生长。与肠道亚种相比，其余各亚种的生化反应虽然不太典型，但同一亚种各菌间的生化特性相当一致。有时极个别分离菌株在某一特性上可能有所不同，如发酵蔗糖或产生吲哚等，只要它们仍具有本菌属典型的 O 和 H 抗原，就不应将其排除在本菌属外。

（3）抗原及变异：沙门氏菌具有 O、H、K 和菌毛四种抗原。O 和 H 抗原是其主要抗原，构成绝大部分沙门氏菌血清型鉴定的物质基础，其中 O 抗原又是每个菌株必有的成分。

O 抗原是沙门氏菌细胞壁表面的耐热多糖抗原，100 ℃ 2.5 h 条件下不被破坏，它的特异性依赖于 LPS 多糖侧链组成，而其决定簇又由该侧链上末端单糖及多糖侧链上单糖的排列顺序所决定。一个菌体可有几种 O 抗原成分，以小写阿拉伯数字表示。将具有 O 共同抗原（群因子）的各个血清型菌归入一群，以大写英文字母表示。因此，目前已发现的全部沙门氏菌可分为 A、B、C1－C4、D1－D3、E1－E4、F、G1－G2、H……Z 和 O51－O63，O65－O67，总计 51 个 O 群，H 抗原是本属菌的蛋白质鞭毛抗原，总计有 63 种，60 ℃ 30～60 min 及酒精作用均破坏其抗原性，但甲醛不能。H 抗原可分为第 1 相和第 2 相两种。第 1 相 H 抗原以小写英文字母表示，其特异性高，常为一部分血清型菌株所具有，故曾称为特异相。第 2 相抗原用阿拉伯数字表示，大多数沙门氏菌具有第 1 和第 2 两相 H 抗原，称作双相菌，常发生位相变异。少数沙门氏菌只有其中一相 H 抗原，称为单相菌。同一 O 群的沙门氏菌根据它们的 H 抗原的不同再细分成许多不同的血清型菌。

L 抗原是伤寒、丙型副伤寒和部分都柏林沙门氏菌（*S. dublin*）表面包膜抗原，功能上相当于大肠杆菌 K 抗原，但一般认为与毒力有关，故称为 Vi 抗原。Vi 抗原是一种 N－乙酰－D－半乳糖胺糖醛酸聚合物，60 ℃ 1 h 条件下即破坏其凝集性和免疫原性。有 Vi 抗原的菌株不被相应的抗 O 血清凝集，将 Vi 抗原加热破坏后则能在普通培养基上多次传代，后易丢失此抗原。

（4）致病性：本属菌均有致病性，具有极其广泛的动物宿主。感染后动物常导致严重疾病，并成为人类沙门氏菌传染源之一。因此，沙门氏菌病是一种重要的人畜共患病。本菌常侵害幼、青年动物，使之发生败血症、胃肠炎及其他组织局部炎症。对成年动物则往往引起散发性或局限性沙门氏菌病，发生败血症的怀孕母畜可表现为流产，在一定条件下亦偶尔引起急性流行病暴发。在一个发病的畜禽群中，具有一定比例的个体是隐性感染或康复带菌者，并间歇地排菌，成为主要传染来源，许多带菌的野鸟、啮齿动物以及蜱和一些昆虫也能成为畜禽的传染来源。沙门氏菌很容易在动物与动物、动物与人、人与人之间通过直接或间接的途径传播，没有中间宿主。主要传染途径是消化道。许多环境条件，如卫生不良、过度拥挤、气候恶劣、内服皮质类激素、分娩、长途运输以及发生其他病毒或寄生虫感染等，均可增加易感动物发生沙门氏菌病的几率。

（5）免疫性：体液抗体与细胞免疫在抗沙门氏菌感染中都很重要。动物接触环境中的沙门氏菌或在注射疫苗后，其体液免疫应答主要是 IgM 抗体。在疾病康复或口服弱毒苗感染的动物肠道中，上皮细胞的吸附和穿入，可为其后代提供肠道中抗沙门氏菌的能力。用无毒性的沙门氏菌突变株或热灭活的菌体免疫动物后，其血清抗体与动物抗人工感染的保护力之间并无相关性。如用灭活菌苗免疫犊牛，尽管其有高度的特异抗体，仍可能免疫失败。最近有研究认为，血清中抗 O 抗原的 IgG 抗体能够为动物提供抗沙门氏菌的保护力。已经肯定，细胞免疫在抗沙门氏菌感染中具有重要作用。致敏 T 细胞的转移可提供保护力，在缺少免疫 T 细胞的情况下，巨噬细胞、B 细胞以及高免血清的转移都没有保护性。细胞免疫反应性与大剂量沙门氏菌攻击动物的保护性通常呈现很好的相关性。目前已将巨噬细胞移走抑制因子（Macrophage Migration Inhibitory Factor，MIF）试验作为判断动物是否具有细胞免疫应答的一个很好的体外指标。

4. 芽孢杆菌属

芽孢杆菌属（*Bacillus*）包括 50 多个有效种，常见的有枯草芽孢杆菌、炭疽芽孢杆菌、蜡样芽孢杆菌、地衣芽孢杆菌、巨大芽孢杆菌、短小芽孢杆菌、球形芽孢杆菌、苏云金芽孢杆菌等。某些芽孢杆菌属于可利用的有益菌，如枯草芽孢杆菌，但另一些则是有害菌，如蜡样芽孢杆菌和炭疽芽孢杆菌等。下面以蜡样芽孢杆菌（*Bacillus Cereus*）为例，予以介绍。

蜡样芽孢杆菌是需氧性、能运动，具有 β 溶血性的革兰氏阳性大杆菌（3～5μm×1～1.2μm），能产生芽孢，芽孢呈椭圆形，位于菌体中部或亚末端，无荚膜，有动力。其芽孢能耐高温，至少需 100 ℃ 20 min 才能杀死芽孢，在 28 ℃～35 ℃可大量繁殖。在自然界分布极广，常见于土壤和尘埃中。1950 年首次在挪威报告发现蜡样芽孢杆菌食物中毒，以后类似的食物中毒在许多国家都有报道。1973 年南京市卫生防疫站首次报道该市某工厂托儿所因食用剩米饭做的泡饭引起呕吐型食物中毒，在西方国家叫"炒饭综合征"（Fried Rice Syndrome）。

蜡样芽孢杆菌食物中毒有明显的季节性，发病率通常在夏、秋季最高（6～10月），引起中毒的食品常由于食前保存温度不当（26 ℃～37 ℃），放置时间较长，使食品中污染的蜡样芽孢杆菌得以生长繁殖，产生毒素，引起中毒。临床症状表现为腹泻型和呕吐型，病程一般不超过 12 h，主要是由进食染有蜡样芽孢杆菌所产生的肠毒素所致。污染的食物主要为含淀粉较多的谷类食物。预防措施主要是防止食物污染，避免进食腐败变质的剩饭、剩菜，严格凉拌菜的卫生要求，食物应充分加热，不宜放置于室温过久，如不立即食用，应尽快冷却，低温保存，食前再加温。

5. 弯曲菌属

弯曲菌属（*Campylobacter*）最早于 1909 年自流产的牛、羊体内分离出，称为胎儿弧菌（*Vibrio fetus*），1947 年从人体首次分离到该菌。至 1957 年 King 把引起儿童肠炎的这种细菌定名为"相关弧菌"（*Related Vibrios*）。1973 年 Sebald 和 Veron 发现该菌不发酵葡萄糖，其 DNA 的组成及含量不同于弧菌属，为了区别于弧菌而创造了弯曲菌这一名称。到 1977 年 Skirrow 改革培养技术，从腹泻病人粪便中分离到弯曲菌，从而确立了病菌与疾病的关系，并把由弯曲菌引起的腹泻正式命名为弯曲菌肠炎（*Campylobacter* Enteritis）。

弯曲菌呈逗点状或 S 形，革兰氏染色阴性。菌体大小为 0.2～0.5μm × 1.5～5 μm，较长的可有 4～5 个弯曲。具极端鞭毛，运动快速，不形成芽孢，在暗视野镜下观察似飞蝇。微需氧，在含 2.5%～5% 氧和 10% CO_2 的环境中生长最好。最适温度为 37 ℃～42 ℃。在正常大气或无氧环境中均不能生长。在普通培养基上难以生长，在凝固血清和血琼脂培养基上培养 36 h 可见无色半透明毛玻璃样小菌落，单个菌落呈中心凸起，周边不规则，无溶血现象。

空肠弯曲菌（*Campylobacter jejuni*）是近年来受关注度较高的一种弯曲菌，由该菌导致的急性肠道传染病叫空肠弯曲菌肠炎（*Campylobacter jejuni* Enteritis），临床以发热、腹痛、血性便、粪便中含有较多中性白细胞和红细胞为特征。

空肠弯曲菌生化反应不活泼，不发酵糖类，不分解尿素，靛基质阴性。可还原硝酸盐，氧化酶和过氧化氢酶为阳性。能产生微量或不产生硫化氢，甲基红和 vp 试验阴性，柠檬酸盐培养基中不生长。空肠弯曲菌抵抗力不强，易被干燥环境、直射日光及弱消毒剂所杀灭，56 ℃ 5 min 条件下即可被杀死。

空肠弯曲菌抗原构造与肠道杆菌一样具有 O、H 和 K 三种抗原。根据 O 抗原可把空肠弯曲菌分成 45 个以上血清型，第 11、12 和 18 血清型最为常见。空肠弯曲菌是多种动物如牛、羊、狗及禽类的正常寄居菌。在它们的生殖道或肠道中有大量此菌，故可通过分娩或排泄物污染食物和饮水。人群普遍易感，5 岁以下儿童的发病率最高，夏、秋季多见。苍蝇亦起重要的媒介作用，亦可经接触感染。感染的产妇可在分娩时传染给新生儿。空肠弯曲菌有内毒素，能侵袭小肠和大肠黏膜引起急性肠炎，亦可引起腹泻的暴发流行或集体食物中毒。潜伏期一般为 3 ~ 5 d，对人的致病部位是空肠、回肠及结肠。主要症状为腹泻和腹痛，有时伴有发热，偶有呕吐和脱水。该细菌有时可通过肠黏膜入血流引起败血症和其他脏器感染，如脑膜炎、关节炎、肾盂肾炎等。孕妇感染本菌可导致流产、早产，并且可使新生儿受染。感染后会产生特异性血清抗体，可增强吞噬细胞功能。大多数菌株对多种抗生素敏感，尤其是庆大霉素、红霉素和氯霉素。

二、食品的霉菌污染

霉菌（Mold）是真菌的一部分，是丝状真菌的统称。霉菌在自然界分布广泛，约有 45 000 种，多数霉菌对人体有益，如发酵、酿造、抗生素生产等都离不开霉菌，但也有部分霉菌对人体有害，常引起食品的霉变或造成对人体的真菌感染等，有些霉菌还能产生毒素，如黄曲霉产生黄曲霉毒素等，造成对人体的毒性伤害。

（一）霉菌的产毒条件

对产毒霉菌菌株的研究证明，并不是所有产毒霉菌都产生毒素，只有其中的产毒菌株能产生毒素，如产生黄曲霉毒素的黄曲霉，其中很多菌株不产毒，有些菌株还是酿造酱油的霉菌。即便是产毒菌株，也只是在一定的条件下才产毒，当生长条件不利时，霉菌的生长发育受抑制，为维持生命，霉菌就要减少或停止一些不很重要的代谢活动，如产生毒素等。决定产毒菌能否产毒的条件主要有：

（1）温度：大多数霉菌为中温微生物，最适生长温度在 37 ℃左右，其产毒温度要略低于最适生长温度，如黄曲霉，其最适生长温度为 37 ℃，产毒温度则为 28 ℃ ~32 ℃。

(2) 水分：霉菌能利用食品中的自由水但不能利用束缚水，所以决定霉菌生长及产毒的水分条件是指食品中自由水的含量即水分活度（Water Activity, a_w）。适宜霉菌产毒的水分活度为 0.8 ~0.9，当水分活度低于 0.7 时，大多数霉菌即停止产毒。不同食品预防产毒的水分含量分别为：大米、大麦 14%，大豆 11%，干菜、干果 30%。

(3) 基质：霉菌主要利用碳水化合物作为营养生长，此外还有矿物质和少量氮，因此很容易在含糖量高的糕点、粮食、水果上生长，如黄曲霉容易在玉米、花生上生长产毒，而在豆类上的黄曲霉产毒量很低。霉菌在天然食品上生长产毒要比人工培养基好。

（二）主要的产毒霉菌

所谓的产毒霉菌是指已经发现的具有产毒菌株的一些霉菌，主要有曲霉属中的黄曲霉、赭曲霉、杂色曲霉、烟曲霉、构巢曲霉和寄生曲霉等；青霉属中的岛青霉、橘青霉、黄绿青霉、红色青霉、展青霉、圆弧青霉、纯绿青霉、扩展青霉、皱褶青霉、荨麻青霉和斜卧青霉等；镰刀菌属中的禾谷镰刀菌、三线镰刀菌、玉米赤霉、梨孢镰刀菌、无孢镰刀菌、雪腐镰刀菌、串珠镰刀菌、拟枝镰刀菌、木贼镰刀菌、茄属镰刀菌、粉红镰刀菌等。此外还有粉红单端孢霉、木霉属漆斑菌、黑色葡萄状穗霉等。

（三）霉菌污染的危害

霉菌污染食品后可繁殖产毒，造成人类霉菌毒素中毒，人类很早就发现一些由真菌产生的有毒物质能引起人和动物患病。麦角中毒是人类第一个有记录的真菌引起的中毒症。早在 1711 年，人们就知道，麦角中毒是由吃了被麦角菌污染的黑麦等谷物引起的。两百年以后，日本发生的引起大量死亡的“黄变米毒素中毒症”是由岛青霉、橘青霉、黄绿青霉等污染大米造成的。苏联在 1940—1947 年有 16% 的居民患醉谷病和食物中毒性白细胞缺乏症，导致几千人死亡。经过分析发现是由于食用被镰刀孢属和枝孢属真菌污染的小米、小麦、燕麦、黑麦、荞麦的缘故。

霉菌毒素中毒常常侵害肝脏、肾脏、大脑神经系统等器官，使人产生肝硬化、肝炎、肝细胞坏死、肝癌、急慢性肾炎、大脑中枢神经系统严重出血、神经组织变性等症状。霉菌毒素中毒症与一般疾病不同，具有如下特点：①疾病不传染，但与饮食高度相关，发病者均食用过相同或相似的食物。②用化学药物或抗菌素治疗，疗效很差或完全无效。③疾病的发生常常有季节性，同时往往表现有明显的地方性。④疾病的发作常与特殊的食物有关。⑤检查所怀疑的食物和饲料时，常可发现霉菌菌丝的活动。⑥常伴随着维生素缺乏症，但是与真正的维生素缺乏症不同，用维生素治疗无效。

食品的霉菌污染不仅能造成对人类的伤害，还可使食品发生霉变而变质，使食品的营养价值与食用价值降低，甚至完全丧失。因此，即便是非产毒霉菌对食品的污染也应引起重视，特别是对粮食的污染，据估算，每年全世界约有2%的粮食因污染霉菌后发生霉变而不能食用。

（四）黄曲霉毒素

黄曲霉毒素是由黄曲霉（*Aspergillus flavus*）和寄生曲霉所产生的一种次生代谢物，具有很强的毒性和致癌性。1960 年英国发生了“火鸡 X 病”，1961 年 Sargent 等人通过对毒性花生粉的提取研究，得到了无色的粗制结晶，用纸层析法对其进一步加以提纯，这种结晶经纸层析后用紫外线照射时，在 R_f 值 0.7 处发出明亮的蓝色荧光。用这些提取物饲喂 1 日龄的雏鸟，结果死亡，经检查，发现雏鸟肝脏的病变与毒性花生粉中毒引起的典型病变一致。这种产生毒素的真菌，经 Elphick 鉴定为黄曲霉，由这种真菌所产生的毒素就定名为黄曲霉毒素（Aflatoxin，AFT）。

1. 结构与性质

AFT 是一类结构相似的物质，其基本结构均含有一种稠合二氢呋喃构环和香豆素（氧杂萘邻酮），包括 B_1、B_2、G_1、G_2、M_1、M_2、P_1、R_1 等 17 种异构体。如 $AFTB_1$ 结构如下：

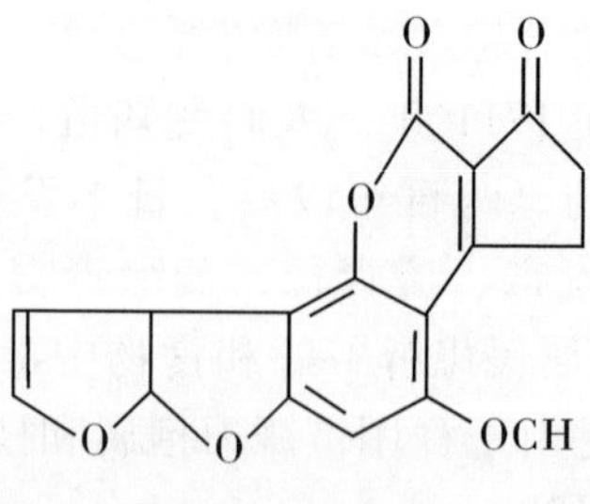

AFT 溶于油和氯仿、甲醇等有机溶剂，但不溶于乙醚、石油醚和己烷，也不溶于水。在紫外线的照射下可发出荧光，根据荧光颜色的不同，可以把 AFT 分为 B 族和 G 族，发出蓝色荧光的为 B 族，发出绿色荧光的为 G 族。AFT 耐热，加热到 280 ℃时才发生裂解，所以一般的烹调加工很难将其清除。

AFT 在中性、酸性溶液中很稳定，在 pH 为 9 ~ 10 的强碱性溶液中能迅速分解，产生钠盐，但此反应是可逆的，在酸性条件下又能形成带有荧光的 AFT。

2. 污染食品

AFT 对粮食食品的污染非常广泛，主要受污染的食品有：花生及其制品、玉米、棉籽、大米、小麦、大麦、豆类及其制品。在我国，长江沿岸以及长江以南等高温高湿地区 AFT 污染严重，北方各地区污染较轻。如广西 70% 的玉米受 AFT 污染。各类食品中，花生及其制品、玉米受污染严重，其次是大米、大麦，豆类很少受污染。

3. 中毒危害

（1）急性中毒：主要是中毒性肝炎和中毒性脑病。中毒性肝炎表现为黄疸、呕吐、厌食、发烧、急性肝细胞坏死、肝出血、肝硬化、腹水及下肢水肿等。

（2）致癌性：AFT 与人类癌症的发生尚缺乏有力的人类流行病学证据，但大量的动物试验表明其具有强致癌性，是人类的可能致癌物。

4. 预防措施

（1）防霉：预防食品的霉菌污染是预防 AFT 的最根本措施，主要措施有：加强田间管理，防止霉菌扩散；减少粮粒损伤，防止霉菌的侵入；控制谷物水分；降低粮食存放温度；将食品排氧充气密封包装等。

（2）去毒：①挑选霉粒。挑选花生和玉米霉粒是较好的去毒方法，常常一粒霉花生可带几百甚至上千 ppb 的 AFT。②碾压水洗。在日常生活中，对含少量 AFT 的米，用手搓，冲洗多次即可达到标准。③油碱炼。根据 AFT 遇碱易破坏等化学特性，可利用甲基胺、NaOH 降低 AFT 的含量。④油吸附。利用白陶土或活性炭吸附，可使花生油中 AFT 含量由 800 mg/L 降低到20 mg/L，甚至 10 mg/L。⑤利用紫外线照射破坏 AFT。

（3）制定食品中最高允许量标准：我国以 $AFTB_1$ 作标准，规定在玉米、花生、花生油中 $AFTB_1$ 含量小于 20 mg/L ，在大米及其他粮食油中 $AFTB_1$ 含量小于10 mg/L，在其他粮食、豆类中 $AFTB_1$ 含量小于5 mg/L，婴儿代乳品不得检出。

三、食品的寄生虫污染

寄生虫（Parasitic Protozoan）是指不能完全独立生存，需寄生于其他生物体内的虫类。寄生虫所寄生的生物体称为寄生虫的宿主，其中，成虫在有性繁殖阶段寄生的宿主称为终宿主；幼虫和成虫在无性繁殖阶段寄生的宿主称为中间宿主。寄生虫在其寄生宿主内生存，通过争夺营养、机械损伤、栓塞脉管及分泌毒素毒害宿主造成伤害。寄生虫及其虫卵直接污染食品或通过病人病畜的粪便污染水体或土壤后，再污染食品，人经口摄入而发生食物源性寄生虫病。食物源性寄生虫病在我国分布面积范围广、危害严重。

（一）囊虫对食品的污染

囊虫即囊尾蚴，指有钩绦虫即猪肉绦虫（*Taenia solium*）和无钩绦虫即牛肉绦虫（*Taenia saginatus*）的幼虫。人可被成虫寄生，也可以被猪肉绦虫的幼虫（猪囊尾蚴）寄生，特别是后者对人类的危害更为严重。据资料显示，我国人体囊虫感染率为0.14%～3.2%，全国有感染者约计300万人，近年来有逐年上升的趋势。

1．病原体

引起人类囊虫病的病原体有猪肉绦虫和牛肉绦虫。猪肉绦虫属带科，带属。成熟的猪囊虫呈椭圆形，乳白色半透明，囊内充满液体，大小为6～10 mm×5 mm。猪肉绦虫位于肌纤维间的结缔组织内，其长径与肌纤维平行。囊壁为一层薄膜，肉眼隔囊壁可见绿豆大小乳白色小点向囊腔凹入，为内翻的头节，头节有4个吸盘和1个顶突，顶突上有11～16对小钩。猪囊尾蚴主要寄生在股内侧肌肉、深腰肌、肩胛肌、咬肌、腹内斜肌、膈肌和心肌中，还可能会寄生于脑、眼、胸膜和肋间肌膜之间等。在肌肉中的猪囊尾蚴呈米粒或虫粒大小，习惯称之为“米猪肉”或“豆猪肉”。

猪肉绦虫成虫呈带状，长达2～8 mm，可分为头节、颈节与体节，有700～1000个节片。其头节与猪囊尾蚴相同，可牢固地吸附于小肠壁上，以吸取营养物质。颈节纤细，紧连着头节的后面，为其生长部分。体节分未成熟、成熟及妊娠体节三部分。虫卵呈深黄色，内含3对小钩的胚胎，称六钩蚴。成虫主要寄生于人的小肠。

牛肉绦虫的幼虫和成虫与猪肉绦虫的幼虫和成虫相似，但其头节无钩，通过吸盘固定在肠壁。

2．发病原因及临床症状

人因生吃或食用未煮熟的“米猪肉”（也叫米心猪肉，指患囊虫病的死猪肉）而被感染。幼虫在胃液和胆汁的作用下，于小肠内长出头节，然后吸附于肠壁上，从颈部逐渐长出节片，经2～3个月发育为成虫，开始孕节随粪便排出。一条成虫的寿命可达25年以上。一般一个人可感染1～2条，偶有3～4条。患者表现为食欲减退、体重减轻、慢性消化不良、腹泻或腹泻与便秘交替发生。

人除了是绦虫的终宿主外，还可以是中间宿主。此外，猪、野猪、狗、羊也是中间宿主。绦虫的虫卵必须经胃和胃酸的作用下脱囊，才可以发育为囊尾蚴而感染人类，因此，人类感染囊虫的途径有：①异体感染：由于食入受虫卵污染的食物而引起的囊虫感染；②自体体外感染：当自体体外感染绦虫时，由于不良的个人卫生习惯，通过手或食物食入虫卵而引起的囊虫感染；③自体体内感染：人体本身有成虫寄生在肠道内，由于某种原因发生呕吐，使肠道内的孕节逆蠕动而进入肠内，这无异于从口中吃下大量虫卵而造成自身感染。

虫卵自人体的十二指肠孵出后，进入肠系膜小静脉及淋巴管，后随血流沉着于全身组织，形成囊尾蚴。其症状为：①皮下及肌肉囊尾蚴病：患者局部肌肉酸痛、发胀；②脑囊尾蚴病：患者可因脑组织受压迫而出现癫痫、脑膜炎、颅内压增高、痴呆，还可能会引起抽搐、瘫痪以至死亡；③眼囊尾蚴病：寄生于眼部可导致视力减退，甚至失明，还可能会出现运动、感觉、反射改变，头痛、头晕、恶心及其他症状。

3. 预防措施

加强肉品卫生检验和处理制度，对生猪实行“定点屠宰、集中检疫”；在疫区加强卫生宣传教育工作，使人们了解绦/囊虫病的危害，不食生猪肉和完全没有烧烤熟透的肉类食品；对切肉用的刀、砧板、抹布、盛具要生熟分开并及时消毒；猪要圈养防止猪食人粪而感染；讲究卫生并养成良好的卫生习惯；加强粪便无害化处理；生食的蔬菜、瓜果要洗净消毒，饮用水要消毒，严禁喝生水。

（二）旋毛虫对食品的污染

旋毛虫即旋毛形线虫（*Trichinella spiralis*），其成虫寄生于肠管，称肠旋毛虫，幼虫寄生于横纹肌中，且形成包囊，称肌旋毛虫。人和几乎所有的哺乳动物（如猪、狗、猫、鼠、野猪等）均能感染。由其引起的旋毛虫病是一种重要的人兽共患的寄生虫病，危害很大。

1. 病原体

旋毛虫属于线虫纲，毛尾目，毛形科，是雌雄异体的小线虫。雄虫大小为 1.4～1.6 mm×0.04～0.05 mm，雌虫大小为 3～4 mm×0.06 mm。肉眼观察成虫为短白绒丝状的线虫。幼虫刚产出时呈细长圆柱形，寄生于横纹肌肉的虫体呈螺旋状弯曲，外披有肌纤维平行的椭圆形包囊，内有囊液，可含有 1～2 条幼虫。肌肉中的包囊一般为 0.25～0.3 mm×0.4～0.7 mm，肉眼观察呈白色针尖状。主要寄生的部位有膈肌、舌肌、心肌、胸大肌和肋间肌等，以膈肌最为常见。包囊对外界环境的抵抗力较强，能耐低温，猪肉中的包囊在 -15 ℃下贮藏20 d才死亡；在 -12 ℃可保持活力高达57 d；包囊在腐肉中可存活100 d以上。熏烤、腌制及暴晒等加工方法不能杀死包囊，但加热至70 ℃可将其杀死。旋毛虫是永久性寄生虫，同一个动物既是它的终宿主，又是它的中间宿主，它不需要在外界环境或中间宿主内发育。

2. 发病原因及临床症状

人感染旋毛虫是由于吃了生的或未煮熟的猪肉或野猪肉，也有少数因食入其他肉类（如狗、羊、马等）而感染。感染原因：一是与食肉习惯有关，调查表明发病人数中90%以上与吃生猪肉有关；二是通过肉屑污染餐具、手指和食品等引起感染，尤其是烹调加工时生熟不分造成污染；三是粪便中、土壤中和昆虫体内的旋毛虫幼虫也可能成为人们感染的病源。

当人摄入含有幼虫包囊的动物肌肉后，包囊被消化，幼虫逸出，钻入十二指肠和空肠的黏膜内，在2 d内发育为成虫。经交配后7 ~ 10 d开始产幼虫，每条雌虫可产幼虫1 000 ~ 10 000条，寿命为4 ~ 6周。幼虫穿过肠壁随血液循环到达人体各部的横纹肌，一般在感染后1个月内形成包囊。包囊在数月至1 ~ 2年内开始钙化，包囊钙化后并不影响虫的生命（如虫体死亡则也被钙化）。肌旋毛虫的寿命可达数年。

人体感染旋毛虫初期（成虫寄生期，约1周）会引起肠炎、多数患者出现恶心、呕吐、腹痛和粪便中带血等症状。中期（幼虫移行期，2 ~ 3周）会引起急性血管炎和肌肉炎症，表现为头痛、高烧、怕冷，全身肌肉痛痒，尤以四肢和腰部最为明显；疼痛出现后，会发生眼睑、颜面、四肢或下肢水肿，水肿部位皮肤发红发亮等症状。此外，可引起实质器官如心、肝、肺、肾等不同程度的功能损害，并伴有周围神经炎，视力、听力障碍，半身瘫痪等。末期（成囊期，4 ~ 16周）表现有肌肉隐疼痛，重症者则可能因毒血症或合并症而死亡。

3. 预防措施

加强卫生宣传，普及有关旋毛虫方面的知识，改变饮食习惯，不食生的或半生的猪肉和其他动物肉，以杜绝感染；加强肉品卫生检验和处理制度；加强猪的饲养管理，猪要圈养，不以生的或混有肉屑的泔水喂猪；消灭鼠类，以减少感染来源。

（三）蛔虫对食品的污染

蛔虫是似蚓蛔线虫（*Ascaris lumbricoides*）的俗称，为寄生人体的肠道线虫中体形最大者，其成虫可寄生于人的小肠内引起蛔虫病（Ascariasis），也可寄生于猪、狗、猫等动物的肠内。蛔虫病是一种常见寄生虫病，呈世界性分布。据近年估计，我国蛔虫病感染人数约有5.31亿，农村人群感染率高于城市，儿童高于成人。

1. *病原体*

蛔虫属于线虫纲，蛔科，蛔属。成虫呈圆柱形，似蚯蚓状，活着呈粉红色，死后为黄白色。雄虫大小为 15 ~ 25 cm × 0.4 ~ 0.4 cm，雌虫大小为 20 ~ 35 cm × 0.3 ~ 0.6 cm。受精卵为椭圆形，大小为 45 ~ 75 μm × 35 ~ 50μm，卵壳表面常附有一层粗糙不平的蛋白质膜，因受胆汁染色而呈棕黄色，卵内有一圆形的卵细胞。未受精的卵大小为 88 ~ 94 μm × 39 ~ 44μm，形状不规则，一般为长椭圆形，卵内含有许多折光性较强的卵黄粒。只有受精卵才能发育。蛔虫卵对各种环境因素的抵抗力很强。虫卵能在土壤中生存 4 ~ 5 年，在粪坑中生存 6 ~ 12 月，在污水中生存 5 ~ 8 月，在 -10 ℃ ~ -5 ℃中生存 2 年；在 2% 的甲醛溶液中可以正常发育；用 10% 的漂白粉溶液、2% NaOH 溶液均不能杀死虫卵，但经阳光直射或高温、干燥，或用 60 ℃以上的 3.5% 碱水、20% ~ 30% 热草木灰水或新鲜石灰水可杀死蛔虫卵。

2. *发病原因及临床症状*

虫卵随粪便排出体外，在适宜的温度、湿度和氧气充足的环境中经 10 d 左右，发育成第一期幼虫。再经过一段时间的生长和一次蜕化，发育为第二期幼虫。再经过一段时间才发育为感染性虫卵。感染虫卵一旦与食品、水、尘埃等一起经口摄入，就在人体肠道内孵化，钻进肠壁，随血流经肝脏和心脏而至肺，再穿过微血管壁进入肺泡，然后再沿支气管、气管至会咽部，被咽下后经食道、胃而入小肠内发育为成虫。人从食入感染性虫卵到粪便中有虫卵排出，约需 2.5 个月。成虫每天排卵可达 20 万个，蛔虫的寿命一般为 1 年。

蛔虫卵经过灰尘、水、土壤或蝇、鼠及带虫卵的手等污染食物如蔬菜、水果及水生生物，人可因生食未洗净的此类食物而被感染。肠蛔虫患者会有腹部不适或上腹部及脐部周围疼痛、食欲减退、易饿、便秘、腹泻、呕吐、烦躁、夜间磨牙、低热、哮喘、荨麻疹等症状。若成虫钻入胆管可发生胆管蛔虫症，钻入胆囊、肝脏、阑尾、胰腺等部位可引起合并症，若造成肠穿孔可导致腹膜炎。成虫可互相扭结成团，造成肠梗阻。

3. *预防措施*

开展卫生宣传教育工作，使人人养成良好的卫生习惯，不饮生水，不吃不洁净的食物，不随地大小便，饭前便后要洗手，小孩不要玩泥土等；改善环境卫生，粪便要无害化处理，以达到彻底杀死虫卵的目的。

（四）姜片虫对食品的污染

姜片虫即布氏姜片虫（*Fasviolopsis buski*），寄生于人体和猪的小肠内。对 5 岁以上的儿童及青少年危害较大。目前我国姜片虫病流行区日渐减少，人体感染率已明显降低。

1. 病原体

姜片虫属于片形科，姜片属。新鲜虫体为肉红色，虫体大而肥厚，大小为20～75 mm×8～20 mm，有口吸盘和腹吸盘各一个。成虫借吸盘附在肠黏膜上，雌雄同体。虫卵呈淡黄色，椭圆形，壳薄，是人体肠蠕虫中最大的虫卵。成虫每日可排卵1.5～2.5万个。

虫卵随终宿主（人和猪）的粪便进入水中，在适宜条件下，经3～7周孵出毛蚴。毛蚴在水中运动，遇到中间宿主扁卷螺即钻入其体内，在螺体内经胞蚴、母雷蚴、子雷蚴，发育成尾蚴，不断从螺体体内逸出，吸附在菱、藕、荸荠等水生植物的外皮上形成囊蚴。囊蚴在超市的环境中可存活1年，但遇干燥环境则易死亡。人生吃了有囊蚴的水生植物或牙啃咬其皮时，囊蚴经胃入小肠，在小肠经肠液和胆汁的作用，囊壁破裂，幼虫脱囊而出，吸附于小肠的肠黏膜上，发育为成虫。从食入囊蚴至成虫产卵需1～3个月。成虫寿命约2年。

2. 发病原因及临床症状

人因生食被姜片虫囊蚴污染的水生植物而感染。轻者无症状，较重者主要表现为腹痛、恶心、呕吐、消化不良、腹泻、贫血、精神萎靡，甚至腹水和浮肿等症状，严重者可致死亡。

3. 预防措施

开展卫生宣传教育工作，普及防治姜片虫病的知识；改变生吃水生植物的习惯；水生植物作饲料要进行无害化处理；人和猪的粪便要经过无害化处理后施用；消灭扁卷螺。

（五）阿米巴原虫对食品的污染

阿米巴原虫有多种，一般认为只有溶组织内阿米巴（*Entamoeba histolytica*）具有侵略组织的能力。因此，凡被溶组织内阿米巴感染，无论有无症状均为阿米巴病（Amebiasis）。全世界被溶组织内阿米巴感染的患者约3亿，每年死亡人数高达10万。我国各地的感染率不平衡，一般在0.9%～30.0%。

1. 病原体

溶组织内阿米巴有包囊和大、小滋养体三种形态。包囊直径为10～16 μm，成熟的4核包囊具有感染性，进入宿主体内6 h发育成熟，随粪便排出，每天的排出量高达100万个；大滋养体寄生于结肠黏膜下层等组织，分裂增殖，有一个核，直径为20～40 μm，有侵略力，主要见于急性期患者粪便；小滋养体主要寄生于肠腔，直径为6～20 μm。包囊在外界环境中有较强的抵抗力，在大便中能存活2周，在水中能存活5周，在常用消毒剂中能存活

20～30 min，一般饮水消毒的氯浓度不能将其杀死，但在 60 ℃ 10 min 条件下可将其杀死，滋养体排出体外极易死亡，无传播作用。

2. 发病原因及临床症状

患阿米巴病且在慢性恢复期和无症状排囊的人或畜（猪和狗等）为传染源。排出有包囊的粪便直接污染水源和食物或间接通过蝇粪污染食物后，经口传播。

溶组织内阿米巴侵入机体后，大多数感染者呈无症状携带状态。包囊进入胃到达小肠后，脱囊，进而分裂增殖，可侵入肠黏膜，在肠壁形成溃疡，即引起肠阿米巴病（又叫阿米巴痢疾），临床分为无症状、普通型、暴发型、慢性型和肠内外并发症，以出现腹泻和脓血便为主要症状；也可侵入肠溃疡壁的血管，进入血液引起肠外阿米巴病（主要是阿米巴肝脓肿），临床表现为不规则发热，消瘦、肝大、肝区疼痛等症状。

3. 预防措施

人群中带囊者是主要传染源，应加强三管（管饮食、管饮水、管粪便）一灭（灭蝇）工作；加强食品卫生宣传教育工作，防止“病从口入”；对自然感染阿米巴原虫的动物，应防止其直接或间接污染食品。

第二节　化学性危害源

食品的化学危害（Chemical Hazard），是指有毒的化学物质污染食物而引起的危害，导致食品危害的化学物质叫做化学性危害源。食品化学性危害源包括天然毒素、农药残留、兽药残留、超标的有害金属、滥用的食品添加剂等。由于食品在生产、加工、贮存和运输等过程中受到这些化学物质的污染，使食品具有毒性。化学物质污染食品的方式和途径比较复杂，例如，不遵守卫生制度把食品装入未经清洗、消毒、曾盛过有害化学物质的容器或运输工具中；在食品生产加工过程中，使用由化学性质不稳定的材料制作的工具、管道或容器，特别是与酸性较强的食品经过较长时间的接触，有毒金属溶解移入食品中；食品制造时使用有毒化学物质污染的原料等。另外，由于误用、滥用食品添加剂或不良生活习惯而引起的化学性食物中毒也比较常见。在各种化学性危害源中，来自食品原料的生产过程污染（农药、化肥、生长促进剂等）最为常见。食品中常见的化学性危害源包括天然毒素（河豚毒素、组胺、雪卡毒素、氰苷、棉酚等）、农药残留（有机氯杀虫剂、有机磷杀虫剂、氨基甲酸酯类杀虫剂、拟除虫菊酯类农药、多菌灵杀菌剂和有机汞、有机砷杀菌剂等农药的残留）、兽药残留（抗生素类、磺胺类、呋喃类等药物的残留）、重金属超标（镉、铅、汞、砷等超标）、食品添加剂滥用（食品添加剂的超量、超范围使用）、不合格的食品包装材料、容器与设备（塑料、橡胶、涂料、陶瓷、搪瓷及其他材料等）和其他有害化学物质（N－亚硝基化合物、多环芳族化合物、多氯联苯等）。

一、食品的天然有害物质

食品本身的某些成分可能会对人体健康造成危害，这种食品本身所含有的有害物质称为食品的天然有害物质，它不同于食品的有害污染物，是食品内在的、天然的有害成分。食品加工技术的目的之一就是要尽可能地消除食品内在有害成分，从而确保食品消费安全。食品的天然有害物质根据其来源可分为植物性、动物性和微生物三类天然有害物质。

（一）植物性天然有害物质

1. 毒蕈毒素

蕈类又称蘑菇，属于真菌植物，味道鲜美、营养丰富，有些蕈类还有一定的食疗作用，是人们喜爱的日常食物。但也有一些蕈类含有毒素，可引起食物中毒，称为有毒蕈类。我国目前已鉴定的蕈类中，可食用的蕈类有300种，其中毒蕈类约有100种，含有剧毒可致死的约有10种。

毒蕈中所含有的有毒成分很复杂，一种毒蕈可含有几种毒素，而一种毒素又可存在于数种毒蕈之中。毒蕈中毒多发生于高温多雨的夏秋季节，往往由于人们采摘生鲜蘑菇，又缺乏识别有毒与无毒蘑菇的能力，误食毒蕈造成。毒蕈种类繁多，其有毒成分和中毒症状各不相同。根据所含有毒成分的临床表现，一般可分为以下几个类型：

（1）胃肠毒性毒蕈毒素：胃肠毒性毒蕈毒素可能为类树脂物质，存在于黑伞蕈属和乳菇属的某些蕈种中。误食含有胃肠毒素的毒蕈常以胃肠炎症状为主，中毒的潜伏期比较短，一般为0.5～6 h。主要症状为剧烈的腹痛、腹泻、水样便、恶心、呕吐、体温不高。病程短，一般经过适当的对症处理即可迅速恢复，病程为2～3 d，病死率低。

（2）精神神经型毒蕈毒素：精神神经型毒蕈毒素有多种。

①毒蝇碱（Muscarin），为一种生物碱，溶于酒精和水，不溶于乙醚。存在于毒蝇伞蕈、丝盖伞蕈属、杯伞蕈属及豹斑毒伞蕈等之中。这几种蕈在我国北方许多省份均有生长。

②鹅膏蕈氨酸（Ibotenic Acid）及其衍生物，毒蝇伞蕈属的一些毒蕈中含有此类物质。这种毒素可引起幻觉，色觉和位置觉错乱，视觉模糊。

③光盖伞素（Psilocybin，裸盖菇素）及脱磷酸光盖伞素（Psilocin），存在于裸盖菇属及花褶伞属蕈类中，一般食入1～3 g干蕈即可引起中毒。

④幻觉原（Hallucinogens），主要存在于橘黄裸伞蕈中，我国黑龙江、福建、广西、云南等地均有此蕈生长。

精神神经型毒蕈中毒的潜伏期为0.5～4 h。临床表现除有胃肠反应外，主要还包括流涎、流泪、大汗、瞳孔缩小、脉缓等症状，重症患者出现谵妄、精神错乱、幻视、幻听、狂笑、动作不稳、意识障碍等症状，亦可有瞳孔散大、心跳过速、血压升高、体温上升等症状。如果误食牛肝蕈属中的某些毒蕈，中毒后还有特有的"小人国幻觉"，患者可见一尺高，穿着鲜艳的小人在眼前跑动。经及时治疗后症状可迅速缓解，病程一般为1～2 h，死亡率低。

（3）溶血型毒蕈毒素：溶血型毒蕈毒素为鹿花毒素（Gyromitrin），存在于鹿花蕈中，属甲基联胺化合物，有强烈的溶血作用，可使红细胞遭到破坏，对碱不稳定，可溶于热水。此类中毒潜伏期一般为6～12 h，多数病人出现胃肠炎、溶血性黄疸、肝脾肿大症状，少数病人出现蛋白尿，溶血后损害肾脏。严重中毒者可因肝、肾功能受损和心衰而致死亡。

（4）脏器损害性毒蕈毒素：此类型中毒最为严重，有毒成分主要为毒肽类（Phallotoxins）和毒伞肽类（Amanitoxins），存在于毒伞蕈属、褐鳞小伞蕈及秋生盔孢伞蕈中。此类毒素有剧毒，对人致死量为0.1 mg/kg体重，可使体内大部分器官发生细胞变性。含此毒素的新鲜蘑菇50 g即可使成人致死，发生中毒如不及时抢救病死率很高，可达50%～60%，其中毒伞蕈属中毒者病死率高达90%。脏器损害型中毒表现十分复杂，按病程发展分6期：

①潜伏期：潜伏期较长，一般为10～24 h。

②胃肠炎期：表现为恶心、呕吐、腹痛、严重腹泻，水样便，同时伴有头晕、头痛、全身乏力等，1～2 d后症状缓解。

③假愈期：胃肠炎症状缓解后，病人暂无症状或感轻乏无力，但精神骤然好转，自觉轻松如常，给人以假愈现象，而实际上毒肽已进入内脏，肝损害已开始。轻度中毒病人肝损害不严重，由此期可进入恢复期。多数病人在经过18～48 h假愈期后转入脏器损害期。

④脏器损害期：中毒严重的病人在发病后2～3 d出现肝、肾、脑、心等实质性脏器损害，以肝脏损害最严重。可出现肝肿大、黄疸、肝功能异常等症状，严重者会出现肝坏死、肝晕迷；肾脏损害者可出现尿少、无尿或血尿，甚至尿毒症、肾功能衰竭。

⑤精神症状期：如病情继续恶化则进入此期。病人表现为谵妄、烦躁不安、表情淡漠、思睡等症状，继而惊厥、昏迷，甚至死亡（有些病人在胃肠炎期后立即出现烦躁、惊厥、昏迷，但无肝肿大及黄疸，属于中毒性脑病）。

⑥恢复期：经及时治疗后患者在 2～3 周后进入恢复期，各症状好转并痊愈。

（5）光过敏性皮炎型毒蕈毒素：存在于胶陀螺（猪嘴蘑）中，毒性成分尚不十分清楚。中毒时身体裸露部位如颜面出现肿胀、疼痛，特别是嘴唇肿胀、外翻，形如猪嘴唇。还伴有指尖疼痛、指甲根部出血等。

对蕈类毒素中毒的预防是广泛宣传毒蕈中毒的危险性，避免随意采集蕈类。在采菇时应由有经验的人指导，不采不认识或未吃过的蘑菇，特别是教育儿童尤为重要。提高鉴别毒蕈的能力，熟悉和掌握各种毒蕈的形态特征和内部结构，再根据当地群众的经验来鉴别有毒蕈类，防止误食中毒。

2. 马铃薯毒素

马铃薯（*Solanum tuberosum* L.），别名土豆、山药蛋、洋山芋，是我国北方冬季储存的蔬菜之一。马铃薯中含有一种毒素叫龙葵素（Solanine），是一种难溶于水易溶于薯汁的生物碱，也叫龙葵碱、茄碱。马铃薯的龙葵素含量随品种和季节不同而有所不同，含量一般为 2～10 mg/100 g 新鲜组织，主要集中在芽眼、表皮和绿色部分，但这一含量一般不会使人中毒。龙葵素含量在马铃薯贮藏过程中会逐渐增加，特别是当马铃薯发芽、表皮发青或储存不当出现黑斑时或光照时均会大大提高龙葵素的含量，有时可增加数十倍之多，如发芽、皮变绿后龙葵素的含量可达 35～40 mg/100 g，严重变绿后，芽部龙葵素的含量可高达 420～730 mg/100 g。一般人只要食进 200～400 mg 龙葵素就会引起中毒死亡。

龙葵素对胃肠道黏膜有较强的刺激作用，对呼吸中枢有麻痹作用，并能引起脑水肿、充血。此外还对红细胞有溶血作用。龙葵碱中毒的潜伏期一般为 1～12 h。中毒者先有咽喉抓痒感及烧灼感，上腹部有烧灼感或疼痛感，其后出现肠胃炎症状。此外可有头晕、头痛、瞳孔散大、耳鸣等症状，严重者可出现抽搐，可因呼吸麻痹而死亡。

中毒的发生主要是由于马铃薯贮存不当使其发芽或变青，其中龙葵素大量增加，烹调时不能将其除去或破坏，导致食后发生食物中毒。以春末夏初季节最为常见。

预防龙葵素中毒首先应改善马铃薯的贮存条件，马铃薯宜贮存于无阳光直射、通风、干燥的阴凉处，防止发芽、变绿。采用辐照处理马铃薯对抑制发芽有一定效果。其次若马铃薯已发芽，食用时应去皮、去芽、挖去芽周围组织，经充分加热后食用。因龙葵素遇醋易分解，故烹调时放些食醋，可加速对龙葵素的破坏。对发芽多者或皮肉变黑绿者不能食用。

3. 氰甙类毒素

许多高等植物中都含有氰甙，如苦杏仁、桃仁、李子仁、枇杷仁、樱桃仁、亚麻仁、木薯等。木薯、亚麻仁中含有的氰甙为亚麻苦甙（Linamarin），苦杏仁、桃仁、李子仁、枇杷仁、樱桃仁中含有的氰甙为苦杏仁甙（Amygdalin），二者的毒性作用及中毒表现相似。

苦杏仁甙引起中毒的原因是由于苦杏仁甙在酶或酸作用下发生水解，释放出具有挥发性的氢氰酸。苦杏仁甙溶于水，人在食入果仁后，其所含有的苦杏仁甙在口、食道、胃和肠中遇水，经本身所含有的苦杏仁酶水解释放出氢氰酸，并迅速被胃肠黏膜吸收进入血液。氰离子可抑制体内许多酶的活性，其中细胞色素氧化酶最敏感，它可与细胞色素氧化酶的铁离子结合，导致细胞的呼吸链中断，使机体陷入内窒息状态。同时，氢氰酸还能作用于呼吸中枢和血管运动中枢，使之麻痹，最后导致死亡。苦杏仁甙为剧毒，氢氰酸的最小致死口服剂量为0.5～3.5 mg/kg体重。小孩吃6粒苦杏仁，大人吃10粒就能引起中毒；小孩吃10～20粒，大人吃40～60粒可致死。

亚麻苦甙水解后也会释放出氢氰酸，但亚麻苦甙不能在酸性的胃中水解，而是要在小肠中进行水解，因此，木薯中毒者病发一般较缓慢。

苦杏仁中毒多发生于杏熟时期，多见于儿童因不了解苦杏仁毒性，生吃苦杏仁；或不经医生处方自用苦杏仁治疗小儿咳嗽而引起中毒。

木薯中毒主要是因为木薯产区（特别是新产区）的群众不了解木薯的毒性，食用了未经合理加工处理的木薯。

苦杏仁中毒的潜伏期为0.5～12 h，一般为1～2 h。症状为口中苦涩、流涎、头昏、头痛、恶心、呕吐、心悸、四肢无力等。重者胸闷、呼吸困难，呼吸时有时可嗅到苦杏仁味。严重者意识不清、呼吸微弱、昏迷、四肢冰冷，常发生尖叫。继而意识丧失、瞳孔散大、对光反射消失、牙关紧闭、全身阵发性痉挛，最后因呼吸麻痹和心跳停止而死亡。此外，亦有引起多发性神经炎的。木薯中毒的潜伏期稍长些，一般为6～9 h。临床症状与苦杏仁中毒的表现相似。

预防氰甙毒素中毒首先应加强宣传教育工作，尤其是向儿童宣传苦杏仁中毒的知识，不吃苦杏仁、桃仁、李子仁等。其次应采用合理的加工及食用方法，如：①氰甙有较好的水溶性，水浸可除去含氰甙食物的大部分毒性。类似杏仁的核仁类食物在食用前均需较长时间的浸泡和晾晒，将其充分加热，使其失去毒性。②不生食木薯且食用木薯前必须去皮（木薯所含氰甙有90%存于皮内)、洗涤切片后加大量水于敞锅中煮熟，换水再煮一次或用水浸泡16 h以上弃去汤、水后食用。尽管如此，木薯中仍含有一定量的氰化物。因此，不能空腹吃木薯且一次不能吃太多，老幼体弱者及孕妇均不宜食用。③用苦杏仁作药物治疗小儿咳嗽时，不能自行下药，要遵医嘱，且必须经过去毒处理后方可食用。

4. 菜豆毒素

菜豆（*Phaseolus vulgaris* L.）因地区不同又称为豆角、芸豆、梅豆角、扁豆、四季豆等，是人们普遍食用的蔬菜。但因烹调不当食用菜豆中毒的案例在各地时有发生。

菜豆中的有毒成分为皂素及植物血凝素。皂素对胃肠道黏膜有强烈的刺激作用，并能破坏红细胞引起溶血；植物血凝素则具有凝聚和溶解红细胞的作用。这两种有害物质都可通过长时间煮沸而被破坏。

菜豆中毒是由烹调时贪图脆嫩或色泽，没有充分加热，豆内所含毒素未完全破坏造成的。菜豆中毒的潜伏期为0.5～5 h，发病初期多数是胃部不适，继而表现为恶心、呕吐、腹痛等症状，部分病人出现头晕、头痛、出汗、畏寒、四肢麻木、胃部有烧灼感和腹泻等症状。

预防菜豆中毒的措施主要是把菜豆彻底加热后再食用。要注意翻炒均匀、烧煮煮透，使四季豆加热至失去原有的生绿色，食用时无生味和苦硬感。如果做凉菜，必须放在水中焯10 min以上，才能调料食用。

5. 鲜黄花菜毒素

黄花菜又名金针菜，为多年生草本植物。鲜黄花菜中的有毒物质为秋水仙碱，这种物质本身并无毒性，但当它进入人体并在组织间被氧化后，会迅速生成二秋水仙碱，这是一种剧毒物质。成年人一次性食入0.1～0.2 mg秋水仙碱（相当于50～100 g鲜黄花菜）即可引起中毒，一次性摄入3～20 mg即可导致死亡。二秋水仙碱主要对人体胃肠道、泌尿系统具有毒性并产生强烈的刺激作用。

黄花菜引起的中毒一般在4 h内出现症状。主要症状是嗓子发干、心慌胸闷、头痛、呕吐、腹痛及腹泻，严重的还会出现血尿、血便、昏迷等症状。

预防鲜黄花菜中毒，一是烹调前处理，即浸泡处理：先将鲜黄花菜焯水，然后清水浸泡2～3 h，中间换水，因秋水仙碱易溶于水，经此处理后可去除大部分；二是采摘后先晒干再食用，可保证安全。

6. 白果毒素

白果（*Ginkgo biloba*）又名银杏，是我国特产。在白果的肉质外种皮、种仁及绿色的胚中含有有毒成分白果二酚、白果酚、白果酸等，其中尤以白果二酚毒性最大。

白果中毒轻重与食用量及个人体质有关。一般儿童中毒量为 10 ~ 50 粒。人皮肤接触种仁或肉质外种皮后可引起皮炎、皮肤红肿。经皮肤吸收或食入白果的有毒部位后，毒素进入小肠，再经吸收，作用于中枢神经系统，故中毒者主要表现为中枢神经系统损害和胃肠道症状。

中毒的潜伏期为 1 ~ 12 h，轻者表现为精神呆滞、反应迟钝、食欲不振、口干、头晕、呕吐、腹泻等症状，1 ~ 2 d 可愈。重者除胃肠道症状外还有抽搐、肢体强直、呼吸困难、神志不清、瞳孔散大等症状。严重者常于 1 ~ 2 d 内由于呼吸衰竭、心脏衰竭而危及生命。

预防白果中毒的措施包括在采集白果时应避免与种皮接触，不生食白果及变质的白果，将生白果去壳及果肉中绿色的胚，加水煮透后弃水才能食用等。

7. 其他植物毒素

(1) 曼陀罗毒素。曼陀罗（*Datura stramonium* L.），别名洋金花，一年生草本。曼陀罗全株均有毒，以种子毒性最大，含毒成分是莨菪碱（Hyoscyamine）。莨菪碱可作用于中枢神经系统，引起大脑和延髓的兴奋，对末梢神经有对抗或麻痹副交感神经的作用。

曼陀罗中毒多因曼陀罗种子混入豆类中被制成豆制品，食后引起中毒。亦可能因误食其浆果、种子或叶子引起中毒。

中毒的主要症状有：口干，皮肤干燥呈猩红色，面部尤其显著，偶见红斑疹；头晕、血压升高、极度躁动不安，甚至抽搐；多语、谵妄、幻听、瞳孔散大、视力模糊。严重者可由狂躁、谵妄进入昏迷，并伴有血压下降、呼吸减弱，最后死于呼吸衰竭。

预防曼陀罗中毒的措施包括防止曼陀罗种子混入粮食中，豆类加工时，注意检查并彻底清除混入的曼陀罗种子；做好宣传教育工作，教育群众不要食用曼陀罗的浆果、种子和叶子。

(2) 桐油毒素。桐油系油桐（*Aleurites fordii*）树种子榨取的工业用油，其色、味与一般油相似，故易误食中毒，亦可因误食油桐种子而引起中毒。此外，用装过桐油的容器未经清洗干净即盛装食用油，食后也可引起中毒。

桐油中的主要有毒成分是桐酸。桐酸对胃肠道有强烈的刺激作用，经吸收后由肾脏排泄，可损害肾脏。此外，亦可损害肝、心、神经等。

桐油中毒的潜伏期一般为 0.5 ~ 4 h。轻者因桐酸刺激胃肠道而引起呕吐、腹泻等，重者毒素吸收入血后，刺激肾脏，引起肾脏损害，可出现蛋白尿、管型及红细胞等。如处理及时，多能迅速恢复，少有死亡。

预防桐油中毒包括应将桐油与食用油分别存放；盛放桐油的容器要专用且

有明显标识，以免误食；严禁用盛装过桐油的容器盛装食用油。

（3）大豆毒素。大豆中的有害物质是胰蛋白酶抑制剂、皂苷等物质。胰蛋白酶抑制剂，可以抑制蛋白酶的活性，降低食物蛋白质的水解和吸收，导致胃肠产生不良的反应和症状；同时还可刺激胰腺增加其分泌活性，增加内源性蛋白质、氨基酸的损失，使动物对蛋白质的需要量增加。皂苷的毒性主要表现在溶血性和对胃肠道黏膜的刺激作用。患者多因食用未煮熟的豆浆而发生中毒，中毒潜伏期较短，一般为 30 ~ 60 min，主要表现为恶心呕吐、腹胀及腹泻等症状。

要预防此类中毒，餐饮业应将豆浆彻底煮开后供应，特别要防止“假沸”现象，煮豆浆时，开始出现泡沫并不等于煮开，应继续加热至泡沫完全消失后，再继续煮沸 5 ~ 10 min，以彻底破坏毒素成分。

（4）蚕豆毒素。蚕豆中的巢菜碱苷是引起中毒的主要因素之一，另外还与少数人体内缺乏 6 – 磷酸葡萄糖脱氢酶而造成的先天性生理缺陷有很大关系。体内缺乏 6 – 磷酸葡萄糖脱氢酶，因而还原性谷胱甘肽的含量也很低，当蚕豆中的巢菜碱苷侵入后，即会发生血细胞溶解，引起急性溶血性贫血，并伴有皮肤泛黄，人们俗称为“蚕豆黄病”。

蚕豆黄病已被列入常见血液病之中，我国属于高发区。多发生于每年 4 ~ 5 月间蚕豆成熟的时节，患病的轻重程度与食入的蚕豆量无关，2 ~ 3 颗蚕豆，也会引起中毒。轻者仅有轻度贫血；重者则短期内会发生急性溶血；极严重者，病情迅速发展，出现严重贫血、黄疸以及明显的血红蛋白尿，甚至抽搐，休克，以至于循环系统和肾衰竭而危及生命。

有先天性生理缺陷的最好不要食用蚕豆。在蚕豆黄病患者中，约有 25% 的人有家族史，因此，凡家长有蚕豆黄病史的，其子女不可食蚕豆，以防蚕豆黄病的发生。

（5）叶菜类蔬菜毒素。一般来说，叶菜类蔬菜能主动从土壤中富集硝酸盐，因而含有较多的硝酸盐。在正常情况下不会引起中毒，但当蔬菜中的硝酸盐在一定条件下被还原成亚硝酸盐，并蓄积到较高浓度时，人食用后即可引起中毒。在贮存过程中，发生腐烂、腌制不久的蔬菜（8 天之内）含有大量亚硝酸盐，尤其是在加盐量小于 15%、气温高于 20 ℃的情况下。

亚硝酸盐中毒又称肠原性紫绀症、表紫病、乌嘴病，是一种高铁血红蛋白症。人体内的血红蛋白是运输氧的工具，但只有血红蛋白中的低铁离子才能携带氧气。在正常情况下，人体内不断进行氧化还原反应，将高铁血红蛋白随时转变成低铁血红蛋白，保持人体高铁血红蛋白仅占血红蛋白总量的 0.5% ~ 2%。大量亚硝酸盐进入血液后，大大提高了高铁血红蛋白的含量，而使血红蛋白失去携带氧的能力，导致组织缺氧，对缺氧最为敏感的中枢神经系统首先受到损害，中毒者可出现呼吸困难、循环衰竭、昏迷等症状，病死率一般不超过10%。

要预防亚硝酸盐中毒，通常需做到以下几点：①蔬菜应妥善贮存，注意保鲜，防止腐烂；②勿食存放过久的变质蔬菜，食剩的熟蔬菜不可在高温下长时间存放后再食用；③不应在一个时期内集中吃大量的叶菜类蔬菜；④不要用苦井水等硝酸盐含量高的水去做菜；⑤腌渍蔬菜时要选新鲜蔬菜，腌制时要腌透，至少腌20 d再吃。

(6) 柿子毒素。柿子中含有较高量的维生素C，但一次过多食用，尤其是未成熟的柿子，容易形成胃柿石，也就是说柿子在人的胃内由于各种原因会凝聚成块。胃柿石形成的机制是柿子中的柿胶酚遇到胃内的酸液后，产生凝固而沉淀，柿子中含有的一种可溶性收敛剂红鞣质（未成熟的柿子中含量高）可与胃酸结合形成小块，并逐渐凝聚成大块，柿子中含有14%的胶质和7%的果胶，这些物质在胃酸的作用下也可以发生凝固。

胃柿石小的如杏核，可以排出，大的如拳头，会越积越大，越滚越坚，以至于无法排出，只能通过手术取出。中毒者常有剧烈腹痛，呕吐等症状，重者会呕血，久病还会并发胃溃疡。

为避免胃柿石的形成，不要空腹或多量食用以及与酸性食物同时食用柿子，还要注意不要吃未成熟的柿子。

（二）动物性天然有害物质

1. 河豚毒素

河豚鱼（Tetrodontidae）是暖水性海洋底栖鱼类，在我国各大海区均有分布，其中有些品种也进入江河产卵繁殖（清明节前后由海中逆游至入海口河中产卵）。河豚鱼是一种味道鲜美但含有剧毒物质的鱼类，引起中毒的主要物质是河豚毒素（Tetrodotoxin，TTX）。TTX系无色针状结晶，无臭味，微溶于水。该毒理化性质稳定，一般烧煮、日晒、盐腌条件下均不被破坏，对低pH稳定，但在pH≥7的条件下易于降解；100 ℃ 24 h或120 ℃加热20～30 min条件下才可使其完全破坏。

TTX是一种非蛋白质、低分子量（319）、高活性的神经毒素，分子式为$C_{11}H_{17}N_3O_8$。TTX主要作用于神经系统，抑制神经细胞对钠离子的通透性，从而阻断神经冲动的传导，使神经末梢和神经中枢发生麻痹，同时引起外周血管扩张，血压下降，最后出现呼吸中枢和血管运动中枢麻痹。

河豚鱼的含毒情况比较复杂，其毒力强弱随鱼体部位、品种、季节、性别及生长水域等因素而异。概括地说，在鱼体中以卵、卵巢、肝、皮的毒力最强，肾、肠、眼、鳃、脑髓、血液等次之，肌肉和睾丸毒力较小。每年春季2~5月为河豚鱼生殖产卵期，毒力最强，因此春季易发生中毒。河豚鱼中毒主要发生在日本、东南亚各国及中国。多为误食，也有因喜食河豚鱼但未将其毒素除净而引起中毒的例子。

TTX极易从胃肠道吸收，也可从口腔黏膜吸收，因此，中毒的特点是发病急速而剧烈，潜伏期很短，一般在食后10 min~5 h即发病，病情发展迅速。初有恶心、呕吐、腹痛等胃肠症状，并伴有口渴，唇、舌、指尖等发麻，随后发展到感觉消失，四肢麻痹，共济失调，全身瘫痪，可能伴有语言不清、瞳孔散大和体温下降等症状。重症者会因呼吸衰竭而死，病死率为40%~60%。

预防河豚鱼中毒应从渔业产销上严加控制，同时也应向群众进行反复深入的宣传。

凡在渔业生产中捕得的河豚鱼均应送交水产收购部门并送指定单位处理，新鲜河豚鱼不得进入市场或混进其他水产品中；经批准加工河豚鱼的单位，必须严格按照规定进行“三去”加工，即去内脏、去皮、去头，洗净血污，再盐腌晒干；剖割下来的内脏、皮、头及经营中剔出的变质河豚鱼等应妥善处理，不得随意丢弃；产销加工单位在存放、调运河豚鱼等过程中必须妥善保管，严防流失；加强卫生宣教，提高消费者对河豚鱼的识别能力及对TTX的认识能力，防止误食。

2. 贝类毒素

贝类中毒是由于食用某些贝类如贻贝、蛤贝、螺类、牡蛎等引起的，中毒的特点为神经麻痹，故称为麻痹性贝类中毒（Paralytic Shellfish Poisoning）。贝类之所以有毒与海水中的藻类有关。海洋浮游生物中的双鞭毛藻类（Dinoflagelltes）有多种含有剧毒，当某些本来无毒而一贯供食用的贝类摄食了有毒藻类后，即被毒化。已毒化了的贝体，本身并不中毒，也无生态和外形上的变化，但当人们食用以后，毒素可迅速从贝肉中释放出来，呈现毒性作用。被毒化的贝类所带毒素统称为麻痹性贝毒（PSP），其中包括多种毒素。较重要的一种是石房蛤毒素（Saxitoxin，STX），为分子量较小的非蛋白质毒素。纯STX为白色，易溶于水，耐热，80 ℃ 1 h条件下毒性无变化，100 ℃ 30 min条件下毒性减少一半；对酸稳定，对碱不稳定，胃肠道易吸收。石房蛤毒素为神经毒，主要的毒性作用为阻断神经传导。对人的经口致死量为0.5~0.9 mg。

贝类中毒的发生，往往与“赤潮”有关，赤潮发生时，海中毒藻密度增加，贝类被毒化。中毒多发生于沿海国家和地区，我国的浙江、福建、广东等地均曾多次发生，导致中毒的贝类有蚶子、花蛤、香螺、织纹螺等常食用的贝类。

贝类中毒的潜伏期短，仅数分钟至20 min。中毒者初起为唇、舌、指尖麻木，随后四肢末端和颈部麻木、运动失调、眩晕、发音困难、流涎，并伴有头痛、恶心，最后出现呼吸困难。重者可因呼吸衰竭窒息而死，病人血压一般无变化。中毒程度与进食量及烹饪食用方法有关。病死率一般为10%。

为预防中毒，应建立疫情报告及定期监测制度：①监测、预报海藻生长情况：有毒贝类中毒的发生与“赤潮”有关，因此许多国家规定在藻类繁殖季节的5～10月，对生长贝类的水样进行定期检查，当发现海藻密度大于2万个/毫升时，可发出可能造成贝类中毒的报告，甚至禁止该海域贝类的捕捞和销售；②根据赤潮发生地域和时期的规律性对海贝类产品中的PSP含量进行监测，贝类从不带毒到突然带毒，或从持续带低毒到含毒量普遍升高，都是危险的信号。对作为商品供应的贝类规定PSP限量：美国FDA规定，新鲜、冷冻和生产罐头食品的贝类中，石房蛤毒素最高允许量不超过80 μg/100 g，可作借鉴。同时做好卫生宣传，针对PSP耐热、水溶及至贝体内脏部分积聚较多等特点，指导群众安全的食用方法。如食前清洗，去除内脏，食用时采取水煮，捞肉弃汤等方法，使摄入的毒素降至最低程度。

3. 鱼胆毒素

我国民间有以鱼胆治疗眼病或作为“凉药”的传统习惯，但因服用量、服用方法不当而引起中毒的案例也不少。所用鱼胆多取自青、草、鳙、鲢、鲤等淡水鱼。

鱼胆的胆汁中含胆汁毒素，此毒素不能被热和乙醇所破坏，能严重损伤人体的肝、肾，使肝脏变性、坏死，肾脏、肾小管受损，集合管阻塞、肾小球滤过率降低、尿液排出受阻，在短时间内即可导致肝、肾功能衰竭，也能损伤脑细胞和心肌。

鱼胆中毒者一般在食用鱼胆后5～12 h出现症状。中毒者初期表现为恶心、呕吐、腹痛、腹泻等症状，随之出现黄疸、肝肿大、肝功能变化、尿少或无尿、肾功能衰竭等症状。中毒严重者可能会死亡。

由于鱼胆毒素毒性大，无论用什么烹调方法（蒸、煮、冲酒等）都不能去毒，预防鱼胆中毒的唯一方法就是不要滥用鱼胆治病，必须使用时，应遵医嘱，并严格控制剂量。

4. 动物甲状腺毒素

动物甲状腺中毒一般皆因牲畜屠宰时未摘除甲状腺而使其混在喉颈等部碎肉中被人误食所致。甲状腺的有毒成分为甲状腺素，其毒理作用是使组织细胞的氧化率突然提高，分解代谢加速，产热量增加，并扰乱机体正常的分泌活动，使各系统、器官间的平衡失调。

甲状腺中毒者一般多在食后 10 ~ 24 h 出现症状，如头晕、头痛、烦躁、乏力、抽搐、震颤、脱皮、脱发、多汗、心悸等。由于甲状腺毒素耐高温，一般的烧煮方法不能使之无害化，因此，预防甲状腺中毒的方法，主要是在屠宰牲畜时严格摘除甲状腺，以免误食。

5. 动物肝脏毒素

动物的肝脏（如狗肝、熊肝、鲨鱼肝、海豹肝等）含有丰富的维生素 A。动物肝脏中毒是由于维生素 A 过量引起的。维生素 A 是人体必需的一种营养物质，但如果摄入大量的维生素 A 则可引起中毒。

中毒的潜伏期为 0.5 ~ 12 h。中毒者有头痛、恶心、腹部不适，皮肤潮红、瘙痒，继之脱皮等症状，一般可自愈。

预防措施主要是不要过量食用含大量维生素 A 的动物肝脏。

6. 有毒蜂蜜毒素

蜂蜜的质量和色、香、味等都与蜜源有关。一般蜂蜜对人有益无害，但当蜜源植物有毒时，蜂蜜也会因而含毒。在我国福建、云南、湖南等省均有蜂蜜中毒的报道。其有毒蜜源来自含生物碱的有毒植物，常见的为雷公藤属植物、钩藤属植物等。国外亦报道有毒蜜源植物山踯躅、附子、梫木花等。

蜂蜜中毒多在食后 1 ~ 2 d 出现症状，轻症病人仅有口干、口苦、唇舌发麻、头晕及胃肠炎等症状。中毒严重者有肝损害（肝肿大、肝功能异常）、肾损害（尿频或少尿、管型、蛋白尿等）、心率减慢、心律失常等症，可因循环中枢和呼吸中枢麻痹而死亡。

预防措施主要是加强蜂蜜检验，以防有毒蜂蜜进入市场；向消费者宣传鉴别蜂蜜质量的方法。

7. 有毒热带鱼毒素

有毒热带鱼是指栖息于热带和亚热带海域珊瑚礁附近因食用有毒藻类而被毒化的鱼类，其种类随海域不同而有所不同。有数十种，其中包括经济价值较高的海洋鱼类如梭鱼、黑鲈和真鲷等。

有毒热带鱼的毒素称雪卡毒素（Ciguatoxin），雪卡毒素对人的毒性作用机理尚未明确。中毒者的症状有恶心、呕吐、口干、腹痉挛、腹泻、头痛、虚脱、打寒战，口腔有食金属味和肌肉痛等，重症者可发展到不能行走。症状可持续几小时到几周，甚至数月。在症状出现的几天后有的中毒者可能会死亡。

由于加热和冷冻均不能破坏雪卡鱼的毒性，因此，预防热带鱼中毒主要以不食用此类含毒鱼类和软体动物为主。其他可参照有毒贝类中毒。

8. 血毒鱼类毒素

血液中含有毒素的鱼类，主要是鳗鲡和黄鳝。鳗鲡简称鳗，亦称白鳝、河鳗、汛鳗、乌耳鳗、青鳝等，黄鳝又名鳝鱼。它们肉味鲜美可口，营养丰富，既可当做佳肴，也可当做滋补品。然而，它们的血液中含有蛋白质毒素，生饮血会引起中毒，出现恶心、腹泻、皮疹、紫绀、全身乏力及心律不齐等症状，重症者会因呼吸困难而死亡。这类毒素能被热破坏，因此熟食就不会发生中毒。但加工时要防止刺伤皮肤，以免血毒侵入人体。

9. *蟾蜍毒素*

蟾蜍又称癞蛤蟆，其形状似青蛙，但背部呈黑色，全身有点状突起，是一种极有药用价值的经济动物。蟾蜍全身都含毒素，耳朵后面的唾液腺、皮肤、内脏毒性最强，肌肉的毒性较弱。蟾蜍的毒性成分主要有蟾蜍毒素，作用似洋地黄，通过兴奋迷走神经，影响心肌，引起心律失常，并刺激胃肠道，对局部皮肤黏膜有麻醉作用；还有使血管收缩、血压升高的儿茶酚胺类化合物以及可引起嗅觉变化的吲哚烷基胺类化合物。

蟾蜍中毒多是由摄食污染蟾蜍毒素的蟾肉引起的。中毒患者出现剧烈的恶心、呕吐、腹痛、腹泻等消化道症状；神经系统症状有头痛、头昏、嗜睡，口、唇及四肢麻木，出汗、膝反射迟钝或消失；并可能出现各种心律紊乱，血压下降和休克症状，甚至会死亡。此外，蟾蜍毒素溅入眼内，可致眼睛红肿，甚至失明，少数病人还会发生剥脱性皮炎。

预防蟾蜍中毒，应禁止不法商贩将蟾蜍肉当青蛙肉出售，严格不食蟾蜍。

二、农业生产投入有害物质

农业生产投入品泛指为达到提高农产品的产量、改善农产品的营养价值、提高农产品的商业价值或增加农产品的耐储藏性等目的而在农业生产过程中投入和应用的化学物质。这些物质在使用过程中会导致有害物质的残留，造成食品安全威胁。

（一）*农药残留*

农药是指用于预防、消灭或者控制危害农业、林业的病、虫、草和其他有害生物以及有目的地调节植物、昆虫生长的化学合成物或者来源于生物、其他天然物质的一种物质或几种物质的混合物及其制剂。农药按其用途可以分为杀虫剂、杀菌剂、除草剂、杀线虫剂、杀螨剂、杀鼠剂、落叶剂和植物生长调节剂等类型。按化学组成及结构可将农药分为有机磷、氨基甲酸酯、拟除虫菊酯、有机氯、有机砷、有机汞等类型。

农药在生产和使用过程中，虽也可经呼吸道及皮肤侵入人体，但主要还是通过对食品的污染进入人体，占进入人体农药总量的80% ~90%。食品中的农药残留可以来自施药后农药对食用农作物的污染，也可以来自农作物从污染的环境（土壤、水、空气）中吸收的农药。禽畜产品中的农药残留主要来自饲料和对禽畜体及厩舍使用的农药等。食品运输过程中也可能会受到农药污染，如运输工具受污染后未经清洗、消毒就用来运输食品，此外，还有事故性污染，如错用农药，乱放农药也常常引起食品的严重污染。

任何可能接触农药的机会都会造成食品的农药污染，但常见的农药污染食品途径主要有以下几种。

1. 农田施用农药直接污染食用作物

在作物上施用的农药一部分黏附在作物的外表，一部分被作物吸收而输导分布到植株中。黏附在农作物表面上的农药可以被清除掉，称为可清除残留；被吸收进作物组织的农药则不能被清除掉，所以作物在收获时往往还带有一定量的农药残留，作物中农药的残留和下列因素有关：

农药性质。内吸农药在植物组织内的吸收运转迅速，渗透性农药（如杀螟松）仅在外表沾染，植物表层比内部的农药含量要高。

施药次数。施药次数越多，作物中的含量越高，以甲基砷酸锌为例，当每亩地使用2. 5 两时，第一次施药后在稻谷中检出的平均含砷量为2. 04 mg/kg，第二次施药后在稻谷中检出的平均含砷量为2. 32 mg/kg，施用三次后的稻谷中含砷量可高达8. 8 mg/kg。

施药方法。泼浇施药比拌土撒施在作物中的检出量高。

施药浓度。农药浓度越高，在植物中的残留量越高，以甲基砷酸锌为例，如每亩地用药1 两，作物中农药的平均检出量为0. 89 mg/kg，用2 两时平均检出量为2. 1 mg/kg。

施药时间。一般施药离收获期越近，在作物中农药的检出量越高。

气象条件。用药后的气温越高或雨水越多，植物上农药消失得越快。

2. 土壤中沉积的农药污染食用作物

在农田喷洒的农药，一般只有10% ~20% 吸附或黏着在农作物茎、叶、果实的表面，起杀虫或杀菌作用，而有40% ~60% 的农药降落在地面，污染土壤。农药在土壤中的分布，主要集中在土壤耕作层，如DDT 有80% ~90% 集中在耕作层20 ~30 cm 的土壤中，六六六也以耕作层10 ~20 cm 处浓度最高，再深下去就明显下降，由于六六六在水中溶解度比DDT 大，因此在100 cm 的土层中还可检出。土壤中的农药可通过植物的根系吸收转移至植物组织内部和食物中去，土壤中农药的污染量越高，食物中的农药残留量就越高。

植物对土壤中农药的吸收率与根系分布和品种有关，一般块状作物和豆类对农药的吸收率较高，但洋葱例外。以有机氯农药在各种作物中的吸收速度为例，最快是花生、胡萝卜、豌豆等，其次为甜菜、萝卜、黄瓜、马铃薯、大豆等，再次为莴苣、芹菜、芜菁等，最慢是卷心菜、洋葱、茄子和甜椒。植物的不同部位吸收量也不同，一般是根 > 茎 > 叶 > 果。此外，农药的施用剂型、方式及数量，土壤的种类、理化性质、结构、有机物含量、酸度、离子交换的容量，含有微生物的种类与数量等均可影响土壤中的农药残留及作物对其的吸收。

3. 生物富集作用污染食用作物

有机氯和汞砷制剂等化学性质比较稳定的农药与酶和蛋白质的亲和力强，不易排出体外，在食物链中它们可逐渐浓缩，尤其是水产生物。这种食物链的生物放大作用，可使水体中的微小污染造成食物的严重污染。陆生生物也有类似作用，但富集程度没有水生生物高。实验证明，长期喂饲含有农药的饲料可造成动物组织内的农药蓄积，饲料中的农药残留量越高，该动物各器官和组织中的蓄积量就越高。

4. 大气层的农药污染食用作物

农药的喷洒，可直接污染大气层，虽量甚微，但长时期的接触也会造成土壤和水域的污染，并威胁着大气层中生活的生物和人类。同时还可通过气流进行远距离的扩散。据研究，DDT 等有机氯杀虫剂已通过气流污染到南北极地区，如在格陵兰等北极地区的 580 平方公里的冰区，每年的 DDT 沉积高达 30 万公斤，在那里生活的爱斯基摩人虽然没有见过 DDT，但在他们的体内已检出有微量的 DDT 蓄积，在那里的海豹、海豚的脂肪中也有较高浓度的 DDT 蓄积。

5. 其他来源的污染

粮库内用农药防虫，使粮食残留农药。将拌过农药的种子误当粮食或饲料吃，引起中毒。含农药的工业废水未经处理随便排放，污染农作物和水产品。厩舍使用农药，在牲畜身上施药防治疫病，饲料中含农药残留等均可使禽畜产品含有农药。食品在运输过程中被污染，如盛装农药的容器破漏，运输的工具被污染，然后未经清洗、消毒又装运粮食和食品。事故性污染，如把农药和粮食放在一起，在农田中错用农药品种或剂量而造成食用作物的高浓度残留。

本章学习要点

1. 生物性危害源如食源性细菌、真菌、病毒、寄生虫的形态特点、致病特点、污染途径以及预防控制方法。

品中，导致平民中毒甚至死亡从而导致社会、经济、政治动乱的一种行为（WHO，2003）。预防、侦探、应急处置食品恐怖活动的一切措施叫食品安保（Food Security，Food Defense，Food Counterterrorism，Biodefense）

第一节　生物性危害源

一、炭疽杆菌

（一）形态及染色特性

炭疽杆菌（*Bacillus anthracis*）为革兰氏阳性大杆菌，体型为 1.0 ~ 1.2 μm × 3 ~ 5μm，无鞭毛，不运动，芽孢椭圆形，位于菌体中央，芽孢囊不大于菌体，可形成荚膜。在动物组织和血液中，此菌单在或呈 2 ~ 5 个相连的短链，为菌体直杆状，相连的菌端平截而呈竹节状，围绕有丰厚的荚膜。此荚膜因动物种类不同而有所差异，在牛、绵羊体内形成的荚膜，经染色后镜检最明显，马、骡次之，猪则更次。荚膜具有较强的抗腐败能力，当菌体因腐败而消失后，仍有残留荚膜显示，称为“菌影”。在猪体内的此菌形态较为特殊，菌体常弯曲或部分膨大，轮廓不清。动物体内的炭疽杆菌只有在接触空气中的氧气之后，才能形成芽孢。在培养基中，此菌常形成长链，并于培养 18 ~ 24 h 后开始形成芽孢。在普通培养基中不形成荚膜，但若在液、血清琼脂上或在碳酸氢钠琼脂上，于 10% ~ 20% CO_2 环境中培养则形成荚膜。在葡萄琼脂上生长的菌，细胞内有不能被复红着染的球状小体。

（二）培养特性

炭疽杆菌为需氧菌，但在厌氧条件下也可生长。可生长温度范围为 15 ℃ ~ 40 ℃，最适生长温度为 30 ℃ ~ 37 ℃，最适 pH 为 7.2 ~ 7.6。营养要求不高，普通培养基中即能生长良好。在普通琼脂上培养 24 h 后，强毒菌株形成灰白色不透明、大而扁平、表面干燥、边缘呈卷发状的粗糙（R）型菌落，无毒或弱毒菌株形成稍小而隆起、表面较为光滑湿润、边缘比较整齐的光滑（S）型菌落。在血液、血清琼脂平板上或在碳酸氢钠琼脂上，置于 5% CO_2 环境中培养，强毒菌株可形成圆形凸起、光滑湿润、有光泽的黏液（M）型菌落，无毒菌株和类炭疽菌仍保持其粗糙型特点。在血琼脂上一般不溶血，但个别菌株也可轻微溶血。炭疽杆菌于普通肉汤中培养 24 h 后，上部液体仍清朗透明，液面有无菌膜或菌环形成，管底有白色絮状沉淀，若轻摇试管，则沉淀物徐徐上升，卷绕成团而不消散。在明胶穿刺培养中，细菌除沿穿刺线生长外，四周呈直角放射状生长，整个生长物好似倒立的雪松，培养 2 ~ 3 d 后，明胶上部逐渐液化呈漏斗状。在含青霉素 0.5 IU/mL 的培养基中，幼龄炭疽杆菌因细胞壁的肽聚糖合成受到抑制，形成原生质体相互连接成串，称为“串珠反应”。若培养基中青霉素含量加至 10 IU/mL，则完全不能生长或轻微生长。这是炭疽杆菌所特有的，可用于与其他需氧芽孢杆菌的鉴别。

（三）抵抗力

炭疽杆菌繁殖体的抵抗力不强，60 ℃ 30 ~ 60 min 或 75 ℃ 5 ~ 15 min 条件下即可被杀死。常用消毒剂均能于短时间内将其杀死，如 1∶5 000 洗必泰或消毒净、1∶10 000 新洁尔灭、1∶50 000 度米芬在 5 min 内可将其杀死。对青霉素、链霉素等多种抗生素及磺胺类药物高度敏感，可用于临床治疗。在未解剖的尸体中，细菌可随腐败而迅速崩解死亡。芽孢的抵抗力特别强大，在干燥状态下可长期存活。需经煮沸 15 ~ 25 min，121 ℃灭菌 5 ~ 10 min，或 160 ℃干热灭菌 1 h 方可被杀死。

（四）抗原结构

炭疽杆菌的已知抗原有 4 种：荚膜抗原、菌体抗原、保护性抗原和芽孢抗原。

荚膜抗原仅见于有毒菌株，与毒力有关。由 D－谷氨酰多肽构成，是一种半抗原，可因腐败而被破坏，失去抗原性。此抗原的抗体无保护作用，但其反应性较特异，依此建立各种血清学鉴定方法，如荚膜肿胀试验及免疫荧光抗体法等，均呈现出较强的特异性。

菌体抗原有两种，其中一种是存在于本菌细胞壁及菌体内的半抗原，为 D－葡萄糖胺、D－半乳糖及乙酸所组成的多糖成分。该抗原与细菌毒力有关，但性质稳定，即使在腐败的尸体中经过较长时间，或经加热煮沸甚至高压蒸汽处理，其抗原性仍不被破坏。常用的 Ascoli 反应，加热处理抗原的依据便在此。此法特异性不高，与其他需氧芽孢杆菌能发生交叉反应。

保护性抗原（Protective Antigen，PA）是一种胞外蛋白质抗原成分，分子量为 83 000，在人工培养条件下亦可产生，为炭疽毒素的组成成分之一，具有免疫原性，能使机体产生抗本菌感染的保护力。

芽孢抗原是芽孢的外膜层含有的抗原决定簇，它与皮质一起组成炭疽芽孢的特异性抗原，具有免疫原性和血清学诊断价值。

（五）致病性

炭疽杆菌可引致各种家禽、野兽和人类的炭疽即炭疽病（Anthrax），牛、绵羊、鹿等易感性最强，马、骆驼、猪、山羊等次之，犬、猫、食肉兽等则有相当大的抵抗力，禽类一般不易被感染。此菌主要通过消化道传染，但也可经呼吸道及皮肤创伤或通过吸血昆虫传播。食草动物炭疽常表现为急性败血症，菌体通常要在死前数小时才出现于血流。猪炭疽多表现为慢性的咽部局限感染，犬、猫和食肉兽则多表现为肠炭疽。

炭疽是一种古老的人畜共患急性传染病。病原体有两种状态，一种为繁殖体，另一种为在外界环境中生成的芽孢。繁殖体对外界抵抗力弱，易被一般灭菌剂杀死，芽孢具有极强的抵抗力，能耐热和耐各种化学消毒剂，在干燥的土壤中能存活数十年之久。食草动物很容易将土壤中的细菌芽孢吸入呼吸道，造成全身性感染。人主要通过对炭疽动物尸体的直接接触、误食炭疽患畜肉类、吸入污染炭疽芽孢的气溶胶以及敌方施放炭疽芽孢战剂等而感染炭疽。流行性炭疽病既是一种古老的传染病，又是一种难以消灭的人畜共患病。炭疽菌感染者，大多数发病部位皮肤会出现直径 1 ~ 3 cm 并且中间有黑色坏死的区域，因而得名炭疽病。感染者在发病过程中又伴有全身发热症状，又称炭疽热。临床上主要表现为皮肤坏死、溃疡、焦痂和周围组织广泛水肿及毒血症症状，偶可引致肺、肠和脑膜的急性感染，并可伴发败血症。由于炭疽宿主广泛，传播方式多样，极易致死，令世界恐慌。

炭疽杆菌使人类感染患病，主要是通过患炭疽病的食草动物或其尸体感染的。它的传播途径有三种：皮肤黏膜感染、呼吸道感染和消化道感染。一般临床表现为肺部、脑膜和肠道等处的急性感染，并伴有败血症，死亡率较高。如果是呼吸道感染，当早期的症状出现后致死率几乎是 100%；皮肤黏膜感染致命性较弱，在早期的症状出现后依然能够得到有效的治疗；消化道感染的病例极少。人如果直接或间接接触病畜的血、肉等被感染的可能性很大。如果吃了未煮透的病畜的肉（炭疽芽孢需要在 120 ℃温度下经 30 min 才能被杀死），会患肠炭疽病。不管哪一类型的炭疽，如果没有得到正确有效的治疗，都会发展成败血症炭疽或肺炭疽，死亡率较高。患病的人也会成为传染源。

2001 年 10 月 8 日零点 30 分，从美国海军阿伯利·伯克级导弹护卫舰发射的第一批战斧巡航导弹划破阿拉伯海的夜空，掠过巴基斯坦，飞向阿富汗，战争开始了。随后美国国内先后出现了多例病人感染炭疽病的消息，并证实已经有感染者死亡，美国已经初步认定此事与恐怖分子的袭击有关。

随后几年，美国接连发生的炭疽热病例已在全国范围内引起了恐慌。英国、法国、墨西哥、韩国、葡萄牙、芬兰、多米尼加、委内瑞拉等国纷纷采取相关对策，防范系列化恐怖活动。中国也开始对出入境的信件进行严格检查。

恐怖分子之所以青睐这种病菌，首先是因为它容易培养，其次是这种细菌的生命力极强，当环境恶劣的时候，细菌会脱水形成坚硬的外壳（芽孢），生命活动变得非常缓慢。环境条件一旦变好，它会像种子一样“发芽复活”，迅速繁殖。如果条件适宜，这种芽孢能够存活 10 年以上甚至更长时间。正因为炭疽芽孢杆菌的这种特质，使它成了最早被使用的生物战剂。恐怖分子不需要去占领哪个国家的土地，只要用炭疽杆菌就能给这个国家造成严重破坏。世界上有很多种芽孢杆菌，它们就生活在土壤中，通常对人对动物都没有什么危害，为什么炭疽芽孢杆菌却这样厉害？原因是它们除了染色体外，还在进化过程中获得了额外的遗传物质，在炭疽芽孢杆菌中，那是两种不同的质粒。其中一种质粒决定炭疽芽孢杆菌会产生一种叫荚膜的物质。有了荚膜，炭疽杆菌就可以抵抗动物身体内白细胞的吞噬。所以，炭疽芽孢杆菌在动物身体内才能繁殖得那么快。动物死亡的时候，它们的器官和血液里几乎充满了这种细菌，又成为严重的污染源。另一种质粒决定这种细菌能产生两种毒素，分别是致死因子和水肿因子。最厉害的细菌毒素，只要有一个分子进入人或动物体内细胞，就能使细胞破裂死亡。正是由于这些毒素，食草动物感染炭疽病后会很快死亡。也由于毒素破坏了血管的细胞，患者才会严重出血，并把细菌带出体外，使患者成了新的传染源。

二、鼠疫耶氏菌

鼠疫耶氏菌（*Yersinia pestis*）俗称鼠疫杆菌，属肠杆菌科、耶尔森菌属（*Yersinia*），为革兰氏阴性小杆菌。耶尔森菌属包括 11 个菌种，其中鼠疫耶氏菌、小肠结肠炎耶氏菌与假结核耶氏菌三种肯定是人类致病菌。本属细菌通常先引起啮齿动物、家畜和鸟类等动物感染，人类通过接触动物、被节肢动物叮咬或食入污染食物等途径感染并导致鼠疫。

鼠疫是一种烈性传染病，历史上曾发生过三次世界性鼠疫大流行。人类鼠疫是被疫鼠的鼠蚤叮咬而受染，1989—1998 年世界各地报告鼠疫病例共 5 440 余例，死亡 681 人，病死率为 12.5%。因此，鼠疫依然威胁着人类。

（一）生物学性状

鼠疫耶氏菌为两端卵圆短杆菌，一般单个散在，偶尔成双或呈短链，有荚膜，无鞭毛，无芽孢。革兰氏染色阴性。从死于鼠疫的尸体或动物新鲜内脏中取材制片，有时可见到片中吞噬细胞内外均有本菌，但在化脓或溃疡性病灶及腐败材料中可见本菌菌体膨大成球形，且着色不佳。如本菌在陈旧培养物或生长在含高盐（30 g/L NaCl）的培养基上则呈多形态性，有球形、杆形、棒形和哑铃状等，亦可见到着色极浅的细菌轮廓，称菌影（Ghost）。

培养特性：鼠疫耶氏菌为兼性厌氧菌，最适生长温度为 27 ℃ ~30 ℃，最适 pH 为6.9 ~7.2。在普通培养基上能生长，但生长缓慢。在含血液或组织液的培养基上生长，24 ~48 h 可形成柔软、黏稠的粗糙型菌落。本菌在肉汤培养基中开始呈混浊，24 h 后表现为沉淀生长，48 h 后逐渐形成菌膜，稍加摇动菌膜则呈“钟乳石”状下沉，此特征有一定鉴别意义。

抗原结构：鼠疫耶氏菌的抗原结构复杂，至少有 18 种抗原，重要的有 F1 抗原、V/W 抗原、外膜蛋白和 MT 抗原。

（1）F1（Fraction 1）抗原，是鼠疫耶氏菌的荚膜抗原，于 37 ℃时产生，具有抗吞噬和活化补体的作用。F1 的抗原性强，特异性高，其相应抗体具有免疫保护作用，但 F1 抗原是一种不耐热的糖蛋白，100 ℃ 15 min 条件下即失去抗原性。

（2）V/W 抗原，系毒力质粒 DNA 编码。W 抗原位于菌体表面，是一种脂蛋白；V 抗原存在于细胞质中，为可溶性蛋白。两种抗原总是一起产生，与细菌毒力有关，使细菌具有形成肉芽肿损伤和在细胞内存活的能力，且有免疫抑制作用。

（3）外膜蛋白（*Yersinia* Outermembrane Proteins，YOP），其编码基因与 V/W 基因存在于同一质粒上，在 37 ℃和含 Ca^{2+} 条件下能产生数种外膜蛋白，这些蛋白能使细菌在突破宿主的防御机制，导致机体发病等方面具有重要作用。

（4）鼠毒素（Murinetoxin，MT），为可溶性蛋白，是一种外毒素，对鼠类有剧烈毒性，1 g 即可使鼠致死，它可阻断动物肾上腺的神经和引起心脏损害，但对人的损伤作用尚不清楚。MT 具有良好的抗原性，用 0.2% 甲醛处理可使其脱毒制成类毒素，用于制备抗毒素。

（5）内毒素，其性质与肠道杆菌内毒素相似，可致机体发热，产生休克，对理化因素抵抗力较弱。湿热 70 ℃ ~80 ℃10 min 或 100 ℃ 1 min 条件下死亡，5% 来苏或 5% 石炭酸 20 min 内可将痰液中的病菌杀死，但在自然环境中的痰液中能存活 36 d，在蚤粪和土壤中能存活 1 年左右。

变异性鼠疫耶氏菌通过自发或诱发性突变、转座子移位及基因转移等机制发生变异，其生化特性、毒力、耐药性和抗原构造等均可出现变异菌株。与多数肠道菌光滑（S）型菌落致病性强的特征不同，野生菌株的菌落呈粗糙（R）型。经人工传代培养后菌落逐渐变为S型，其毒力也随之减弱。

（二）致病性与免疫性

致病物质鼠毒素主要对鼠类致病，具外毒素性质，但只有当细菌自溶裂解后才释放。鼠疫耶氏菌的毒力很强，少数几个细菌即可使人致病，其致病性主要与F1抗原、V/W抗原、外膜蛋白及内毒素等相关。

鼠疫是自然疫源性传染病，一般先在鼠类间发病和流行，通过鼠蚤的叮咬而传染人类，尤其是在大批病鼠死亡后，失去宿主的鼠蚤转向人群。人患鼠疫后，又可通过人蚤或呼吸道等途径在人群中流行。临床常见有腺型、肺型和败血症型鼠疫。

鼠疫耶氏菌侵入人体，被吞噬细胞吞噬后能在细胞内生长繁殖，并沿淋巴流达局部淋巴结，引起严重的淋巴结炎。染疾的淋巴结多在腹股沟，一般为单侧，并引起肿胀、出血和坏死，称为腺鼠疫。如吸入染菌的尘埃则引起原发性肺鼠疫，也可由腺型或败血症型鼠疫蔓延而致继发性肺鼠疫。病人高热寒战、咳嗽、胸痛、咯血、呼吸困难，全身衰竭而出现严重中毒症状，多于2～4 d内死亡。病人死亡后皮肤常呈黑紫色，故有“黑死病”之称。重症腺型或肺型鼠疫患者的病原菌可侵入血流，导致败血症型鼠疫，体温升高至39 ℃～40 ℃，发生休克和DIC，皮肤黏膜见出血点及淤斑，常并发支气管肺炎和脑膜炎，多迅速恶化而死亡。

感染免疫性鼠疫后能获得牢固免疫力，较少发生再次感染。患者主要产生针对F1抗原、V/W抗原的抗体等。

为预防鼠疫，灭鼠灭蚤、免疫接种、海关检疫是关键。灭鼠灭蚤是切断鼠疫传播环节，消灭鼠疫源的根本措施。我国目前应用EV无毒株生产活菌疫苗，多采用皮下、皮内接种或皮上划痕的方法，免疫力可维持8～10个月。

三、疯牛病因子

疯牛病（Mad Cow Disease）是牛海绵状脑病（Bovine Spongiform Encephalopathy，BSE）的俗称，是一种慢性的、具有传染性的致死性中枢神经系统疾病。1985年4月首先发现于英国，于1986年11月定名为BSE。BSE自1986年首诊以来，全世界已发现18万头以上的病牛，其中90%的病牛都在英国，比如，至2000年7月止，英国有超过34 000个牧场的176 000多头牛感染了该病。最高发病时间是在1993年1月，每月至少有1 000头牛罹患这种神经错乱、痴呆、不久即死亡的病。从 1995 年到 2000 年 10 月，英国已经确定的由疯牛病引起的变种克雅氏病（即早老痴呆症，Variant Creutzfeld Jakob Disease，vCJD）有 80 余例，平均每年约发现 15 例病人。

此外，这种病还波及世界其他国家，如法国、爱尔兰、加拿大、丹麦、葡萄牙、瑞士、阿曼和德国。据考察发现，这些国家的病牛病有的是由进口英国牛肉引起的。BSE 的流行给养牛业、饲料加工业、牛肉及其产品、活牛、牛精液和胚胎的贸易都造成了严重损失，同时也严重威胁着人类的生命和健康。

（一）病原体

BSE 的病程一般为 14 ~ 90 d，潜伏期长达 4 ~ 6 年。这种病多发生在 4 岁左右的成年牛身上。其症状不尽相同，多数病牛的中枢神经系统出现变化，行为反常，烦躁不安，对声音和触摸，尤其是对头部触摸过分敏感，步态不稳，经常乱踢以至摔倒、抽搐。发病初期无上述症状，后期出现强直性痉挛，粪便坚硬，两耳对称性活动困难，心搏缓慢（平均 50 次/分），呼吸频率增快，体重下降，极度消瘦，以至死亡。经解剖发现，病牛中枢神经系统的脑灰质部分形成海绵状空泡，脑干灰质两侧呈对称性病变，神经纤维网有中等数量的不连续的卵形和球形空洞，神经细胞肿胀成气球状，细胞质变窄。另外，还有明显的神经细胞变性及坏死。

医学家研究证实，牛患 BSE，是痒病传到牛身上所致。痒病是绵羊所患的一种致命的慢性神经性机能病。其实痒病的发生已有两百余年的历史。不过，医学界至今未能找到导致痒病的根源，因此，疯牛病的病原也就难以确定。

但是，1995 年以后，英国发现有人患有与传统的 CJD 有所不同的克雅氏病，先是报道了两例罕见的少年 CJD 病例，在随后的数月内又发现了 8 例年轻的 CJD 患者。这 10 例病人的临床表现、病程、易感年龄、脑电图和影像学改变、病理学特征都与传统的 CJD 有差异，10 名患者都处于以往 CJD 未曾出现的年龄段，为十几岁至三十岁的年轻人。截至 2000 年 11 月，已证实的 vCJD 在法国有 2 例、北爱尔兰有 1 例。发病年龄大多为 16 岁到 52 岁之间（平均年龄 28 岁），但最近在英国发现的 1 例 75 岁的 vCJD 患者使这一疾病的感染年龄范围扩展到各个年龄段。

目前大量资料证实人类 vCJD 与疯牛病的暴发密切相关，主要依据如下：①BSE 与 vCJD 在流行病学上具有高度的时空吻合性。目前已证实的 vCJD 绝大多数发生于英国，首次报道时间在 BSE 暴发高峰期 5 年以后。②BSE 感染因子和 vCJD 感染因子（PrP – res）的电泳带型和糖基化比例一致。③在实验动物模型上 BSE 和 vCJD 感染因子在发病潜伏期、临床病程、PrP – res 蛋白在脑组织中的分布一致。④BSE 因子可通过消化道感染非人类灵长类动物。⑤转基因小鼠（人 PRNP 基因）对 BSE 感染因子敏感。

人类 vCJD 的传播途径大多认为是通过食用了受 BSE 因子污染的食物，从而通过消化道感染。感染因子先进入肠道局部淋巴组织并在其中增殖，再出现于脾脏、扁桃腺组织中，最后定位于中枢神经系统。

目前的研究认为，BDE 因子是一类蛋白质侵染颗粒（Protein Aceous Infectious Particle），即朊病毒（Prion），朊病毒是小团的蛋白质，于 1997 年，由诺贝尔生理医学奖得主、美国加州大学生物化学家斯坦利·普鲁辛纳（Stanley B. P Prusiner）提出，在此之前，它曾经有许多不同的名称，如非寻常病毒、慢病毒、传染性大脑样变等，多年来的大量实验研究表明，它是一组至今不能查到任何核酸，对各种理化作用具有很强抵抗力，传染性极强，分子量在 2.7 万～3 万的蛋白质颗粒，它是能在人和动物中引起可传染性海绵状脑病（Transmissible Spongiform Encephalopathies，TSE）的一个特殊的病因。它是不同于细菌和病毒的生物形式，没有（不利用）DNA 或 RNA 进行复制，由于其结构简单的特性，朊毒体的复制传播较细菌、病毒更快。

朊病毒既不是细菌、病毒，也不是寄生虫，目前能够预防和杀灭感染性细菌和病毒的一般性措施都不能有效地灭活朊病毒。

朊病毒对紫外线、辐射、超声波、蛋白酶等能使普通病毒灭活的理化因子有较强的抗性，高温（134 ℃～138 ℃）30 min 条件下不能完全使其灭活，核酸酶、羟胺、亚硝酸之类的核酸变性剂都不能破坏其感染性，病牛脑组织用常规福尔马林浓度固定，不能使其完全灭活，能耐受的酸范围为 pH 2.7～10.5。

（二）检验

目前，全世界尚没有对 BSE 因子进行直接检验的方法。要检测牲畜是否患有 BSE，唯有将动物的脑组织通过注射方法接种给小鼠，观察小鼠是否患病或死亡。但即使试验小鼠不死或不患病，也难以说明被检验的牲畜没有患病。用这一方法获得检测结果至少需要 300 d，因此很不实用。

通过病理学方法检查感染 BSE 的牲畜脑组织，可见特征性的两侧对称的灰质海绵状的变化。进一步用免疫组化和蛋白印记等方法，可检出致病性 PrP-Sc 的存在。

（三）传染与防治

牛的感染过程通常是：被 BSE 病原体感染的肉和骨髓制成的饲料被牛食用后，经胃肠消化吸收，经过血液到大脑，破坏大脑，使其失去功能并呈海绵状，导致 BSE。

人类感染 BSE 通常是因为下面几个因素：

（1）食用感染了 BSE 的牛肉及其制品也会导致感染，特别是从脊椎剔下的肉（一般德国牛肉香肠都是用这种肉制成）；

（2）某些化妆品除了使用植物原料之外，也有使用动物原料的成分，所以化妆品也有可能含有 BSE 病毒（化妆品所使用的牛羊器官或组织成分有：胎盘素、羊水、胶原蛋白、脑糖）；

（3）一些科学家认为，BSE 在人类变异成 vCJD 的病因，不是因为吃了感染 BSE 的牛肉，而是环境污染直接造成的。认为环境中超标的金属锰含量可能是 BSE 和 vCJD 的病因。

现在对于 BSE 的处理，还没有什么有效的治疗办法，只能防范和控制这类病毒在牲畜中的传播。一旦发现有牛感染了 BSE，只能坚决予以宰杀并进行焚化深埋处理。但也有人认为，即使染上 BSE 的牛经过焚化处理，其灰烬仍然有 BSE 病毒，把灰烬倒在堆田区，病毒就可能会因此而散播。目前，对于这种病毒究竟通过何种方式在牲畜中传播，又是通过何种途径传染给人类的，仍不清楚。

四、口蹄疫因子

口蹄疫（Foot and Mouth Disease，FMD）因子是 FMD 病毒，是引起动物口蹄疫的一种接触性急性传染病的病原，多见于牛、羊、猪。病畜的唾液、粪尿、肉和乳汁中含有 FMD 病毒。人常因食用生乳或其他未消毒的畜产品，以及接触病畜而感染。现认为人对 FMD 病毒不易感，但它在动物传染病中，传播速度最快、发病率最高、流行最猛烈、对畜牧业生产的危害最严重。

（一）病原体

FMD 病毒为微 RNA 病毒科、口疮病毒属，分 O、A、C、SAT1、SAT2、SAT3 以及 AsiaⅡ等 7 个血清型和 65 个以上的亚型。病毒粒子的直径为 20～25 nm，呈大致的圆形或六角形，衣壳由 32 个壳粒组成。对外界环境的抵抗力较强，在 －70 ℃～－50 ℃条件下十分稳定，可保存几年，在饲草、被毛和木器上可存活几周，在厩舍墙壁和地板上的干燥分泌物中可存活一个月（夏季）至 2 个月（冬季），在乳及乳制品中可存活 12 d。对热、酸较敏感，直射日光、70℃ 15 min 条件下、乳酸、次氯酸和福尔马林均可使其灭活。

（二）传染源及传播途径

FMD病毒能感染牛、羊、猪、驼和人等30多种动物。FMD分布广泛，一年四季均可发生，但以冬、春、秋季气候比较寒冷时多发，尤以春秋最为流行。传播方式有蔓延式和跳跃式两种。病畜、带毒畜是最主要的直接传染源，另外病畜的尿、粪、乳、呼出的气、唾液、精液、毛、内脏等，以及污染的圈舍、饲料、水、用具等可称为间接传染源，牛、羊、猪、驼可互相传染。病毒可通过消化道、呼吸道、破损的皮肤、黏膜、眼结膜、人工授精、鼠类、鸟类、昆虫等途径传播。

预防措施包括封锁厂（场）区停止牲畜流动，及时报告疫情，宰杀处理同批牲畜，消毒处理病畜的粪便、胃肠内容物、污染的水、病畜停留过的场地、圈舍和车间、所有设备、工具和工作人员的工作服、帽、靴等。

五、非典型性肺炎因子

非典型性肺炎，又称严重急性呼吸综合征（Severe Acute Respiratory Syndromes，SARS），是指还没找到确切的病源，尚不明确病原体的肺炎。目前特指2003年在中国发生的非典型性肺炎。

中国2003年发生的SARS，由于医疗部门不能明确地找到致病的原因，所以在对本病的命名上曾经有过一些曲折的经历，一开始医务人员给了它一个临时性的名字——不明原因肺炎（Unexplained Pneumonia，UP）。这种诊断在临床上对原因未明的疾病是允许的，也是比较常见的。后来，由于对本病的流行病学以及病理有了进一步的了解，知道这是一种最早是在医院外所患的感染性肺实质的炎症，于是提出了“社区获得性肺炎”（Community Acquired Pneumonia，CAP）这一诊断。最后根据患者的临床表现以及不能培养出细菌，对普通的抗菌药无效等重要依据，“非典型肺炎”（Atypical Pneumonia）这一诊断终于浮出水面，并见之于众多媒体，成为最权威的说法。而有的专家倾向于认为非典型肺炎就是过去特指的由支原体、衣原体所引起的肺炎，由于这次发生在广东的肺炎已基本排除了由支原体、衣原体感染引起，故不能称为“非典型肺炎”，应该称为“非典型的肺炎”或“非典型性肺炎”，即SARS以示区别。

SARS是相对于典型肺炎而言的，典型肺炎通常是由肺炎球菌等常见细菌引起的。症状比较典型，如发烧、胸痛、咳嗽、咳痰等，实验室检查血白细胞增高，抗菌素治疗有效。SARS本身不是新发现的疾病，它多由病毒、支原体、衣原体、立克次体等病原引起，症状、肺部体征、验血结果没有典型肺炎感染那么明显，一些病毒性肺炎抗菌素对其无效。SARS 是指一组由上述非典型病原体引起的疾病，而不是一个明确的诊断。其临床特点为隐匿性起病，多为干性咳嗽，偶见咯血，肺部听诊较少阳性体征，X 线胸片主要表现为间质性浸润，其疾病过程通常较轻，患者很少因此而死亡。

SARS 的名称起源于 1930 年末，与典型肺炎相对应，后者主要为由细菌引起的大叶性肺炎或支气管肺炎。20 世纪 60 年代，将当时发现的肺炎支原体作为 SARS 的主要病原体，但随后又发现了其他病原体，尤其是肺炎衣原体。目前认为，SARS 的病原体主要包括肺炎支原体、肺炎衣原体、鹦鹉热衣原体、军团菌和立克次体（引起 Q 热肺炎），尤以前两者多见，几乎占每年成年人社区获得性肺炎住院患者的 1/3。这些病原体大多为细胞内寄生，没有细胞壁，因此可渗入细胞内的广谱抗生素（主要是大环内酯类和四环素类抗生素）对其治疗有效，β 内酰胺类抗生素对其无效。而对于由病毒引起的非典型肺炎，抗生素是无效的。

（一）流行病史

2002 年 11 月 16 日，广东省佛山市第一人民医院接诊了 1 例特殊的肺炎患者，不久在佛山市发现了 2 到 3 个类似病例。此后，广东的河源、中山、江门、广州、深圳相继出现类似病例。2002 年 12 月 15 日，河源市紫金县的黄可初和郭杜程先后住进了河源市人民医院。曾经接诊过他们的 5 名医务人员先后出现与患者相同的症状。恐慌的人们在河源各大药店门口排起了长队。当时的人们涌到了药店，但是根本不清楚应该买什么药，只是跟风抢购一些抗病毒药品。有人一下子竟然买了 10 多盒。不久，全城药店此类药品脱销，买不到药的人更加恐慌，直到晚上 9 时多药店关门还有人在排队。更有的家长赶着去学校将孩子接回家避“祸”。

2003 年 1 月 2 日，中山市收治类似病人。由于对这种病缺乏了解，医务人员并没有及时防护，中山市某医院有七八个工作人员被传染。从 1 月 16 日开始，中山市“肺炎流行”的谣言蔓延开来，市民纷纷到药房购药用以防备，一些人一买就是几十盒。普通的罗红霉素要 10 多元一盒，好一点的则要 28 元一盒，大多数市民一买就是好几百元。中山市最大的药品连锁店“中继大药房”负责人说，16 日开始，前来药店购买罗红霉素的市民便开始增多，17 日达到高峰，其属下的 8 个连锁店有一半出现罗红霉素脱销的局面。

2003 年 2 月 6 日，广东非典型性肺炎进入发病高峰期，全省发现 218 个病例，一下子增加了 45 例，大大超过此前单日新增病例。而这些病例主要集中在广州，相当一部分还是接诊的医务人员。提醒信息先是从医院内部员工传给亲友，然后由这些亲友传给更多的社交群。农历新年正月初八到初十左右，信息已经流传广泛。而在广东，有很多市民都拥有两部手机。据广东移动通讯的短信流量统计，这三日其用户共发了12 600万条短信，快赶上大年三十到初一期间的拜年短信流量了。极度泛滥的信息带来了灾难性的社会大恐慌。2月10日到11日，广州街道呈现出一片萧条景观，酒店、餐馆及各种娱乐场所无人光顾。12日，连北京的药店都采取了限购板蓝根（同仁堂的两盒、其他品牌五盒）的规定。

（二）流行病学

病毒可经空气飞沫近距离传播，家属及医务人员有可能经接触病人的分泌物感染。流行病学规律为：男女之间发病无差别，从年龄看青壮年占70%～80%，与既往的呼吸道传染病患者以体弱的老少患者居多不同，因最初起病时防护措施不够，医务人员属SARS高发人群，但经采取措施后医务人员的感染率已从最初的33%左右下降到24%左右，在家庭和医院有聚集感染现象。

（三）临床表现

SARS潜伏期为1～14 d，中值为4 d。大多数人感染4 d后发病，以发烧为首个症状，体温持续39℃以上数日。部分人可伴有头痛、畏寒、乏力、关节痛、全身酸痛、腹泻。呼吸道症状明显，干咳、少痰，偶有血丝痰，重则5 d后出现呼吸加速、憋气等呼吸困难症状，极个别病人出现呼吸衰竭，如诊治延误可引起死亡。

上述症状像上呼吸道感染，但高度疑似SARS还必须具备4个条件，即有近期到过该病流行区或密切接触过病人，验血白细胞1万以内，甚至进行性降低，胸片有不同程度的阴影，抗菌药物治疗无明显效果。

常见的SARS病人发病前2周曾密切接触过同类病人，或者有明确的被他人传染的证据，或者生活在流行区，或发病前2周到过SARS正在流行的地区，其主要临床症状是发热（>38℃）和咳嗽、呼吸加速、气促，或呼吸窘迫，肺部有啰音。实验室检查发现早期血白细胞（White Blood Cell，WBC）计数不升高，或降低，而肺部影像学检查发现肺部有不同程度的片状、斑片状浸润性阴影或呈网状样改变，用抗菌药物治疗无明显效果。病人伴有头痛、关节酸痛、全身酸痛、乏力、胸痛、腹泻等症状。各级医疗机构在诊治过程中需排除原发细菌性或真菌性肺炎、肺结核、肺部肿瘤、非感染性肺间质性疾病、肺水肿、肺不张、肺栓塞、肺嗜酸性粒细胞浸润症、肺血管炎等临床表现类似的肺部疾患。

（四）治疗

如有呼吸道感染病征，应尽早找医生诊治，越早医治，痊愈机会越高。该病经及时治疗可以痊愈。在病因未明之前，可使用激发、调动患者免疫机能的治疗方法。

（五）预防

避免前往人口稠密的地方，保持室内空气流畅，经常开窗通风。公共汽车或出租车要开窗通风。注意个人卫生，即勤洗手，保持双手清洁，并用正确方法洗手，用皂液或洗水液流水洗手，时间在30秒以上。双手被呼吸系统分泌物弄污后（如打喷嚏后）应洗手。应避免触摸眼睛、鼻及口，如需触摸，应先洗手。注意均衡饮食、定时进行运动、充分休息、减轻压力和避免吸烟，以增强身体的抵抗力。公共场所经常使用或触摸的物品定期用消毒液浸泡、擦拭消毒。在公共场所人群拥挤的地方可以戴16层纱布口罩。但在空旷的地方活动或在大街上行走就没有必要戴口罩。避免探视病人。打喷嚏或咳嗽时应掩口鼻。好的心情、好的心态比种种严格的预防措施都显得重要，是否能够远离疾病，关键在于自身的免疫能力。

六、禽流感因子

禽流感（Bird Flu 或 Avian Influenza，AI）是禽流行性感冒的简称，它是一种由甲型流感病毒的一种亚型（也称禽流感病毒）引起的传染性疾病，被国际兽疫局定为甲类传染病，又称真性鸡瘟或欧洲鸡瘟。按病原体类型的不同，AI可分为高致病性、低致病性和非致病性AI三大类。非致病性AI不会引起明显症状，仅使染病的禽鸟体内产生病毒抗体。低致病性AI可使禽类出现轻度呼吸道症状，食量减少，产蛋量下降，出现零星死亡。高致病性AI最为严重，发病率和死亡率均高，感染的鸡群常常会“全军覆没”。

AI是急性传染病，也能感染人类，感染后的症状主要表现为高热、咳嗽、流涕、肌痛等，多数伴有严重的肺炎，严重者心、肾等多种脏器衰竭导致死亡，病死率很高。此病可通过消化道、呼吸道、皮肤损伤和眼结膜等多种途径传播，人员和车辆往来是传播本病的重要渠道。

文献中记录的最早发生的AI在1878年，意大利发生鸡群大量死亡，当时被称为鸡瘟。到1955年，科学家证实其致病病毒为甲型流感病毒。此后，这种疾病被更名为AI。AI自被发现100多年来，人类并没有掌握特异性的预防和治疗方法，仅能以消毒、隔离、大量宰杀禽畜的方法防止其蔓延。

（一）病原体与形态结构

AI的病原体是甲型流感病毒的H_5N_1亚型病毒。1997年发生在中国香港的AI与目前亚洲其他10个国家和地区发生的AI，病原体都相同。H_5N_1型AI病毒是人与动物共患的流感病原体，容易引起世界性大流行。由于病毒多变异，导致甲型流感反复发生，难以彻底根除。

AI病毒基因组由8个负链的单链RNA片段组成。这8个片段编码10个病毒蛋白，其中8个是病毒粒子的组成成分（HA、NA、NP、M1、M2、PB1、PB2和PA），另两个是分子质量最小的RNA片段，编码两个非结构蛋白——NS1和NS2。NS1与胞浆包含体有关，但对NS1和NS2的功能目前尚不清楚。现在已经获得了包括H3、H5和H7在内的几个AI病毒亚型HA基因的全部序列以及所有14个血凝素基因的部分序列。

AI病毒一般为球形，直径为80～120 nm，但也常有同样直径的丝状形态，长短不一。病毒表面有10～12 nm的密集钉状物或纤突覆盖，病毒囊膜内有螺旋形核衣壳。两种不同形状的表面钉状物是HA（棒状三聚体）和NA（蘑菇形四聚体）。

AI病毒粒子大约由0.8%～1.1%的RNA，70%～75%的蛋白质，20%～24%的脂质和5%～8%的碳水化合物组成。脂质位于病毒的膜内，大部分为磷脂，还有少量的胆固醇和糖脂。几种碳水化合物包括核糖、半乳糖、甘露糖、墨角藻糖和氨基葡糖，在病毒粒子中主要以糖蛋白或糖脂的形式存在。

病毒蛋白及潜在的糖基化位点是病毒基因组特异的，但病毒膜的糖蛋白或糖类链的脂质和碳水化合物链的成分，是由宿主细胞确定的。

流感病毒的抗原结构分为血细胞凝集素（Hemagglutinin，H）和神经氨酸酶（Neuramidinase，N）两大类。H如病毒的钥匙，用来打开及入侵人类或牲畜的细胞，N是帮助病毒感染其他细菌的酵素。

AI病毒是囊膜病毒，对去污剂等脂溶剂比较敏感。福尔马林、β丙内酯、氧化剂、稀酸、乙醚、脱氧胆酸钠、羟胺、十二烷基硫酸钠和铵离子能迅速破坏其传染性。AI病毒没有超常的稳定性，因此对病毒本身的灭活并不困难。病毒可在加热、极端的pH、非等渗和干燥的条件下失活。

在野外条件下，AI病毒常从病禽的鼻腔分泌物和粪便中排出，病毒受到这些有机物的保护，极大地增加了其抗灭活的能力。此外，AI病毒可以在自然环境中，特别是凉爽和潮湿的条件下存活更长时间。粪便中病毒的传染性在

4 ℃条件下可以保持 30 ~ 50 d，20 ℃时为 7 d。

AI 病毒在一定条件下可以存活较长时间。有研究提示，它在粪便中能够存活 105 d，在羽毛中能存活 18 d。

AI 病毒抗原性变异的频率很高，且主要以两种方式进行：抗原漂移和抗原转变。抗原漂移可引起 HA 和/或 NA 的次要抗原变化，而抗原转变可引起 HA 和/或 NA 的主要抗原变化。

抗原漂移：抗原性漂移是由编码 HA 和/或 NA 蛋白的基因发生点突变引起的，是在免疫群体中筛选变异体的反应，它可能会引起致病性更强的病毒的出现。

抗原转变：抗原性转变是当细胞感染两种不同禽流感病毒时，病毒基因组的片段特性允许发生片段重组，从而引起突变。它有可能产生 256 种遗传学上不同的毒力各异的子代病毒。

由于 AI 是由 A 型流感病毒引起的家禽和野禽的一种从呼吸病到严重性败血症的综合病症，目前在世界上许多国家和地区都有发生，给养禽业造成了巨大的经济损失。这种 AI 病毒，主要引起禽类的全身性或者呼吸系统性疾病，鸡、火鸡、鸭和鹌鹑等家禽及野鸟、水禽、海鸟等均可感染，发病情况从急性败血性死亡到无症状带毒等极其多样，主要取决于带病体的抵抗力及其感染病毒的类型及毒力。

AI 病毒不同于 SARS 病毒，AI 病毒迄今只能通过禽传染给人，不能通过人传染给人。感染人的 AI 病毒 H_5N_1 是一种变异的新病毒，并非在鸡鸭鸟中流行了几十年的 H_5N_2。目前没有发现吃鸡造成 AI 传染给人，都是由于和鸡密切接触，可能使病毒直接吸入或者进入黏膜等原因造成感染。AI 是由甲型流感病毒引起的一种禽类疾病综合征。

1997 年 5 月，我国香港特别行政区 1 例 3 岁儿童死于不明原因的多器官功能衰竭，同年 8 月经美国疾病预防和控制中心以及 WHO 荷兰鹿特丹国家流感中心鉴定为禽甲型流感病毒 A（H_5N_1）引起的人类流感。这是世界上首次证实流感病毒 A（H_5N_1）感染人类，因而引起了医学界的广泛关注。

（二）病理与发病症状

病毒吸附在细胞表面含唾液酸的糖蛋白受体上，然后通过受体介导的细胞的内吞作用，病毒进入细胞。核衣壳便进入胞浆并移向胞核。流感病毒利用独特的机理转录。启动转录时，病毒的核酸内切酶从宿主细胞的 mRNA 上切下 5′帽子结构，并以此作为病毒转录酶进行转录的引物。产生出 6 个单顺子的 mRNA，并转译成 HA、NA（Neuraminidase，神经氨酸酶）、NP（Nucleoprotein，核蛋白）和三种聚合酶（PB1、PB2 和 PA）。NS（Nonstructural）和 M 基因（tetM）的 mRNA 进行拼接，每一个产生出两个 mRNA，依不同阅读框架进行转译，产生 NS1、NS2、M1 和 M2 蛋白。HA 和 NA 基因在粗面内质网内糖基化，在高尔基体内修饰，然后转运到表面，植入细胞膜中，HA 需要宿主细胞蛋白酶将其裂解成 HA1 和 HA2，但两者仍以二硫键相连，这种裂解可生成传染性病毒，并以出芽方式从质膜排出细胞。

AI 的症状依感染禽类的品种、年龄、性别、并发感染程度、病毒毒力和环境因素等的不同而有所不同，主要表现为呼吸道、消化道、生殖系统或神经系统的异常。

常见症状有：病鸡精神沉郁，饲料消耗量减少，消瘦，母鸡的就巢性增强，产蛋量下降。

人有轻度直至严重的呼吸道症状，包括咳嗽、打喷嚏和大量流泪，头部和脸部水肿，神经紊乱和腹泻。

这些症状中的任何一种都可能单独或以不同的组合出现。有时疾病暴发很迅速，在没有明显症状时就已出现鸡死亡。

AI 的发病率和死亡率差异很大，取决于禽类种别和毒株以及年龄、环境和并发感染等，通常情况为高发病率和低死亡率。在高致病力病毒感染时，发病率和死亡率可达 100%。死亡率高于 SARS。

最早的人的 AI 病例出现在 1997 年的中国香港。那次 H_5N_1 型 AI 病毒感染导致 12 人发病，其中 6 人死亡。根据 WHO 的统计，到目前为止全球共有 15 个国家和地区的 393 人感染，其中 248 人死亡，死亡率为 63%。中国从 2003 年至 2008 年有 31 人感染 AI，其中 21 人死亡。

AI 潜伏期从几小时到几天不等，其长短与病毒的致病性、感染病毒的剂量、感染途径和被感染禽的品种有关。

它可以通过消化道、呼吸道、皮肤损伤和眼结膜等多种途径传播。

（三）禽流感与人类

流行性感冒一般分为三种，即甲型、乙型和丙型。乙型和丙型流行性感冒一般只在人群中传播，很少传染到其他动物。甲型流行性感冒大部分都是 AI，禽流感病毒（AIV）一般很少使人发病。

AI 主要在鸟类中间传播，偶尔感染至人，其临床表现与人类流行性感冒相似，但人的症状重、并发症多、病死率高，疫苗接种无效，与普通流感有一定区别。

除 AI 以外，常见的流感还有人流感、马流感和猪流感等。AI 与人流感和人类健康的关系非常密切。由于猪与人的种间差异较小，AIV 可以在中间宿主（猪）体内与人流感病毒杂交，并产生能感染人的新的流感病毒。

SARS 是由一种新的冠状病毒引起的。冠状病毒属于冠状病毒科，而 AIV 属于正黏病毒科，二者是完全不同的两种病毒。一般来说，SARS 患者的临床表现和 AI 患者的临床表现，尤其是早期表现很相似，如发热、干咳、少痰、乏力、头痛和全身酸痛等，同时可伴有头痛、关节和肌肉酸痛、腹泻等。所以，要注意 AI 与 SARS 的区分，最为可靠的区分方法是实验室检测。

人类感染 AIV 的几率很小，主要是由于三个方面的因素阻止了 AIV 对人类的侵袭。首先，AIV 不容易被人体细胞识别并结合；其次，所有能在人群中传播的流感病毒，其基因组必须含有几个人流感病毒的基因片断，而 AIV 没有；再次，高致病性的 AIV 由于含碱性氨基酸数目较多，使其在人体内的复制比较困难。

从动物进化的观点来看，AIV 出现的时间比人流感病毒早，因此，不少学者都认为人流感病毒是由 AIV 进化而来的。目前有学者认为，造成人类流感大流行的甲型流感病毒新亚型毒株，是直接或间接由人流感病毒与 AIV 基因重组演变而来的，而猪正是这一组基因重组的主要场所。

（四）禽流感预防与治疗

AIV 因其会随外界环境刺激（药物刺激、射线刺激等）及简单的基因结构不断发生变异而使其能逃脱动物产生的特异性抵抗力。人们为了预防 AI 也研制出了各种疫苗。但机体在产生特异性抗体后，病毒因发生变异逃脱了机体的扑杀，这样原有的抗体即失去作用，病毒就可使动物重新发病。因此就目前的防疫技术和手段而言，AIV 是消灭不了的。

AI 预防与治疗措施：对疑似和确诊患者应进行隔离治疗，对症治疗可用解热药、缓解鼻黏膜充血药、止咳祛痰药等。儿童忌用阿司匹林或含阿司匹林以及其他水杨酸制剂的药物，避免引起儿童 Reye 综合征，抗流感病毒治疗应在发病 48 h 内试用以下抗流感病毒药物：

（1）神经氨酸酶抑制剂奥司他韦（Oseltamivir，达菲），为新型抗流感病毒药物，试验研究表明其对 AIV 的 H_5N_1 和 H_9N_2 有抑制作用，成人剂量每日 150 mg，儿童剂量每日 3 mg/kg 体重，分 2 次口服，疗程 5 d。

（2）离子通道 M2 阻滞剂金刚烷胺（Amantadine）和金刚乙胺（Rimantadine）。金刚烷胺和金刚乙胺可抑制禽流感病毒株的复制。早期应用可阻止病情发展、减轻病情、改善预后。金刚烷胺成人剂量每日 100 ~ 200 mg，儿童每日 5 mg/kg，分 2 次口服，疗程 5 d。治疗过程中应注意中枢神经系统和胃肠道副作用。肾功能受损者应酌减剂量。有癫痫病史者忌用。

第二节　化学性危害源

一、有机氯农药

我国过去常用的有机氯杀虫剂多数为六六六和DDT，还有少量的麦杀芬、氯丹和七氯等。六六六（Benzenehexachloride，BHC）和DDT（Dichloro - diphenyl - trichloroethane）是广谱、高效、残留时间长、价廉、易于大量生产和急性毒性小的杀虫剂。尽管已于20世纪80年代停止生产和使用，但由于有机氯农药性质稳定，持留期长，特别是DDT在土壤中的半衰期很长，因此从环境与食物中仍能检出有机氯农药的残留。

有机氯农药多属低毒和中等毒，除引起人类中毒外，也有关于有机氯致癌和致畸的报道。

1．急性中毒

人类有机氯急性中毒多因误服和投毒而引起。

DDT可经口引起急性中毒，中毒者主要表现为中枢神经系统受损的症状，初期出现易激惹性，肌肉震颤，继之出现阵发性及强直性抽搐，最后会因全身麻痹而死亡。

六六六急性中毒症状和DDT类似，中毒者常见震颤、抽搐、麻痹、虚弱等症状，并伴有刺激性呼吸。

2．慢性中毒

DDT和六六六的慢性毒性作用是影响神经系统和侵害肝脏，中毒者有肌肉震颤，肝肿大，中枢神经及骨髓障碍等症状，此外，常有不同程度的贫血症状。

3．致癌性

DDT的致癌试验：1947年就有人报告用200～300 mg/kg的DDT饲喂大鼠，两年后大鼠有肝肿瘤的趋势。1969年，有人实验用3 mg/kg的DDT饲喂小鼠，在第二代及以后的小鼠中肿瘤发病率普遍增高，至第五代的小鼠中平均肿瘤发生率实验组为28.7%，对照组为3.2%，平均白血病发病率实验组为12.4%，对照组为2.5%。

有人用250 μg/g、300 μg/g的六六六喂养小鼠24周，结果250 μg/g组肝瘤的发生率为45%，300 μg/g 组全部发生肝瘤。

4. 在食品中的残留

DDT 和六六六在各类食品都有不同程度的残留，尤其是在禽畜肉、蛋奶、水产等动物性食品中残留量比较高，但由于近年来对有机氯农药使用的限制，食品总有机氯农药残留量正在逐年降低。

5. 中毒预防

已被 DDT、六六六污染或残留量超过国家标准的粮食、食品，一定要经过处理后才能食用。为降低有机氯农药的摄入，可采用以下方法对粮食、食品进行处理：

（1）去皮壳：有机氯农药对粮食的污染或残留，在外壳层较高，通过加工表皮可除去一部分，以至全部除去。

（2）加热：有机氯农药的化学性质比较稳定，但经加热处理还是可以除去一部分的。一般地，食品中残留量高或脂肪量高的食品加工的除去效果明显。

此外，还应制定容许残留量限制。

二、有机磷农药

1938 年德国发现有机磷农药有强大的杀虫效果后，开始广泛应用于农业，由于有机磷农药化学性质不稳定，在自然界极易分解，在生物体内能迅速分解解毒，在使用作物中残留时间极短，所以慢性中毒较为少见，与有机氯农药相比较为安全，但由于有机磷农药对哺乳动物的急性毒性较强，如使用、保管不当或污染食品容器，误食后可造成严重的急性中毒。我国常用的有机磷农药有甲胺磷、乐果、敌敌畏、对硫磷等。

中毒原理是使乙酰胆碱不能水解为乙酸及胆碱，从而造成乙酰胆碱在体内堆积而引起乙酰胆碱中毒。乙酰胆碱是神经冲动的传递介质，负责神经与肌肉细胞间的神经冲动的传递，正常情况下，胆碱酯酶催化乙酰胆碱水解为乙酸和胆碱，使胆碱能神经的传递介质乙酰胆碱发挥作用后，迅速分解，以维持胆碱能神经的正常功能。乙酰胆碱的蓄积可引起人体神经功能的紊乱，导致副交感、交感及运动神经的抑制及副交感节后神经的兴奋。

有机磷农药中毒多为急性，临床表现有：患者首先感觉头昏、无力、精神烦躁、激动，并且恶心及多汗，不久患者眩晕，步态蹒跚，站立不稳。此时常自诉视力模糊，同时可伴有全身肌肉紧束感，若毒性进一步发展，可产生高度眩晕和轻度意识障碍，患者腹痛，多次呕吐，肌肉震颤可先自眼睑和颜面肌肉开始，两手手指抖动，逐渐发展至全身肌肉颤动。此时患者牙关紧咬，胸部发紧，动作不协调，甚至出现肌肉抽搐等症状，气管痉挛，分泌物增多，甚至发生肺水肿，重度患者很快进入昏迷，全身抽搐，大小便失禁，如不及时抢救，可因呼吸中枢抑制或周围循环衰竭而致死亡。

此外，某些有机磷农药，在急性中毒后 8 ~ 14 d，会出现迟发神经中毒症状，表现为以下几个方面：①周围神经中毒：患者会四肢发麻、无力、末端皮肤痛。触觉减退或消失，随病程进展，双下肢麻痹，可由弛缓性瘫痪变成痉挛性瘫痪。②植物神经中毒：患者会头晕、心慌、恶心、呕吐、腹痛、腹泻、四肢发凉。③中枢神经：患者会共济失调、癔病样发作及精神异常。慢性中毒少见，主要患者为长期接触有机磷农药的工人，主要表现为头晕、头痛、乏力、恶心、气短、胸闷、多汗及食欲减退，部分患者有肌束震颤、瞳孔缩小等症状。

植物性食物，尤其是含有芳香族物的植物，如水果蔬菜等最易接受有机磷，在这些植物里有机磷农药残留量高，残留时间也长。一般蔬菜和水果上的有机磷农药，在室温下经 7 ~ 10 d 可消失一半，在低温状态下则分解缓慢。

三、环境有害物质

环境中的金属可以通过饮食与饮水进入人体，在这些金属中，有相当一部分是人体的正常组成成分或维持正常生理功能所必需的，如 K、Na、Ca、Fe、Zn 等，称为人体的必需元素。但有的金属未见对人体的功能作用，却能在少量摄入后对人体呈现出毒性作用，这些有毒金属有 Hg、Cd、Pb、As 等。由于这些有毒金属大多密度较大，因而又被称为重金属。

金属污染物主要是通过人类活动造成环境污染后，经食物链进入人体从而影响人体的健康。因此金属对食品的污染是造成金属影响人体健康的主要因素之一。

（一）汞毒

汞（Hg）是在自然界中分布广泛而且用途较多的一种有毒重金属。早在 1 500年前汞就用于治疗梅毒，几十年前甘汞（氯化亚汞）还是一种常用泻剂，后来医生察觉到它的毒性而停用。汞在工、农业方面也具有广泛的用途，如用含汞农药浸种以防种子发霉，汞化合物用于制漆、造纸等，这些均可能造成汞化合物在大气、水、土壤中的污染。

自然界中的汞主要有元素汞、汞化合物两大类，汞化合物又分为无机汞和有机汞。无机汞有雷汞、硝酸汞、砷酸汞、甘汞等；有机汞有氯化乙基汞、醋酸苯汞、甲基汞等。震惊世界的水俣病即是因长期食用受甲基汞污染的鱼类引起的慢性甲基汞中毒。

1. 汞对食品的污染

进入人体的汞主要来自被污染的鱼类，汞经被动吸收作用渗透入浮游生物，鱼类通过鳃和摄食浮游生物摄入汞，因此被污染的鱼、贝类是食品中的汞的主要来源。

汞主要蓄积于鱼体脂肪中，鱼是汞的天然浓缩器，鱼龄越大，体内富集的汞就越多；鱼种不同其富积汞的能力不同，鱼体中的汞的含量也不同。一般来说，鲤鱼中汞的含量大于白鲢的，吃鱼的鸟在体内蓄积的汞更多。水生生物对汞有富集作用，而生长于土壤中的植物一般不能富集汞，只有用含汞的废水灌溉或含汞的农药使用不当才可使农作物的含汞量增加。水中的有机汞在重力的作用下沉降到海底（河底）的污泥中，在污泥中微生物的作用下，转变为甲基汞，因甲基汞能溶于水，可溶于水体而被浮游生物摄取，因此，无论是无机汞还是甲基汞均可对人体造成伤害。

2. 汞对人体健康的危害

（1）中毒机理：元素汞经消化道摄入一般不造成伤害，因元素汞几乎不被消化道所吸收，元素汞只有在大量摄入时，才有可能因重力作用造成机械损伤。但由于元素汞在室温下即可蒸发，因此可以通过呼吸吸入危害人体健康。无机汞进入人体后可通过肾脏排泄一部分，未排出的部分沉着于肝、肾，并对它们产生损伤。而有机汞如甲基汞主要通过肠道排出但排泄缓慢，具有蓄积作用，在人体内的半衰期为70 d左右，在脑中可达245 d。甲基汞可通过血脑屏障进入脑内，与大脑皮层的巯基结合，影响脑细胞的功能。

（2）中毒症状：甲基汞进入消化道后，在胃酸的作用下转化为氯化甲基汞，氯化甲基汞经肠道的吸收率达95%～100%。吸收入人体的氯化甲基汞和脂质具有高度的亲和力，在血液中与红细胞的血红蛋白巯基结合，透过血脑屏障进入大脑，与脂质结合，影响大脑的功能。损害最严重的是小脑和大脑，在大脑的感觉区和运动区含量较高，致使患者产生视觉、听觉障碍。甲基汞中毒的特征是小脑和脑皮质两侧的脑细胞萎缩，病人最初的症状是手指、口唇和舌头麻木、说话不清、步态蹒跚、共济失调、走路时不能骤然停止和转弯。之后病人出现听力下降、视觉模糊和向心性视野缩小等。孕妇食用被汞污染的鱼后，母体本身可以不发病，但体内的甲基汞可通过胎盘进入胎儿体内，使新生儿发生先天性水俣病，损害遍及整个大脑皮层，出现发育不良、智力减退，甚至因脑麻痹而死亡。

（二）铅毒

1. 食品中铅的来源

铅（Pb）是一种用途广泛的有毒重金属，如用于制造蓄电池，烷基铅作为汽油防爆剂，生产铅颜料和用作搪瓷、陶瓷制品的釉料，铅矿的开采以及冶炼等，这些应用都可能会造成环境污染。

（1）工业污染：土壤中的含铅量平均在16 mg/kg左右，但在炼铅厂周围、交通繁忙的公路干线两侧的土壤中其含铅量甚至上升到1%。四川省农科院的杨定清等人于1993年调查了成都市郊某蔬菜生产基地被铅污染的情况，结果发现污染土壤的铅含量在40.5～416 mg/kg，是对照的1.1～11倍。大气中的铅主要来源于含铅汽油、铅的生产和加工、天然铅的沉降和煤的燃烧，特别是含铅汽油的使用是造成大气中含铅量过高的重要原因，也是造成长期生活在大城市的儿童血铅偏高的重要原因。而食物中的铅主要来源于吸附在大气、水、土壤中的铅。由于铅与土壤结合成不溶态的铅化合物，因此植物的根不易吸收铅而主要是叶子从空气中吸收铅。

（2）食品容器和包装材料：用含铅材料制作的食品包装材料和容器在一定条件下，可溶解到食品中而造成食品的污染。常见的含铅用具有：马口铁、陶瓷和搪瓷、锡壶、食品包装的含铅印刷颜料和油墨等。

（3）含铅农药、食品添加剂或加工助剂的使用。

2. 铅对人体健康的影响

人类早已充分认识到铅是一种有毒物。人体内的铅主要经口和皮肤吸收。铅进入体内后一部分经肾脏和肠道排出体外，剩下的主要是取代骨中的钙而蓄积于骨骼，随着蓄积量的增加，机体可呈现出一些毒性反应。随着年龄的增长，一些经过代谢的铅蓄积于软组织中；新吸收的铅以三磷酸铅的形式贮存于肝、肾、胰和主动脉内。在患发热性疾病和产生钙磷代谢障碍时，贮存于体内的铅可被动员出来，从而引发铅中毒。

3. 铅中毒的发生机理

铅中毒可引起造血、肾脏及神经系统损伤。其作用机理为：

（1）抑制血红蛋白的合成：铅通过抑制血红蛋白合成过程中的酶活性而抑制血红蛋白的合成，并造成中间有毒产物δ－ALA的堆积。

（2）神经损伤：抑制神经递质的合成、释放等酶的活性，从而干扰神经的传导。

（3）肾脏损伤：肾脏损伤的机理可能和血液中δ－ALA的堆积有关。

（4）红细胞毒性：铅可直接损伤红细胞膜，造成红细胞溶血。

4. 铅中毒的表现

（1）急性中毒：当一次或短期摄入高剂量的铅化合物时，可造成急性中毒，多为误服所引起。主要表现为：病人会产生呕吐、腹泻和流涎等症状，部分病人会腹绞痛，严重者可有痉挛、瘫痪和昏迷症状。

（2）慢性中毒：长期摄入低剂量的铅可引起慢性中毒，铅的慢性中毒可引起造血、胃肠道及神经系统病变。铅中毒早期病人会出现贫血，并感到虚弱和疲倦，病人头痛，肌肉痛，手脚不灵，注意力不集中，感情易冲动，牙齿上可出现黑色的铅线，儿童有胃和下腹疼痛等症状。铅中毒还可引起慢性肾脏疾患，妇女不孕和停经，孕妇流产、死产以及早产。严重铅中毒还可能引起脑损伤。铅还可能损害人体的免疫系统，导致机体抵抗力的明显下降。

（三）砷毒

1. 食品中砷的来源

砷（As）在自然界中广泛存在，可以通过各种途径进入生物圈和食物链对人类及生态平衡产生影响。环境中砷最大的天然来源是地壳风化，每年大约可产生 45 000 吨的砷，其中大部分通过河流转移到海洋中。一般来说，来自于天然污染源的砷不会对食品造成大的污染，食品中的砷污染主要来自于砷在工农业生产中的应用。

（1）含砷矿石的开采：砷与许多有色金属如铅、锌、铜等是伴生的，砷矿本身及其他矿产开采、运输、加工和矿井水的排放，是造成环境中砷污染的重要途径，我国每年由精矿到冶炼厂的砷约 6 000 吨。通过含砷矿渣可直接污染食品。

（2）金属冶炼：各种含砷矿物的冶炼是砷进入环境的重要途径。由于砷的蒸气压低，进入大气的砷蒸气能很快凝结在大气微粒上，可随大气悬浮微粒而降落在土壤、水域及农作物表面，造成污染。如湖北某金属冶炼厂每年排放的砷达 226 吨，造成该污染区的糙米中砷含量高达 0.75 mg/kg。

（3）化工生产和燃料燃烧：砷及其化合物是化工生产中的常见原料，据北京市统计，全年化工污染中砷的排放量为 15 t/y，占总排放量的 92%。用这种含砷废水灌溉可能造成农作物的砷污染。煤和石油也含有微量的砷，煤一般含砷为 3 ~ 45 mg/kg，个别达到 150 mg/kg，可经燃烧而排入大气中对食品造成间接污染。

（4）含砷农药的使用：砷在农药中的用途所占比例最大。含砷农药主要有杀虫剂、杀菌剂、除草剂、脱叶剂和种子消毒剂。含砷农药的施用，可引起砷在土壤中的积累，从而直接影响粮食和蔬菜中砷的含量。湖北黄石市曾做过实验，当土壤中砷含量为14.21 mg/kg时，粮食中砷含量为0.100 mg/kg；当土壤中砷含量为34.70 mg/kg时，粮食中砷含量上升为0.75 mg/kg。

（5）海洋生物：甲壳类生物如虾、蟹、贝类及某些海藻中砷的含量特别高，而海水中砷的平均浓度仅为0.003 mg/kg，海洋生物对砷有很强的富集作用，富集倍数为上千倍到几万倍。但海洋中的砷大部分为有机砷，它是由海水中的无机砷合成并经食物链逐渐转移到高层次的食物中的。

（6）自然本底：砷是地壳的组成成分之一，自然界广泛存在砷或砷化合物，其含量一般不足以造成对人类的危害，但某些地区由于砷含量高，可转移到动植物食品中，或人类直接通过饮水进入人体，如我国香港、台湾地区由于长期饮用含砷高的井水而导致乌脚病。

（7）含砷农用化学物质的使用：食品添加剂等食品原材料中杂质砷含量高等。

2. 砷的毒性

砷是否为生物体的必需微量元素一直存在着争论，因为微量砷有助于血红蛋白的合成，有的有机砷化物还能促进家畜和猪的生长发育。要证明砷是生物体所必需的元素还必须进行一系列的实验，找出生物体由于砷缺乏而产生的技能障碍。但进行这项实验非常困难，因为几乎所有的食品中均含有砷。但高浓度的砷化物有很强的毒性是不争的事实，不同价态和化学形态的砷其毒性差异较大。

从价态上看，砷有 -3、0、+3、+5 之分，元素砷无毒，AsH_3毒性最大，但在自然界极少见。三价砷比五价砷的毒性要大得多，如As_2O_3，俗名砒霜，引起中毒的剂量为10～50 mg，敏感者1.0 mg即可中毒，20 mg可致死。

从化学形态上看，砷可分为有机砷和无机砷，三价的有机砷或无机砷都可强烈抑制细胞呼吸。有机砷在体内首先代谢为三价的亚砷氧化物，然后与—SH结合，特别抑制某些含—SH的酶的活性，导致细胞呼吸障碍。对于三价砷来讲，BLA（2，3-二硫基丙醇）不能阻止它的毒性，所以三价无机砷的毒性比有机砷的毒性要强得多。进入动物体内的五价砷可在多个器官还原为三价砷，因此有人认为五价砷的毒性是由于部分还原为三价砷引起的。

砷在动物体内可甲基化为有机砷，这是一条可能比氧化还原更重要的途径，它可使毒性较强的无机砷变为毒性较弱、较易排出体外的有机砷，使得砷的毒性在食物链中不会逐级放大，从而大大减轻砷的毒性。

砷还可以直接损伤毛细血管上皮细胞，引起毛细血管通透性增高。

3. 砷对人体健康的影响

砷进入人体最主要的途径是食物和水，几乎所有的食物中均含有砷，如通过上海市农科院 1997 年的调查可知上海小麦和水稻的平均含砷量分别为 0.056 mg/kg 和 0.155 mg/kg；1993 年山西太原市汾河流域的小麦、水稻、玉米、高粱和谷子的平均含砷量分别为 0.30 mg/kg、0.16 mg/kg、0.02 mg/kg、0.03 mg/kg、0.20 mg/kg。

砷是一种原浆毒，它使体内很多重要酶的活性以及细胞的呼吸、分裂和繁殖均受到严重干扰。

（1）急性砷中毒大多是由于自杀、投毒、误食等原因引起的，病人主要表现为肠道症状，如恶心、呕吐、腹痛、腹泻等，腹泻呈“米泔水”样。严重者可导致兴奋、躁动、意识模糊、昏迷以至呼吸麻痹而死亡，病人常有七窍流血的现象。

（2）慢性砷中毒的症状除有一般的植物神经衰弱症候群外，还有皮肤色素沉着、过度角质化、末梢神经炎等改变出现。我国台湾西南沿海地区的乌脚病即是慢性砷中毒所致。

（3）砷化合物可能具有致癌性，最早见于 White 的报告，他发现使用含砷的 Fowler 氏液治疗牛皮癣时有可能会并发皮肤癌。以后世界各地相继有职业性接触砷、环境砷污染等引起的皮肤、肺及消化系统肿瘤的报告。由于砷接触肿瘤的发病率和死亡率均明显高于对照组，因此认定砷具有致癌性。

砷具有从 DNA 链上取代磷酸盐的能力而引起染色体畸变以及抑制 DNA 的正常修复过程，因此砷还是一种致畸物。

（四）镉毒

1. 食品中镉的来源

（1）自然本底：镉广泛存在于自然界，可通过作物根系的吸收进入植物性食品，并通过饮水与饲料转移到动物身上，使畜禽类食品中含有镉，但由于自然本底较低，食品中镉含量不高。

（2）工业污染：镉在工业上的用途广泛，如可作为原料或催化剂用于生产塑料、颜料和试剂（作为聚氯乙烯稳定剂成分的耗用量占镉总耗量的 20%）；由于镉的耐腐蚀性和耐摩擦性，是生产不锈钢、雷达、电视机荧光屏的原料；镉还是制造原子核反应堆控制棒的材料之一；电镀生产耗镉量占总量的 50%。镉污染源主要来自于工业三废如铅锌矿冶炼产生的废弃物、电镀镉排放的废液等，因此在重工业比较发达的城市，镉的污染较重。水生生物和部分农作物可浓集镉而使其含量增高，如 1999 年山西太原市的高粱、玉米、水稻、小麦、谷子五种作物中镉的平均含量分别是 0.08 mg/kg、0.08 mg/kg、0.21 mg/kg、0.18 mg/kg、0.10 mg/kg，有 44.6% 的受检样品其镉污染超过国家允许的卫生标准；沈阳市的部分菜田土壤镉含量的平均值是其背景值的7.06倍，表明菜田已受到镉污染；某些污灌区大米含镉达到了1.0 mg/kg。海产食品、动物内脏等较易富集镉，如在马其顿共和国，某污染区羊的肝、肾中镉的平均含量分别为0.595 mg/kg、3.636 mg/kg，而非污染区仅分别为0.073 mg/kg和0.202 mg/kg。

（3）食品容器及包装材料的污染：镉是合金、釉彩、颜料和电镀层的组成成分，由这些材料制成的食品容器，可在盛放食品特别是酸性食品时，溶解到食品中。

（4）施肥的污染：有些肥料如磷酸镉的含量较高，在施用过程中可造成作物的污染。

2. 镉对人体健康的影响

镉不是人体必需的微量元素，它有较强的毒性，在机体内的半衰期达10～35年。镉通过消化道吸收的仅为1%～6%，主要蓄积于肾和肝。镉进入血液后，部分与血红蛋白结合，部分与低分子血红蛋白结合，形成的镉—金属硫蛋白，经血液输送至肾，损伤肾近曲小管，使肾近曲小管的重吸收功能下降，造成钙、蛋白质等营养素的损失。

镉急性中毒者可引起呕吐、腹泻、头晕、意识丧失甚至肺肿、肺气肿等症状。镉慢性中毒主要表现为对肾脏、对呼吸器的损伤，由于钙的流失造成骨质脱钙，可引起骨骼畸形、骨折等，导致病人骨痛难忍，并在疼痛中死亡。镉还具有致突变和致癌作用。镉可能与高血压和动脉粥样硬化的发病有关，因为高血压患者的肾镉含量和比其他疾病患者高得多。最近的研究证明镉还具有免疫毒性。

（五）铊毒

1. 铊的来源

食品中的铊主要是工业三废污染土壤或水源后，通过作物根系的吸收而来。在我国贵州文兴地区灶矾土麓矿渣中铊化合物的含量高达106 mg/kg，矿渣在雨水的冲刷下污染土壤与水源，造成当地蔬菜中铊含量高达11.4 mg/kg。

2. 铊中毒

（1）中毒机理：铊在体内与蛋白质或酶的巯基结合，引起神经细胞的病变，病变可累及大脑、小脑、脊髓和外周神经。铊还通过影响与钾离子有关的酶，抑制钾离子的功能，影响心肌和其他肌肉的兴奋性。

（2）中毒表现：铊中毒的主要症状为头痛、头晕、失眠、多梦、记忆力减退、四肢无力、外周神经炎及脱发等。有动物实验提示，铊还具有致畸和致突变作用。

（六）二噁英毒

二噁英（Dioxin）是多氯二苯并二噁英（PCDDS）和多氯二苯并呋喃（PCDFS）的简称，是广泛存在于环境中的超痕量有机污染物。二噁英最早发现于美国在越战时使用的一种落叶剂中，由于发现其能导致人类的胚胎畸形，于1970年禁止用于军事。1999年1月，比利时、荷兰、德国、法国相继发生严重的畜禽类产品及乳制品二噁英污染事件，随后又在猪肉和牛肉中发现了二噁英。由于二噁英毒性大，已成为近年来各国研究最多的化合物之一。

1. 结构和性质

二噁英是一大类化合物，共有75种多氯二苯并二噁英、135种呋喃和209种多氯联苯。由于它们的化学结构和性质以及对人体健康的影响相似，所以统称为二噁英，其中毒性最大的有2，3，7，8－四氯二苯－对－二噁英、1，2，3，7，8－五氯二苯－对－二噁英。其基本结构为：

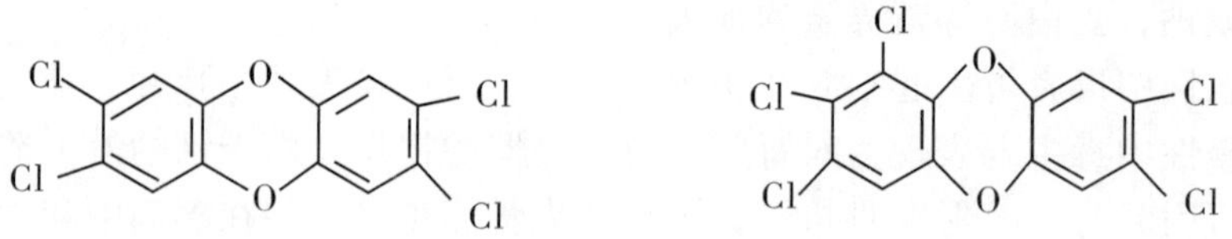

2，3，7，8－四氯二苯－对－二噁英　　1，2，3，7，8－五氯二苯－对－二噁英

二噁英类化合物具有以下性质：

（1）热稳定性。PCDD/Fs极其稳定，加热到800 ℃才降解，然而要大量破坏时温度需要超过1 000 ℃，因而一旦形成，很难除去。

（2）低挥发性。这些化合物的蒸气压极低，因而除了气溶胶颗粒吸附外在大气中分布较少，而在地面可以持续存在。

（3）脂溶性。极具亲脂性，辛烷/水的分配系数的对数值极高，因而在食物链中，PCDD/Fs可以通过脂质发生转移和生物富积。

（4）环境中稳定性高：尽管紫外线可以很快破坏PCDD/Fs，但在大气中由于主要吸附于气溶胶颗粒而可以抵抗紫外线。一旦进入土壤，对理化因素和生物降解都具有抵抗作用，平均半衰期约为9年，因而可在环境中持续存在。

2. 来源

二噁英类化合物是工业生产过程中所产生的副产物，主要来源有：对含氯的有机物进行焚烧，如对垃圾和医疗废弃物的焚烧、工业燃烧（冶炼）、家庭煤柴的燃烧及机动车燃料的燃烧，特别是不完全燃烧或在较低温度下燃烧更易产生二噁英；有机化学制造，含氯酚的化学产品生产过程中二噁英作为其副产品生成，如木材防腐剂、除草剂、五氯酚杀虫剂等的生产过程；纸张生产的漂白，用氯气漂白纸浆生产过程中会产生二噁英。

3. 污染食品的途径

工业生产及垃圾焚烧所产生的二噁英以烟尘的形式排放到大气、江河湖海中，大气中的二噁英可以通过沉降作用降落到土壤及水中，经作物根系吸收污染植物，植物可直接被人体食用或作为饲料造成畜禽产品的污染；水体中的二噁英通过水生植物、浮游动植物—食草鱼—食鱼鱼类及鹅、鸭等家禽这一食物链过程，在鱼体和家禽及其蛋中富集。某些食品包装材料可含有二噁英，直接造成对食品的污染。在加热情况下，塑料、一次性饭盒等可产生二噁英。

4. 对人体的危害

二噁英属剧毒物质，其毒性作用比氰化钾大 1 000 倍，但由于含量极微，迄今未见因二噁英中毒而死亡的报道。二噁英对人类的危害主要是能引起慢性伤害。毒性如下：

（1）对皮肤的影响：接触二噁英后会发生氯痤疮，它使皮肤发生增生或角化过度、色素沉着，以痤疮形式出现。氯痤疮可以发生在人、猴、裸鼠、兔耳，人在职业或意外事故中接触二噁英后会出现典型的氯痤疮。

（2）肝毒性：二噁英可以引起多种动物肝损伤，以肝脏肿大、实质细胞增生与肥大为特征。在越南战争中的落叶剂喷洒人员和米糠油事故的受害者中，肝脏损伤是比较常见的表现。

（3）胸腺萎缩：二噁英可引起实验动物的胸腺萎缩，主要以胸腺皮质中淋巴细胞减少为主。

（4）废物综合征：二噁英可以使动物中毒死亡，但与其他急性毒物不同的是其他毒物染毒仅过几个小时到几天就可使动物死亡，而 PCDD/Fs 使动物死亡的时间长达数周。中毒特征为染毒几天内出现严重的体重下降，伴随肌肉和脂肪组织的急剧减少，称之为废物综合征。

（5）免疫毒性：二噁英对体液免疫与细胞免疫均有抑制作用。免疫抑制可以导致传染病的易感性与发病率增加，并使疾病加重。

（6）生殖毒性：二噁英可引起男性的精子数量减少、性功能降低、雄性激素水平下降及行为的女性化反应等；对女性，可引起月经不调、受孕率下降、流产等。

（7）致畸性：二噁英对多种动物具有致畸性，以小鼠对致畸性最敏感，给予低剂量的二噁英不产生小鼠母体毒性，却可以使胎鼠产生腭裂和肾盂积水。美国在越南战争中大量使用的落叶剂2，4－T中含有二噁英等杂质，将其以高于国内13倍的浓度撒布于森林和耕地，结果在落叶剂撒布地区，除发生急慢性中毒百余人外，4名孕妇中的3名分娩了畸形儿，表现为小头、Down综合征面容，并检测到染色体异常。在以后的数年间，该地区四肢畸形、发育迟缓、脑力迟钝、先天性腭裂、脊柱裂患儿数量急剧增加，死产率高达69‰，显著高于全国平均水平31.2‰。

（8）致癌性：2，3，7，8－TCDD对动物具有极强的致癌性，对4种动物（大鼠、小鼠、仓鼠和鱼）进行的19次实验均呈阳性结果。2，3，7，8－TCDD是强有力的促癌剂，却是非常弱的启动剂，甚至没有这一作用。然而启动剂是实验致癌中的一个技术术语，在所测试的4种动物中，二噁英是一个全致癌物，单用二噁英本身即可诱发癌症。最近的流行病学研究提示人群接触2，3，7，8－TCDD及其同系物与人群所有癌症的总体危险性增加有关，基于动物实验与流行病学研究结果，国际癌症研究机构（IARC）于1997年将其判定为对人致癌的一级致癌物。

5. 食品污染情况

植物受土壤、水源及空气中PCDDS、PCDFS的污染，并随生物链转移到动物性食品中。

蔬菜水果的污染：蔬菜水果中的二噁英可经作物根系吸收进入植物体内，但更主要的来源是空气中的二噁英通过沉降作用降落到植物的表面，而根茎作物由于直接与土壤接触可受到污染。

奶类：由于动物食用草料而摄入的二噁英可转移到奶与奶制品中。

肉类：肉类中牛肉、羊肉与鸡肉的检出率明显高于猪肉，可能和猪的食草量小有关，而同种动物，肝脏的含量最高，内脏也含有相当量。

蛋类：蛋类中二噁英的污染水平为0.16～0.59 ng/kg。

鱼类：尽管水体中PCDD/Fs水平极低，但由于2，3，7，8－取代物的生物富集作用可使鱼体中的水平显著提高，成为鱼中同系污染物的主要成分。

6. 预防

人体中的二噁英有95%是通过饮食渠道摄入的，而在通过饮食进入人体的二噁英中，有26.2%是通过海产品摄入的，20.2%是通过黄油及其他脂类制品摄入的，19.8%是通过奶制品摄入的，15%是通过肉类食品摄入的，9.3%是通过水果和蔬菜摄入的，6.1%是通过蛋类或其制品摄入的，还有3.4%是通过粮食摄入的。

若想加强对二噁英污染源的治理，减少对食品安全的威胁，首先应限制含氯化学品（塑料、涂料、填充剂、阻燃剂等）的使用，开发替代产品。其次应控制焚烧化学品。目前我国大多数的情况是无组织燃烧，即使是有组织燃烧，仍然不可能避免二噁英类化合物的生成及其对环境的污染。因为木、棉、煤等的成分都含有木质素和纤维素以及高分子聚合物，由多个苯环聚合而成，焚烧时如果有氯（Cl），就会聚合成二噁英类化合物。垃圾中的塑料、发泡苯乙烯、聚氯乙烯类也可聚合成二噁英类化合物。燃烧温度偏低（低于 10 000 ℃）或空气供给不足，燃烧不完全，易生成二噁英类化合物。高温（12 000 ℃ 以上）才能将其分解，为了使垃圾焚烧完全，应该采用新的焚烧技术，或利用微生物酶来降解垃圾。

本章学习要点

1. 生物性危害源如食源性细菌、真菌、病毒、寄生虫的形态特点、致病特点、污染途径以及预防控制方法。

2. 化学性危害源如天然毒素、农业污染物的种类、结构特点、毒性以及预防控制方法。

关键术语

剧毒物质　生物恐怖　有意投毒　应急预案　应急处置

思考与练习

1. 非常态下的食品安全问题有哪些特点？
2. 非常态下的主要食品安全危害源有哪些？
3. 发生非常态下的食品安全后应如何响应？

拓展阅读

[1] Barbara, Rasco A. and Bledsoe, Gleyn E. *Bioterrorism and Food Safety* [M]. Boca Raton: CRC Press, 2005.

[2] Lawley, Richard, Curtis, Laurie and Davis, Judy. *The Food Safety Hazard Guidebook* [M]. Cambridge: RSC Pub, 2008.

[3] Matthews, G. A. *Pesticides: Health, Safety and the Environment* [M]. Ames, Iowa: Blackwell Pub, 2006.

[4] Ortega, Ynes R. *Foodborne Parasites* [M]. New York: Springer, 2006.

[5] Raton, Boca. *Toxins in Food* [M]. Florida: CRC Press, 2005.

[6] van der Heijden, Kees. *International Food Safety Handbook: Science, International Regulation and Control* [M]. New York: Marcel Dekker, 1999.

纠偏措施。校正措施有两种主要类型：①校准工艺过程以保持控制并预防在关键控制点处的偏离，通常涉及临界范围内目标水平的使用。②对在关键控制点上已产生的偏离采取措施，包括两个方面：一是校正过程使偏离返回正常控制；二是处理偏离期间生产的产品。

6. 建立关于所有适用程序和这些原理及其应用的记录系统

将过程中所有的记录归档，以便证明 HACCP 系统是在控制条件下运作，证明有效的校正措施已用于纠正任何超出临界范围的偏差。一般用于 HACCP 系统中的记录类型有：①原料记录：a. 原料的质量证明文件；b. 生产者对所提供的原料的质量核查记录；c. 对温度敏感的原料的贮藏温度记录；d. 有贮藏期限的原料的贮藏时间记录。②产品安全记录：a. 建立维持产品安全性的关卡功效的数据与记录；b. 建立产品安全货架期的数据与记录；c. 来自加工专家的加工工艺方面的文件资料。③加工记录：a. 所有关键控制点的监测记录；b. 加工过程持续稳定性的系统检验记录。④包装记录：a. 指示符合包装材料说明书要求的记录；b. 指示符合销售说明书要求的记录。⑤贮藏和销售记录：a. 温度记录；b. 对温度敏感的产品过了货架期后没有发送的记录等。

7. 建立证明 HACCP 系统有效运行的验证程序

检验程序的功能主要用于经常性检查 HACCP 系统是否正确运作。检验是由方法、步骤和用于测定 HACCP 系统是否遵从 HACCP 计划的试验组成，通过检验确认所有危害物已被定义在 HACCP 计划中。检验措施包括物理、化学和感官方法及依照微生物标准进行的试验等，如 HACCP 计划的复查、关键控制点记录的复查、随机抽样和分析等。

第二节　HACCP 体系的实施措施

一、实施 HACCP 体系的优点

HACCP 作为一个评估危害源，建立相应的控制体系的工具，强调食品供应链上各个环节的全面参与，对食品生产中每个环节、每项措施、每个组分的危害风险（即危害发生的可能性和严重性）进行鉴定、评估，找出关键点加以控制，做到既全面又有重点，为食品生产、销售、消费和政府监督管理制定了衡量食品安全性的统一尺度，便于协调合作来保证食品的安全性，减少食品安全控制的总花费，提高经济效益。同时，HACCP 系统具备严格的档案制度，

一旦食品出现安全问题，容易查出原因，纠正错误。同时，它对食品链的各环节有明确的要求，因此，容易分清安全事故的责任，减少纠纷，提高政府部门管理的效率。

积极推广和指导食品生产企业采用“HACCP 技术”，并加强对“HACCP 技术”的认证工作，以实现从对最终产品的检验逐步过渡到对从食品原料种植养殖到食用全过程的各种危险因素系统的控制和管理，将各种危险因素消除或降低到安全水平，保证消费者在餐桌上食用的食品是安全卫生的。

如果将 HACCP 体系与栅栏技术结合应用于食品生产加工过程，可以最有效地全面确保食品的卫生质量与安全。当两个体系共同用于生产加工时，可以有针对性地选择和调整栅栏因子，再利用 HACCP 体系中的监控程序，对关键控制点和栅栏因子都实施监控，并按照 HACCP 原理要求进行纠偏和验证，这样可以更加全面地预防和控制产品的卫生质量及安全。而且，HACCP 体系的引入，使得企业在选择、调整栅栏因子时有据可依，同时还可检测出所选定的栅栏因子是否达到预期要求。

二、HACCP 体系的实施步骤

1. 组建 HACCP 管理小组

HACCP 程序须由一支训练有素、专业面广的技术小组来执行实施，其专业涉及原料收获、产品加工、质量检验、产品运销等。对条件不具备的企业可由权威的检测机构帮助实施。管理程序的设计要准确有序，且能明确各管理操作人员的责任和各环节间的相互关系。执行程序时须选配合适的小组成员参与到相应的管理环节中，并指导操作人员按制度和规定的标准操作。

2. 确定危害源

确定各种潜在的危害源是比较困难的，但一般明显的危害源有：①原料中的微生物、重金属及农药污染；②食品配方中的 pH 值，a_w 值及防腐剂含量；③食品杀菌的温度时间及二次污染；④影响产品货架期的因素，如包装、贮藏温度、湿度等。危害分析中确定的危害源应尽可能详细具体。

3. 评价危害程度

食品加工的全过程中存在不同的危害源，其危害程度不同，一般分为高、中、低三种程度。评价危害程度有利于企业集中有限的人力物力控制关键的环节，防止重大危害及损失的发生。

4. 确定关键控制点

食品加工种类、工艺及贮运等条件不同，其相应的关键控制点亦随之不同，一般分为两类：危害能确定且能完全控制的点、危害只能最大限度地减少而不能完全控制的点。对危害程度低且能有效控制的点不叫关键控制点。分清这些概念有助于区别控制点的主次，节省人力物力。确定关键控制点可采取图 4－1 所示的关键控制点确定策略。

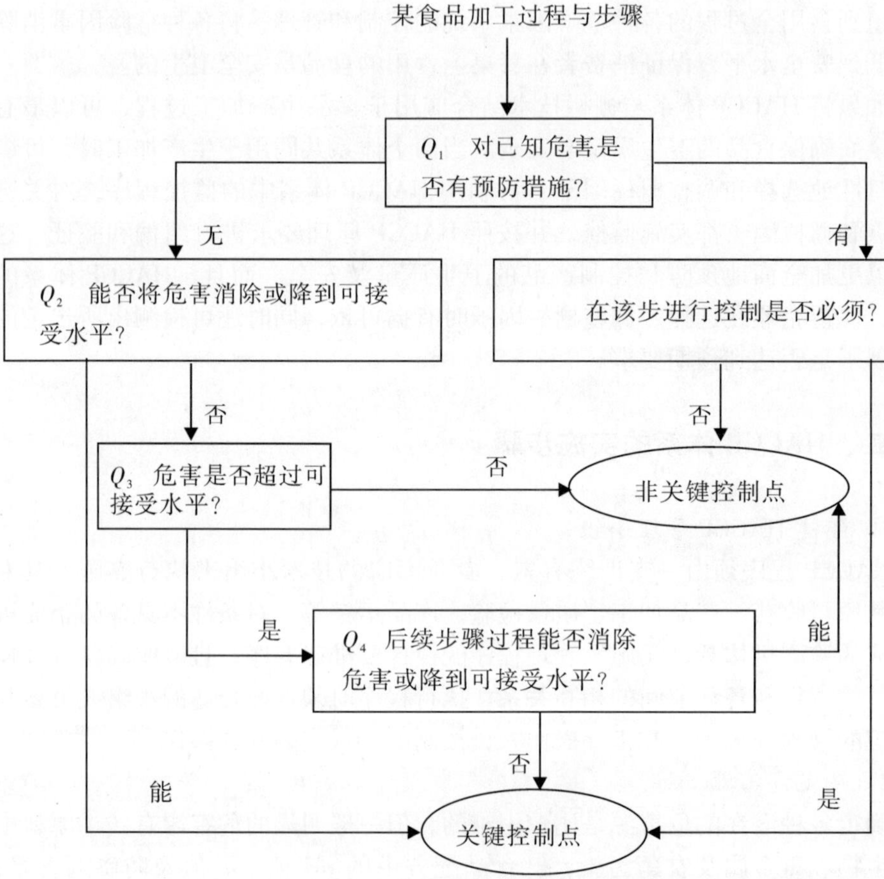

图 4－1　关键控制点确定树状图

5．控制标准的细化及评价

每一个关键控制点都必须有与其相对应的实验检测和监测的方法与标准，以保证控制的有效性。评价标准包括微生物、物理、化学、感官及操作管理等方面的内容。一般微生物标准不作为关键控制点，只作为关键点控制效果的一项验证指标。

6. 监测的实施

食品企业建立 HACCP 系统后就必须付诸实施，并保持正常连续的运行状态。监测结果可随时用规定的评价标准判断，以确保运行的可靠性。在实施中必须做好详细的书面记录，以备查验。

7. 控制系统的校正

在 HACCP 管理程序中必须设计有校正系统，并详细说明关键控制点失控后应采取的措施，以保证失控的关键控制点再回到正常的控制系统中。

8. 定期查验及补充

定期查验生产技术记录、补充在最初的危害分析中没有考虑到的危害源是对 HACCP 管理系统运行效果的验证性评价。查验常用的方法之一是对产品及生产设备做微生物检验。

9. 复查

食品加工的某些条件改变会影响系统运行的效果，即导致原有关键控制点及控制标准的改变。HACCP 系统中设计的校正系统可对此作出修正，修正内容可根据危害源分析而相应增减。蔬菜中除了西红柿、醋渍、盐渍类产品外，多为低酸性或接近中性的食品。蔬菜罐头若酸化为低酸性食品（pH≤4.6，a_w > 0.85）后，则关键控制点要增加 pH 值控制标准及监测方法。

10. 实施全员 HACCP 管理培训

食品质量与企业中每一位负责管理、生产、采购、运输、销售的人员都有关，教育全体员工认清危害、增加质量意识、提高责任心并进行 HACCP 管理培训是十分必要的。这项工作应由国家权威机构负责，培训内容涉及整个食物链中食品质量和安全的保证及控制标准的制定和实施。它包括微生物学、工厂人员卫生、食品杀菌温度控制、病虫害、外来杂质控制及生产加工优良操作规程（GMP）等内容。这些培训应针对不同岗位的人员定期进行且内容有所侧重。目前欧洲、北美都建立了 HACCP 管理培训及实施机构，并将其用于食品微生物、物理及化学污染源的控制。

HACCP 管理是对食品加工全过程实施宏观和微观控制，它将生产管理人员及各部门对食品质量安全应负的责任具体落实到每个加工环节上，做到了责任层层落实，质量环环把关，有效地保证了食品质量，避免了重大事故的发生，节省了大量的人力物力，因而它是一种高效、科学且经济的管理方法。当前国际上认可的标准有 ISO 9000（International Standard Organization），EN 29000（Europe and North America）和 BS 5750（British Standards）。

食品企业只有按照 HACCP 的管理生产要求，达到上述标准后，出口食品才准许进入欧洲、北美等国际市场。目前 HACCP 管理已在乳品、肉品、罐头、冷饮、冷冻等食品生产中得到实际应用，并取得了显著的经济效益。

总之，HACCP 已是现代食品企业管理必须具备的条件，尽快建立完善中国食品各行业的 HACCP 管理系统必将提高食品企业的整体管理水平，增强企业在国际市场上的竞争力，增加出口，并且为尽早与国际市场顺利接轨奠定基础。

目前还没有哪一种单一的危害分析能包括并适用于所有食品危害的情况，而按照一般性原则设计的 HACCP 管理程序则可用于食品加工的各种危害的分析和控制。

三、HACCP 体系的实施要结合实情

HACCP 体系对所有食品企业都适用，对不同食品厂来说实施该体系有难有易，但不论难易程度如何，全面实施 HACCP 体系是大势所趋。中国食品行业已融入整个国际大市场中，这一趋势要求食品企业在提高产品内在质量的同时，通过应用 HACCP 体系，为取得通往国际市场的“通行证”打下良好的基础。目前 HACCP 体系已经成为中国出入境检验检疫管理部门对出口食品企业实施的一项重要管理措施。

（1）在实施 HACCP 体系的过程中，不能照搬国外的模式，必须结合中国国情建立有中国特色的 HACCP 体系。众所周知，中国是世界农业、畜禽水产业、果品蔬菜业生产大国，为出口生产农业食品提供了丰富的资源与广阔的发展空间，是中国出口创汇的重要项目之一。但目前所引用的国外 HACCP 体系在中国的应用实践仍存在不少问题，尤其是食品加工方式和原料生产与国外有较多不同之处：

①中国食品生产企业机械化程度较低，仍属于劳动密集型加工业，各个生产环节依赖人工操作，这样会带来更多的生物、化学、物理学的危害。

②中国大部分食品生产企业所用原料来自于粗放型生产的农户，即便是“公司 + 农户”的生产形式，也避免不了粗放型生产带来的问题，这样食品生产企业对原料的安全卫生质量的控制范围与难度较大。

③中国在食品卫生执法方面有自己的管理体制，如果照搬国外的模式，也有可能使建立的 HACCP 体系在控制食品的安全卫生方面起不到应有的作用。基于上述情况，要求在贯彻执行 HACCP 体系时，不能直接引用国外的 HACCP 现成模式，要结合中国的国情和消费特点，全面制定切实可行的具有中国特色的 HACCP 体系。

（2）进一步改革出入境检验检疫的工作机制，除了设立专门机构，熟练

掌握国外有关法规和 HACCP 体系外，还要把出入境检验检疫工作的重点逐步转移到涉及安全、卫生、健康、环保以及反欺诈和关系到国计民生等的重要商品上来。按照国际通行规则，加快检验检疫监督管理的总体步伐，提高出口食品安全卫生质量。

(3) 目前国际上公认的食品安全卫生监督控制体系是“从农田到餐桌”的全程控制，所以在制定和推行适合中国国情的 HACCP 体系时，需要有“农业规范”（GAP）、“兽医规范”（GVP），“生产规范”（GMP），“卫生标准操作程序”等配套规范，同时农业、卫生、工商、质检、环保等相关行政执法部门以及科研院所要紧密联系、积极配合，才能建立一个完整的与国际接轨的现代化食品安全卫生控制体系。

(4) 全面制定和推行 HACCP 体系，除了依法强制性实行 HACCP 体系的企业外，还要大力宣传、积极鼓励其他食品出口加工企业建立 HACCP 体系，对其人员加强培训，使他们熟练掌握 HACCP 原理、管理的特定范围和要求，以此来全面提高中国出口食品质量。HACCP 体系是国际组织推荐的食品安全卫生质量控制措施，中国已加入 WTO，要使中国更多的食品进入国际市场，有计划、有步骤地在食品生产企业逐步推行 HACCP 体系，已是中国检验检疫部门和出口食品企业迫在眉睫的问题。

第三节 HACCP 体系的宏观管理及评价准则

在食品生产企业内部建立更为严格的安全管理体系的呼声越来越高。1997 年 6 月联合国食品法典委员会（CAC）发布了《HACCP 体系及其应用指南》，使 HACCP 真正成为国际性的食品生产管理体系和标准。在美国和欧盟等发达国家和地区，政府已经在食品行业中强制要求建立和实施 HACCP 体系并要求向其出口的食品企业也须满足相同的法规要求，HACCP 已成为国际自由贸易的“绿色通行证”。特别是中国加入 WTO 以后 HACCP 与食品安全更是我们关注的焦点。

未来食品加工行业发展的趋势是：“从农田到餐桌”的每一个环节，都要实行全程监控。因此，只有在“洁净”的土地上，即“具有保障农产品质量安全和生产可持续发展的良好生态环境”，用“洁净”的生产方式生产和加工的食品，才具有竞争力，才能更好地满足消费者的需求。在 21 世纪，绿色食品生产和消费将成为全社会积极参与的一个热点。从人类健康角度出发，就必须有一套完整的预防性食品安全质量控制体系。由美国制定的 HACCP 食品监控体系，经过三十多年的研究、发展，已被世界上许多组织，如联合国粮农组织（FAO）、世界卫生组织（WHO）所认可，而且在许多国家包括美国、欧盟各国、加拿大、日本等都在食品加工中广泛采用了HACCP体系，尤其在水产品、肉类及果蔬汁加工业中，HACCP体系已成为一项强制性标准。中国在加入WTO后，国际市场对中国农业产品、食品的进出口势必会加强其监控力度，故中国需要有一个经济、有效的食品安全保障系统和措施与国际接轨，以保证其质量。各国经验充分证明，实施HACCP体系能达到这一要求。中国在贯彻执行HACCP体系上，已做了大量的工作，也取得了很好的效果，但结合中国国情贯彻执行HACCP体系，尚存在一定问题。

一、HACCP中的CCP管理方式

关键控制点（CCP）是指监督和控制微生物发生危害的重点场所、措施、方法或工程，是食品卫生监督管理的重点所在。HACCP的测定项目和管理方式包括加热过程、冷却、杀菌、食品的组成和pH值的调整、防止交叉污染和二次污染、从业人员的个人卫生习惯、驱除昆虫、换气、废弃物和废水的处理等。根据食品的种类、加工目的、生产规模、容器包装、制品的保存等不同，对这些项目的测定和控制亦有所不同。

1. 制定CCP标准（危害度界限）

HACCP要求在每个CCP中制定一个以上的控制标准。如有一个控制标准失控，即表明该食品有潜在的危害发生。作为CCP控制标准的指标主要有：温度、时间、湿度、水活性、pH值、滴定酸度、保存剂添加包、食盐浓度、有效氯浓度、黏度等。有时，食品的香味、外观、色泽、组织状态等也作为控制标准的感观指标。在制定CCP标准时，事先要充分调查原材料的微生态、病原微生物、腐败微生物、微生物增殖的可能性等，从而科学地制定防止和控制危害发生的措施。

2. 制定监督方法

CCP标准制定后，要定期监督检测该标准的执行情况。在CCP监测项目中，由于微生物检查花费时间较多，故要求采用与食品加工过程中微生物污染或增加直接有关或相关性极高的理化或感观检查方法。理化检测项目包括：温度、时间、pH、CCP的清洗消毒、防止交叉或二次污染的特定方法、对待定食品的处理方法、水分含量、水活性、滴定酸度等。

3. 制定超过CCP标准时的修正措施

HACCP管理方式要求在食品出厂前，必须事先掌握全部检测结果，并事先制定一旦超过 CCP 标准时应采取的措施。

4. 记录 CCP 检测结果

对 HACCP 的监测结果要进行连续详尽的记载，并妥善保存，以充分把握食品危害的控制状态。关于食品的 HACCP 管理方式，目前在美国的肉联厂、水产品加工厂、罐头制品厂等食品生产和流通部门开始推广应用。欧洲、日本在鱼肉制品的生产中也已经采用这一方式。中国对食品的 HACCP 管理方式研究极少，尚未达到应用阶段。

二、危险评估

危险评估由受微生物（主要是传染物或产生毒素的食源性疾病微生物有机体）、化学和物理危害的特定食品及其原料或成分来决定危险种类及程度的一个系统评估组成。这个系统评估由两步组成，即危害分析和危险分类。

第一步是划分食品及其原料和成分的危害等级。根据食品发生危害的重要因素，将食品按 6 个危害特征等级（A ~ F）标准来划分。如果食品具有其特征值，则在这个食品上以“ + ”表示；如果食品没有其特征值则用“0”来记录。6 个特征值划分系统用于微生物、化学或物理性危害分类，尽管这些特征值对于微生物、化学或物理性危害有所不同。

第二步是给食品及其原料和成分划分危险类别（VI ~ 0 ），这种划分是基于危害特征值的划分结果。表 4 - 1 描述了划分危害特征值和危害类别可能的相互关系。一个潜在的危害因子用“ + ”表示，根据“ + ”号的多少来表示危害程度。最高潜在危险类别用 VI 表示。另外，不论什么时候，记录“ + ”的危害特征值为 A（一个特定的类别，应用于食品高危险人群的设计），即使其他危害特征（B ~ F）可能有或可能没有“ + ”，这个危险分类的结果总是 VI。

在进行危害分析前需要几个预备步骤，包括开发产品的生产描述、列举加工产品所需要的原料和成分以及准备完整的食品生产过程流程图。产品原料和成分的列举是危害分析的开始，如果一种成分的特定保藏方式还不知道（如未加工、冷藏、罐装等），那么，该成分就可以用其可能应用的每一个保藏类型来评估。

表4－1　危害特征值和危害类别可能的相互关系

食品成分[①]	危害特征值[②] （A、B、C、D、E、F）	危害类别
T	A＋（特殊类型）	Ⅵ
U	5＋（B～F）	Ⅴ
V	4＋（B～F）	Ⅳ
W	3＋（B～F）	Ⅲ
X	2＋（B～F）	Ⅱ
Y	1＋（B～F）	Ⅰ
Z	无＋	0

注：①这些字符只是表示具有不同危害特征和危险类型的食品，通常食品、原料或成分的名称会出现在这个标题下；②危害特征值A自然是危险类型Ⅵ，也可以出现在任何B～F的组合中。

三、微生物危害特征值的划分

微生物危害分析和由危害特征值划分的食品在美国国家食品卫生微生物标准顾问委员会（NACMCF）的HACCP指南中作了详细解释。在危害特征值F上有几个小变化，使加工者在任何加工步骤以前能区别消费产品和产品的原料、成分。表4－2列出了微生物危害特征值，如前所述，按照危害特征值A～F划分产品及其原料和成分，用一个“＋”表示食品产品或其原料或成分存在这些特征，不存在这些特征的以“0”表示。

表4－2　微生物危害特征值

危害	描述
危害A	特殊类别：应用于未消毒的产品的划分，并计划在危险人群中消费。危险人群包括婴儿、老人、虚弱者或免疫能力差的个体
危害B	按照微生物危害，产品含有“敏感成分”
危害C	过程不包含这样一个可被控制的加工步骤，这个加工步骤可有效破坏有害微生物有机体
危害D	产品在加工后包装前被再次污染
危害E	滥用的分配方法或消费方法存在潜在危害，都可能提供有害消费品

（续上表）

危害	描述
危害 F	在包装后或当在家庭制作食品时没有终端加热过程，小贩用食品袋包装后没有实施终端加热或任何其他杀菌措施，或者在包装前没有实施其他杀菌步骤

注：数据来源于 USDA – FSIS（美国农业部食品安全与检查局），1990 和 Corlett D A，1990。

例如，当记录危害特征是 B 的食品时，如果这个产品是敏感的或含有微生物敏感成分，便给产品记录一个“+”。如果食品的原料或成分对微生物是敏感的或含有敏感成分（如干酪、淀粉调料混合物），则给原料或成分记录一个“+”。“敏感成分”定义为“任何与已知微生物危害相联系的成分”，即对微生物敏感的成分。“成分”一词也常用于原料物质。“敏感成分”原是专用于微生物危害（传染剂和其他毒素）的，但现在也用于与已知的化学或物理危害相关的成分和原料。

现在任何有危害的微生物类型都可能引起食品对微生物的“敏感性”，并且对微生物敏感的食品范围也已扩大，特别是已认识的李斯特杆菌在很多食品中都有报道危害。下面列举了以危害特征 B 记录的原料和成分对微生物敏感的食品，如果存在食品敏感问题，则应考虑到食品的敏感性，并直到获得更多为其有效划分其类型的信息为止。对微生物敏感的食品（或易被微生物污染的食品）常见的种类有：肉和家禽、真菌（蘑菇）、全粮谷和面粉（二次污染）、蛋、大豆粉和相关物质、巧克力（饮料）和可可豆、奶和奶制品（包括干酪）、食用面糊（Pasta）、明胶（天然来源的色素和调味剂 Gelatin）、坚果和坚果成分、蛙腿（Frog Legs）、辛香料、蔬菜。

如果合成成分由对微生物敏感和不敏感的成分组成，则可能对微生物是敏感的。最好的方法是通过列举混合物的所有成分来决定混合物是否含有敏感成分，同时也可决定是否有可控制的能损害有害微生物组织的加工步骤。

很多原料和成分被认为是对微生物不敏感的物质，甚至在它们偶尔被有害的微生物污染的情况下，也被认为对微生物是不敏感的，包括盐、糖、化学保护剂、食品标准酸化剂和发酵剂、树胶和增稠剂（一些可能是原始敏感物，如木薯淀粉和发酵获得的胶）、合成色素、食品标准抗氧化剂、酸化高盐或酸性调味品、大多数脂肪和油类（除了牛奶、黄油）、酸性果实等。

四、化学和物理性危害特征值的划分

美国食品微生物标准国家顾问委员会（NACMCF）系统完整地给出了食品的危害分析，其中包括已有的微生物危害分析计划，以及有关化学和物理性食品危害分析。化学和物理性的危害特征值发展于1990年，最近由Corlett和Stier发表出版了《HACCP的实践应用》一书。食品中化学和物理性危害可同样用6个危害特征值加以评价。

化学和物理性危害的危害分析像微生物危害分析方法一样，使用“+”和“0”记录系统，按危害分类分配程序进行分析。表4-3提供了划分食品的化学和物理性危害的危害特征值，同时也列举了一个化学和物理性危害在食品中潜在的危害特征值的例子。“敏感”产品和原料的概念也同样适用于化学和物理性危害的危害性特征值B类中。

表4-3 食品的化学和物理性危害的危害特征值

危害	描述
危害A	特殊分类：适用于为高危险性人群消费而制造和销售的产品。高危险人群包括婴儿、老人、虚弱者或免疫能力差的个体（例如人体对亚硫酸盐敏感的含亚硫酸盐的食品；对婴儿则要格外注意那些有玻璃碎渣的食品；老年食品；特殊病人食品。）
危害B	产品含有已知潜在有毒的化合物或有危险的物理性危害来源的敏感成分（例如农田作物中的黄曲霉毒素；农产品中的石子）
危害C	生产过程中的有效预防、破坏或去除有毒化合物或物理危害性的控制步骤［例如加工过程中预防毒素或致癌物形成的步骤；杏核焙烤时对含氰化物成分破坏的步骤；去除操作过程中有毒化学物质和浓碱或危险的外来物质（如锋利的金属碎片）的步骤］
危害D	产品在加工后包装前的再污染的影响（例如当加工产品以货舱贮藏、船运和在别的设备上包装时，都有可能产生污染物）
危害E	化学或物理性污染物在分配过程或消费者操作过程中有了潜在危害，导致消费时产品存在危害（例如食品污染物来自早就含有毒性化学物质的容器或机械化设备；食品放在开放容器中进行食品销售）；产品损伤程度高的地方具有潜在的危险性
危害F	没有为消费者检测、去除或破坏有毒性化合物质或危险物理性物质的方法（例如毒蘑菇或贝类毒物的出现；尖锐金属物质埋藏在食品中）

第四节　HACCP 体系在食品加工企业中的应用示范

HACCP 的基本原则和实施指导可以帮助食品企业提高食品安全的管理水平，保证食品卫生质量，维护消费者利益。HACCP 的具体实施应结合食品企业生产经营的实际情况和具体条件。

一、HACCP 在冷却猪肉生产中的应用

冷却猪肉是指严格执行检疫制度，对屠宰后的胴体迅速进行冷却处理，使胴体温度（以后腿内部为测量点）在 24h 内降至 0 ℃ ~4 ℃，并在后续的加工、流通和销售过程中始终保持在 0 ℃ ~4 ℃范围以抑制微生物的生长繁殖。随着科学技术的发展，人们对饮食安全性的要求越来越高。提供安全、卫生、滋味鲜美的冷却肉已经成为必然，而微生物污染是影响冷却肉产品质量的重要因素，因此，人们在冷却肉的生产、加工与流通过程中实施 IVLOCP 系统监控，以确保产品的安全、卫生。

冷却猪肉生产的工艺流程如下：生猪→候宰→淋浴→电击晕→刺杀放血→浸烫→打毛→清洗→燎毛→冲淋→开膛、去内脏→去头蹄→劈半→热水冲洗→称重→快速冷却入库→快速冷却分割、剔骨→包装→冷藏→流通→零售。

对生产线卫生状况进行调查，结果表明刀具、清洗池和工人的手是重要的污染源。清洗池中无进水口、出水口，不能及时补充新鲜水，池壁和池底有大量的细菌，表明消毒不严。刀具消毒不彻底，造成交叉污染。生产线上的胴体在称重前由索道带动，称重后入库由人工推动，携带大量细菌的工人的手污染肉的表面，造成胴体的严重污染。

表 4－4　冷却猪肉产品危害性评估

危害程度	定义	评估
A	专门用于非杀菌产品和专门用于特殊人群消费的产品	－
B	含有对微生物敏感性成分的产品	+
C	生产过程缺乏有效杀灭微生物的步骤的食品	+
D	在加工后、包装前会遭受污染的食品	+

（续上表）

危害程度	定义	评估
E	在运输、批发和消费过程中，易造成消费者操作不当，而存在潜在危害的产品	+
F	包装后或在家庭食用时不加热处理的食品	-

一般认为，冷却肉的细菌总数为10^6 CFU/g时为警戒线；达到 10^7 CFU/g时，冷却肉外观有明显的腐败现象；达到 10^8 CFU/g 时，外表有黏液形成，不宜食用。初始菌的高低对冷却猪肉的保质期有重要影响。

表 4－5　冷却猪肉生产环节的危害分析

工艺流程	危害分析	显著性	判断依据	控制标准	CCP
候宰	候宰间污染	是	候宰间大量带菌	每天清洗后用 200 ppm 次氯酸钠消毒且充分清洗	否
	体表污染	是	天然宿主	充分清洗	是
淋浴	淋浴水污染	是	不符饮用水标准	控制饮用水质量	否
电击晕	电压不当	否	未见报道		
刺杀放血	不当操作	否	表皮细菌污染创口	培训工人正确操作	否
	刀的污染	是	刀体带菌	每头后清洗①，83 ℃，10 s	
浸烫	不当操作	是	皮肤带菌增多	掌握好水温与浸烫时间，同时增加换水频率	否
打毛	不当操作	是	伤口增多	培训工人正确操作	否
清洗	冲洗水污染	否	未见报道		
	胴体带菌	是	降低初始菌	水压：1 500～2 500 kPa	是
	冲洗水回溅	是	溅回水带菌	加高轨道	否
燎毛	不当操作	是	未见报道		
冲淋	冲淋水污染	是	冲淋水带菌	保持水的清洁并加消毒剂	是
开膛、去内脏	消化道污染	是	消化道带菌	培训操作工人堵肛门	是
	刀的污染	是	刀体带菌	每头后清洗，83 ℃，10 s	否
	操作污染	是	手带菌	洗手	否

（续上表）

工艺流程	危害分析	显著性	判断依据	控制标准	CCP
去头蹄	不当操作	是	表皮细菌污染创口	培训工人正确操作	否
	刀的污染	是	刀体带菌	每头后清洗，83 ℃，10 s	
劈半	劈半机污染	是	设备带菌	清洗设备	否
热水冲洗	操作不当	是	水温、时间不当	使用 90 ℃，时间 <10 s	是
称重	操作工污染	是	操作工带菌	洗手	否
冷却入库	温度失控	是	细菌增殖	库温 2 ℃	是
	胴体间交叉污染	是	胴体带菌	胴体间隔 >25 cm	否
	冷库带菌	是	地、墙带菌	清洗后用 200 ppm 次氯酸钠充分消毒	否
	落下菌污染	是	空气中带菌	良好的卫生管理	否
冷却入库	操作工污染	是	手带菌	洗手	否
包装	温度失控	是	细菌增殖	分割间温度 <12 ℃	是
	落下菌污染	是	空气中带菌	良好的卫生管理	否
	操作工污染	是	手带菌	洗手	否
	包装材料	是	有害化学物污染破损	购买合格品	否
冷藏	冷却间肉带菌	是	细菌增殖	调整温度	是
流通	冷却间肉带菌	是	细菌增殖	调整温度	是
零售	冷却间肉带菌	是	细菌增殖	调整温度	是

注：①表示每宰一头猪后都要清洗刀体。

习惯上将微生物造成的危害程度（Risk Category）分为 6 级，冷却猪肉属于Ⅲ级危害性食品，具有潜在危害性。在冷却肉的生产与流通中，通过 HACCP 系统，建立冷却猪肉生产的关键控制点，确定关键限值和监控 CCP 的措施，并作出纠偏行动方案，能有效降低冷却猪肉的初始菌，延长保质期。通过 HACCP 的分析应用，得出结论，即温度控制与卫生管理是冷却猪肉品质保障的最重要的两个因素。

表4-6 冷却猪肉生产的HACCP工作表

工序	危害因素	控制措施	关键值	检测方式	纠偏措施
清洗	微生物	保持水的清洁加消毒剂		目测	加快水的更换速度
冲淋		加大水压		目测	
开膛	肠溶物外溢	由内往外进刀	胴体表面无可视污物	目测	不做冷却肉加工
热水冲洗	微生物污染	使用热水	水温90 ℃，$t<10$ s	温度计测量	调节水温
入冷却间	交叉污染	使用一次性清洁手套	胴体表面 $TVC\leqslant10^4$ 个	实验室检测	注意操作卫生
快速冷却	微生物增殖	宰后1 h内冷却	胴体温度4 ℃，$t<24$ h	温度计检测	调节室温
分割剔骨	交叉污染	注意操作卫生，室内制冷	肉 $TVC\leqslant10^4$ 个；室温<；12 ℃时间<0.5 h	实验室检测 温度计检测	注意操作卫生
包装	交叉污染	注意操作卫生，室内制冷	肉 $TVC\leqslant10^4$ 个；室温<12 ℃；时间<0.5 h	温度计检测	注意操作卫生
冷藏	微生物增殖	制冷	0 ℃~4 ℃	温度计检测	调整温度
流通	微生物增殖	使用冷藏车	温度<7 ℃	温度计检测	调整温度
零售	微生物污染与增殖	使用冷藏柜	温度<7 ℃	温度计检测	调整温度

二、HACCP在浓缩苹果清汁生产中的应用

浓缩苹果清汁是以鲜苹果为原料，经榨汁、杀菌、超滤、浓缩、无菌灌装等工序加工而成。作为苹果深加工产品之一的浓缩苹果清汁，以其口味纯正、营养丰富、纯天然等特点，已成为目前世界上饮料工业中迅速发展的饮品。然而由于生产浓缩果汁的原料果主要为残次果，加之一些企业为生产条件所限，

生产的浓缩果汁质量难以达到要求，使得出口的浓缩苹果清汁受到国外的进口限制。因此如何保证浓缩苹果清汁的质量，加大浓缩苹果清汁的出口力度成为目前我国果汁企业都面临的一个问题。

浓缩苹果清汁生产工艺流程：原料验收→原料清洗→原料拣选→破碎→压榨取汁→粗滤→浊汁→前巴氏杀菌→冷却→酶解脱胶→超滤→清汁→蒸发浓缩→冷却→浓缩汁→后巴氏杀菌→冷却→无菌罐装→成品。

1. 危害分析

浓缩苹果清汁在生产加工过程中的危害包括生物、化学和物理危害。其生物危害主要包括从原料果到生产加工过程的各个环节中受污染的致病菌，如金黄色葡萄球菌、大肠杆菌、沙门氏菌、李斯特杆菌等；其次为原料果、加工设备、冲洗原料果用水、包装材料等环节污染的寄生虫，如隐孢子等。化学危害主要包括原料果在生长过程中使用的农药或生长环境的水、肥、土中的重金属残留；原料果中的霉烂变质果所含的棒曲霉毒素；清洗加工设备的清洗水中清洗剂的残留及无菌包装袋在辐射处理过程中辐照物的残留等。物理危害主要包括原料果中可能存在的金属、玻璃碎片、树枝等。

2. 关键控制点（CCP）的确定

致病菌和寄生虫在原料果、生产加工过程、贮存和运输各工序中都属显著性生物危害，通过后巴氏杀菌、无菌灌装和包装运输袋的验收等关键工序即关键控制点能够将致病菌和寄生虫的危害消除。原料果中的农药残留（甲基对硫磷等）、重金属（铅、砷、铜等）、棒曲霉毒素和无菌袋中辐照物的残留都属于显著性化学危害，通过原料果的验收和拣选、无菌包装袋的验收等关键工序即关键控制点能够将化学危害消除或降低到可接受水平。因此，浓缩苹果清汁生产加工中的关键控制点为原料果和无菌包装材料的验收（CCP_1）、原料果拣选（CCP_2）、后巴氏杀菌（CCP_3）和无菌灌装（CCP_4）。

3. 关键限值（CL）及监控措施的确定

（1）确定关键限值（CL）。

针对通过以上分析确定的关键控制点，结合生产实际及产品质量要求，确定其控制极限如下：

CCP_1 既控制农药（甲基对硫磷等）和重金属（铅、砷、铜等）残留的化学危害，又控制无菌袋的生物（致病菌等）危害和辐照物残留的化学危害。其关键限值为检查原料果烂果率，使其控制在5%以内；查验原料果来源是否为“原料果农药、重金属残留合格产地通知单”规定区域；无菌袋或大型集装罐（袋）是否有“密封性能鉴定合格证明”与“辐照物残留合格证明”。

CCP_2 的关键限值是原料果在拣选结束以后的烂果率控制在2%以下，并根据苹果的质量适时调整进料量或选果人员数。

CCP_3 控制致病菌等病原微生物的危害。根据实际操作运行结果证明当第二次巴氏灭菌温度为95 ℃，并维持30 s时可杀灭致病菌。所以 CCP_3 的关键限值为95 ℃，30 s。

CCP_4 控制致病菌的生物危害。由于灌装机出口在灌装时用100 ℃蒸汽灭菌，所以 CCP_4 的关键限值是灌装机出口的蒸汽温度≥100 ℃；大型集装罐（袋）连接管道用100 ℃蒸汽灭菌30 min。

（2）确定关键控制点的监控措施。

对 CCP_1 由原料果质检员不定期抽查原料果烂果率及原料果来源是否为“原料果农药、重金属残留合格产地通知单”规定的区域；无菌袋入库时由化验室主任查验每批的“密封性能鉴定合格证明”与“辐照物残留合格证明”，每购回一批无菌袋，检查一次。

对 CCP_2 由当班化验员每2 h检查一次选果台上的苹果密度、选果人员密度及拣选结束后的烂果率；对 CCP_3 由当班岗位操作工每1 h检查记录一次自动记录仪连续显示的温度及泵频率；对 CCP_4 由当班岗位操作工每1 h检查记录一次灌装时用自动记录仪连续显示的温度。

4. 确定在关键控制点发生偏差时的纠偏措施

当关键限值（CL）发生偏离时，需分析产生的原因，并根据产生的原因采取相应的有效措施尽快予以纠正，使生产加工过程的关键控制点再次受控。同时，对失控时生产的果汁进行危害评估分析，确定对其的处理方法。对每个CCP的具体纠偏措施如下：

（1）CCP_1 的纠偏措施：原料果收购中烂果率>5%时拒收，对已收原料果若发现其烂果率>5%时，立即组织人员进行分拣，直至烂果率符合规定要求；如果查验原料果来源不是“原料果农药、重金属残留合格产地通知单”规定的区域时，则拒绝收购；对已收原料果若发现其原料果来源不是“原料果农药、重金属残留合格产地通知单”规定的区域时，隔离送样至化验室进行农药、重金属残留的检测，合格留用，不合格不用，并集中进行销毁；如果查验无菌包装袋无“密封性能鉴定合格证明”与“辐照物残留合格证明”，则拒绝进厂入库。

（2）CCP_2 的纠偏措施：如果检查发现拣选结束后烂果率超过2%（选果台上的苹果成多层排放，每平方米选果台人数少于2人），则立即调整选果台上的苹果成单层摆放，选果人员达到每平方米2人以上，或适当调整进料量。

（3）CCP_3 的纠偏措施：如果自动记录仪显示的温度不在95℃时，则调整温度，使其处在规定温度。如果泵频率不在60 Hz（30 s）时，调节泵频率，将其控制在 60 Hz。

（4）CCP_4 的纠偏措施：如果灌装机出口蒸汽自动记录仪显示温度 <100 ℃，则调节蒸汽阀使显示温度 ≥100 ℃；若大型集装罐（袋）连接管道蒸汽灭菌温度 <100 ℃时，调节蒸汽阀使温度显示 ≥100 ℃；灭菌时间不足 30 min，控制灭菌时间使其达到规定的 30 min。浓缩苹果清汁 HACCP 计划表如表 4－7 所示。

5. HACCP 系统的档案记录及评估

浓缩苹果清汁 HACCP 计划的记录包括五种：①HACCP 计划和用于制订 HACCP 计划的支持性文件（包括用于制订 HACCP 计划的致病菌、霉菌毒素以及农药、重金属、辐照物残留等信息和资料）；②关键控制点（CCP）监控记录；③纠偏行动记录；④验证活动记录；⑤卫生控制记录。以上各种记录都应妥善保管，便于存取，记录至少保存两年。

HACCP 是目前国际上通用的用于保证食品质量的质量保证体系，确定关键控制点（CCP）是应用 HACCP 的关键所在，确定时根据产品工艺流程，同时也必须结合生产企业的生产条件（设备、卫生等）。HACCP 是针对具体的产品和生产工艺的，生产工艺如有变更，企业应该结合实际情况对 HACCP 的部分内容进行修改。食品企业应该将实施 HACCP 与进行企业的基础设施、技术改造结合起来。HACCP 可以应用于整个食物链——从初级生产到最终消费，并且应以健康危害方面的科学依据为导向实施。HACCP 的实施还有助于提高人们对食品安全的可信度，促进经济发展。

表 4－7 浓缩苹果清汁 HACCP 计划表

关键控制点	原料果和无菌包装材料的验收（CCP_1）	原料果拣选（CCP_2）	后巴氏杀菌（CCP_3）	无菌灌装（CCP_4）
主要危害	致病菌、寄生虫、农残、重金属及辐照物残留	棒曲霉毒素	致病菌	致病菌
关键控制限值	烂果率 <5%；原料来源；无菌包装材料是否具有合格证明	拣选后烂果率≤2%	杀菌温度 95 ℃，时间 30 s	灌装管道的蒸汽温度≥100 ℃或时间 ≥ 30 分钟

（续上表）

关键控制点		原料果和无菌包装材料的验收（CCP_1）	原料果拣选（CCP_2）	后巴氏杀菌（CCP_3）	无菌灌装（CCP_4）
监控	对象	原料果烂果率；无菌包装材料合格证明	霉烂变质果	杀菌温度、泵频率	灌装管道蒸汽温度或时间
	方法	随机抽样检查烂果率；查验无菌包装物合格率	检查选果台上的苹果密度、选果人员密度及入线果烂果率	用自动记录仪显示温度，观察泵频率	灌装时用自动记录仪显示温度或时间
	频率	每批次	2 h	温度连续显示，每 1 h 查看一次泵频率	温度连续显示，每 1 h 查看一次
	人员	原料果收购人员、库管人员或生产技术部监督人员	生产技术部当班监督人员	当班岗位操作工或生产技术部监督人员	当班岗位操作工或生产技术部监督人员
纠偏措施		拒收，已接收的原料分拣；拒绝使用	调整选果人员密度或及时调整进料量	调整；隔离有偏差的产品，进行卫生检验	调整；隔离有偏差的产品，重新处理
记录		原料果验质单；无菌包装物合格证明审核记录表	入线果烂果率检查记录表	关键控制点监控记录表；关键限值纠偏记录表	每 1 h 记录温度和泵频率一次，主管领导每周检查记录
验证		不定期抽查原料果烂果率；审核每批无菌包装物合格证明	每 2 h 检查一次拣选后入线果质量，每班由质管部抽验两次	关键控制点监控记录表；关键限值纠偏记录表	每天校准自动记录仪或时间表，每1 h记录温度一次

本章学习要点

1. 食品安全危害源识别。
2. 关键控制点的确认。

3. HACCP 原理与实施方案。

关键术语

食品安全危害源　食品加工过程关键控制点

思考与练习

1. HACCP 对于预防食品安全突发事件有何意义?
2. 如何确认食品加工过程中的关键控制点?

第五章　食品安全栅栏技术

本章概述

本章主要介绍栅栏技术的概念、方法以及在食品安全控制过程中的应用。重点介绍影响食品腐败变质的栅栏以及栅栏对于食品安全与质量的影响。

要求掌握影响食品安全的病原微生物生长和危害发生的环境条件，栅栏对于致病菌生长的抑制作用以及对食品本身质量的影响。

栅栏技术（Hurdle Technology，HT）是由德国肉类食品专家 Leistner 在长期研究的基础上率先提出的。食品要达到可贮性和卫生安全性，就要求在其加工过程中根据不同的产品采用不同的防腐技术，以阻止残留的腐败菌和致病菌的生长繁殖。已知的防腐技术根据其防腐原理归结为高温处理（H），低温冷藏或冻结（t），降低水分活性（a_w），酸化（pH），降低氧化还原值和添加防腐剂等因素，我们把阻止微生物生长繁殖的几种因素之间的相互作用，称作栅栏技术（Leistner，1994）。它是一种控制食品安全性的综合性技术措施。在食品防腐方面，栅栏技术已经得到广泛的应用。

第一节　栅栏技术与食品防腐

我们把能阻止食品内微生物（包括腐败微生物和病原微生物）生长繁殖的因素统称栅栏因子（Hurdle Factors）。栅栏因子很多，目前研究已确认可应用的栅栏因子有 40 个以上，包括食品本身具有的内在因子和贮藏、加工过程中施加或添加的外在因子。食品在贮藏过程中，其内在栅栏因子和外在栅栏因子的单一效应及它们之间的互作效应决定了食品微生物的稳定性，我们把这种效应称为栅栏效应（Hurdle Effect）。

一、食品中的栅栏因子

食品内在的栅栏因子包括 pH、水分活度、氧化还原电位等，这些因子都不同程度地影响着食品内微生物的生命活动。了解其对微生物的作用对食品防腐有重要的意义。

pH 值在很大程度上影响着微生物的生长繁殖。pH 值通过改变微生物细胞膜上的电荷性质而影响细胞正常的物质代谢。每种微生物都只能在一定的 pH 值范围内生存，例如大多数细菌的最适 pH 值为 6.5 ~ 7.5，而霉菌、酵母菌和少数乳酸菌可在 pH2.0 以下生长（见表 5 – 1）。如果生长环境的 pH 值超出其生长范围，微生物的生长繁殖就受到抑制，甚至死亡。

水分是微生物生长繁殖必需的物质之一。大多数畜产食品水分含量都很高，非常适合各种微生物的生长繁殖。但微生物的生长繁殖并不由食品中的水分含量决定，而是取决于微生物能利用的水分，即 a_w 值。不同的微生物生长繁殖所需的 a_w 不同，如大多数腐败细菌的 a_w 不低于 0.94，致腐酵母菌的 a_w 不低于 0.88，致腐霉菌的 a_w 不低于 0.8，而有些微生物能够在更低的 a_w 下生长繁殖（见表 5 – 2）。降低 a_w 可延长食品的货架期。降低 a_w 可以延长微生物的生长迟滞期，从而降低生长速度。

表 5 – 1　几种食源性微生物生长的 pH 值范围

微生物	最低 pH 值	最高 pH 值	微生物	最低 pH 值	最高 pH 值
霉菌	1.0	11.0	沙门氏菌	4.2	9.0
酵母菌	1.8	8.4	大肠杆菌	4.3	9.4
乳酸菌	3.2	10.5	肉毒杆菌	4.6	8.3
金黄色葡萄球菌	4.0	9.7	产气荚膜杆菌	5.4	8.7
醋酸杆菌	4.0	9.1	蜡样芽孢杆菌	4.7	9.3
副溶血性弧菌	4.7	11.0	弯曲杆菌	5.8	9.1

表 5 – 2　食物中常见微生物生长所需的最低水分活度

微生物	a_w	微生物	a_w
肉毒梭状芽孢杆菌 E 型	0.97	乳酸链球菌	0.93
假单胞杆菌	0.97	灰葡萄孢霉	0.93
大肠杆菌	0.96	金黄色葡萄球菌	0.86

（续上表）

微生物	a_w	微生物	a_w
产气肠杆菌	0.95	棒状青霉菌	0.81
枯草杆菌	0.95	灰绿曲霉	0.70
肉毒梭状芽孢杆菌 A 型和 B 型	0.94	鲁氏酵母	0.62
副溶血性弧菌	0.94	双孢红曲霉	0.61

氧化还原电位（E_h）是指氧化还原反应中电子从一种化合物转移到另一种化合物时两种物质之间产生的电位差。氧化能力强的物质其电位较高，还原能力强的物质其电位较低。不同的畜产食品，其氧化还原电位不同，同一畜产食品经过不同处理后，其氧化还原电位也可能不同。食品中微生物的生长繁殖受氧化还原电位的影响，但不同的微生物对氧化还原电位的要求不同，好氧微生物（如芽孢杆菌属）的生长需要正电位，厌氧微生物（如梭状芽孢杆菌属）的生长则需要负电位，而乳杆菌和链球菌在微弱的还原条件下就能较好生长（见表 5－3）。

许多畜产食品本身具有一些抗菌成分。如在肉制品加工中使用的许多香辛料中都含有抗菌物质，可阻止微生物的生长繁殖。此外，新鲜乳中的过氧化氢酶体系、新鲜禽蛋蛋清中的溶菌酶等在一定程度上可减缓微生物的生长繁殖。

表 5－3　某些食品的 E_h　　单位：mA

食品	E_h	食品	E_h
植物汁液（如果汁）	+300～+400	马胸头肌（刚宰后）	+250
肉块	－200	马胸头肌（宰后 30 h）	－130
碎肉	+200	鲜牛乳	+230～+250
熟果汁	－200	乳酪	－200～－20

食品外在的栅栏因子主要是一些工艺技术及其参数，如处理温度（高温或低温）、包装技术（气调包装、真空包装、活性包装、无菌包装、涂膜包装等）、物理处理（阻抗热处理、烟熏、高压脉冲电场、射频能量、振动磁场、荧光灭活、超声波等）、高压处理、辐射（放射、微波、紫外线）、微结构处理（乳化、固态发酵）、竞争性菌群（乳酸菌等）、食品防腐处理等。可根据食品的具体情况，因地制宜地设计外在的栅栏因子组合，用于保存食品。

二、栅栏效应基本原理

其基本原理可用图 5－1 来说明。

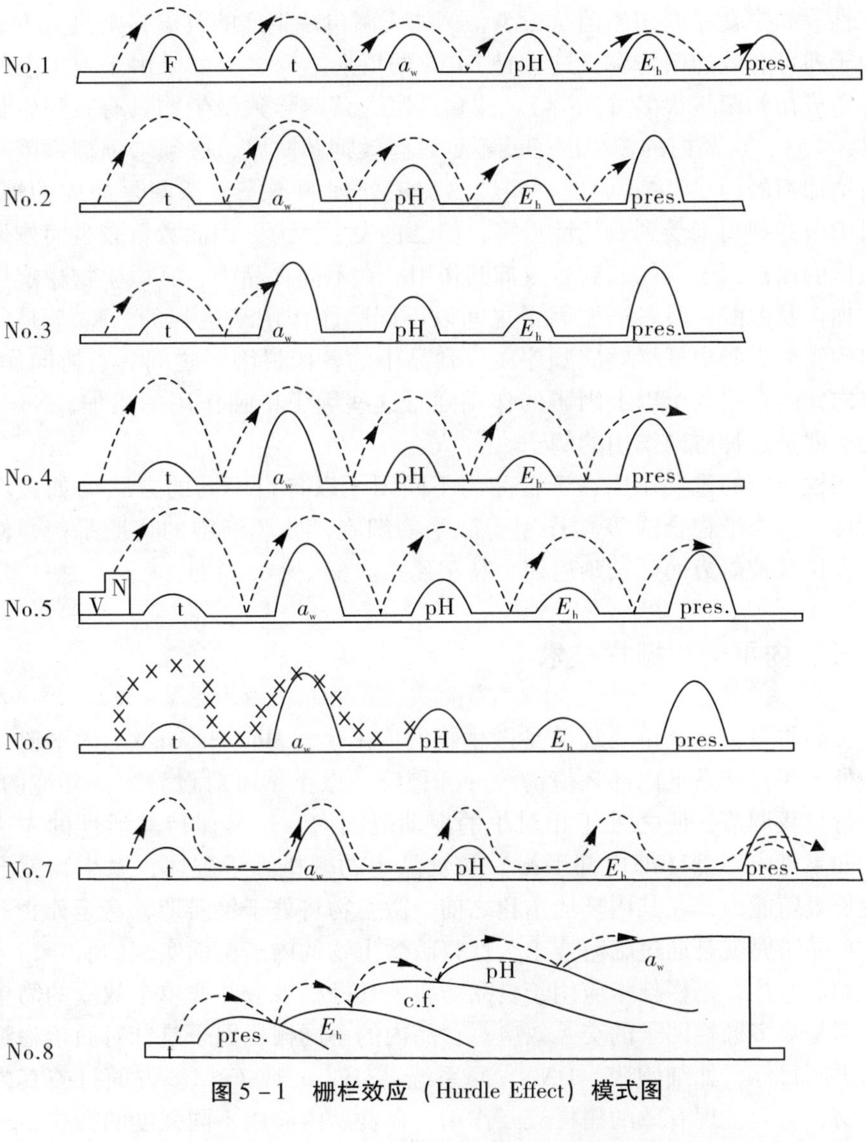

图 5－1　栅栏效应（Hurdle Effect）模式图

图中代号：F——高温处理；pH——酸化；a_w——水分活度；t——低温冷藏；pres.——防腐剂；N——营养物；E_h——氧化化还原电位值；c.f.——竞争性菌群；V——维生素

No. 1 是理论化栅栏效应模式。某一食品内含有同等强度的 6 个栅栏因子，残存的微生物最终未能逾越这些栅栏，因此该食品是可贮和卫生安全的。如果肉、蛋、乳的初始菌量低或杀菌效果好，则少数几个栅栏即可起到防腐作用。No. 2 则较为贴近实际。食品中起主要作用的栅栏因子是 a_w（干燥脱水、添加 a_w 值调节剂）和 pres.（亚硝酸盐等）。5 个栅栏因子互相作用已能保证食品的可贮性。如果食品内初始菌量很少，例如无菌包装生产的鲜肉，则只需少数栅栏因子即可有效抑菌防腐，这就是 No. 3 的情形。反之，如果由于卫生条件恶劣等造成初始菌量很多（No. 4），或食品富含营养导致微生物具有较强生长势能（No. 5），产品内的栅栏因子就不足以有效抑菌防腐，必须增强栅栏因子强度或增加新的因子。No. 6 是一些经热加工处理的不完全杀菌食品内的情况，这时细菌芽孢尚未受到致死性损害，但已丧失了活力，因而数量较少而作用强度较低的栅栏因子就能起到有效抑制作用。在不同食品中，其微生物稳定性是通过加工及贮藏阶段各栅栏因子之间以不同顺序作用来达到的。No. 7 是研究得出的发酵香肠中栅栏效应顺序图。食品中的各栅栏因子之间具有协同作用，简言之，两个或两个以上因子的作用强于这些因子单独作用的累加，No. 8 所表明的即是这种协同作用的例子。

栅栏效应的重要作用在于食品内不同因子以各自不同的方式（如破坏酶的活性、影响生物合成等）作用于微生物细胞，破坏细胞的代谢平衡，使其失去生长繁殖能力而延长延迟期，甚至死亡。

三、内平衡和栅栏技术

食品防腐中一个重要现象是微生物的内平衡（Homeostasis）。内平衡是微生物处于正常状态下内部环境的统一和稳定。微生物可对自身内部环境的 pH 值进行自我调节，使之处于相对小的变动范围内，这是保持其活性的先决条件。如果其内环境（即内部平衡）被食品中的栅栏因子破坏，微生物就会失去生长繁殖能力，在其内环境重建之前，微生物将处于停滞期，甚至死亡。因此，食品防腐就是通过临时或永久性打破微生物的内平衡而实现的。

如前所述，栅栏技术应用于食品防腐，其栅栏效应并非单个效应的简单叠加，而是众多栅栏因子的交互效应。食品内的不同栅栏因子是针对微生物细胞内的不同目标，如细胞膜、DNA、酶系统、pH、a_w 或 E_h，多方面打破其内环境平衡，从而实现有效的栅栏交互作用。在食品内应用不同强度的栅栏，通过这些栅栏的交互作用使食品达到微生物的稳定，比应用单一而高强度的栅栏更为有效，更利于食品防腐保质。

四、栅栏技术与食品质量

从栅栏技术概念上理解食品防腐技术，似乎仅侧重于保证食品的微生物稳定性，其实栅栏技术还与食品的质量密切相关。栅栏技术不仅适用于保证食品卫生安全性，而且也适用于保证其质量。有的栅栏，例如美拉德反应的产物，就对产品的可贮性和质量都具有重要意义，食品中可能存在的栅栏将影响其可贮性、感官质量、营养性、工艺特性和经济效益。栅栏对产品的总质量可能是正影响，也可能是负影响，同一栅栏强度不同对产品的作用也可能是相反的。如在发酵香肠中，pH 值需降至一定限度才能有效抑制腐败菌，但过低则对感官质量不利。为保证产品总质量，栅栏及其强度应调控在最佳范围。

第二节　栅栏技术在食品中的应用

食品的可贮性可以由多个栅栏因子的相互作用得以保证。通过栅栏因子的交互作用保障了食品的可贮性，我们把这些食品称为栅栏技术食品（Hurdle Technology Food，HTF），发达国家和发展中国家都存在栅栏技术食品，但大都是根据经验来应用的，而并不懂其原理。现在则可以通过更好地开发先进监控设备使其应用不断增加。

一、食品中经验式的应用

传统的意大利蒙特拉香肠（Mortadella）就是凭经验式应用栅栏技术的典型。蒙特拉香肠主要原辅料有猪肉、脂肪、猪肚、食盐、奶粉、香辛料、糖和亚硝酸盐。原辅料经灌制后以蒸汽加热至中心温度 78 ℃，失重 10% ~15%，成品 a_w值为 0. 94 ~0. 95，含盐量约为 3%。蒙特拉香肠是一种非致冷可贮的乳化型肉制品。热加工温度相对较低，并不能杀死细菌芽孢。但添加的食盐、糖、奶粉以及干燥脱水共同起到了调节作用，使产品的 a_w值降至足以抑制杆菌和梭菌的范围，其可贮性和卫生安全性得到保证。

另一典型凭经验式应用栅栏技术的例子，是拉丁美洲的许多非致冷可贮性传统食品。由西班牙、阿根廷、巴西等十余个国家共同实施完成的一项称为 CYTED – D 的研究课题，对拉美地区 266 种源于水果、蔬菜、乳、肉、鱼和谷物的可非致冷贮藏的加工制品进行了系统的分析、评定和总结，研究结果表明，这些可贮性佳的产品多为半干水分食品（IMF），也是凭经验式应用栅栏技术的 HTF 食品。CYTED－D 项目的主要目的之一，是研究通过降低 a_w 值，或者应用更多栅栏因子的交互作用，提高本地产品的防腐性能。此技术已在水果罐头的防腐上显示出极大的应用潜力。这一研究成果为发展中国家在传统产品的总结提高和栅栏技术的应用上树立了榜样。

二、在整体食品中的应用

重组型整体食品的加工中若添加有较多香辛料，即可在产品外形成一层防腐膜，所含抑菌物即可成为强有力的抑菌栅栏。以巴特马干肉条（Pastirma）为例，这是一种伊斯兰教国家广为流行的传统生牛肉制品，将牛肉切条后添加食盐和硝酸盐腌制，清洗后挂晾使之干燥发酵，再涂上一层膏状料风干而成。涂料主要由大蒜、辣椒等组成，对肉条内沙门氏菌和外表的霉菌具出色的抑制作用。研究表明，用低 pH 值含防腐剂的涂膜可提高食品微生物的稳定性。例如，添加山梨酸的低 pH 值涂膜防腐效果极佳。热带水果已应用表面可食涂膜来延长保鲜期，此法优点在于不影响食物块状完整性，但涂料必须具有足够的黏着力，含稳定性基质和抗脆性成分，同时能添加抗菌剂、抗氧剂、营养强化剂、香精或色素等，以在表面局部发挥功能特性。

对整体食品采用涂膜法防腐保鲜，其内包裹的湿润型产品（水果、蔬菜、肉、干酪、鱼等）于高浓度的糖、氯化钠或其他湿润剂混合物内，将发生脱水和渗透作用，也会使溶液向产品内的溶质传递。通过此过程，不仅是水分活度较低的介质进入完整食品内，防腐剂、营养强化剂、pH 值调节剂以及改善产品组织结构和香味的物质也同时进入。因而进入的栅栏因子可发挥提高可贮性和改善质量的双重作用。这在诸多实例中均可得到印证。

三、在半干水分食品（Intermediate Moisture Foods，IMF）中的应用

半干水分食品因其非致冷可贮性而备受生产者关注和消费者青睐。半干水分食品的 a_w 值为 0.60～0.90，其微生物稳定性和卫生安全性大多是通过栅栏效应实现的。

传统的中国腊肠是 a_w 值为 0.75 左右，在常温下可较长期存放的非发酵型生肉制品，pH 值约为 5.9，因此不容许乳酸菌的大量增殖，味酸是次品的标志。其质量主要是通过 a_w 值的迅速降低而保证。台湾加工的一种为满足消费

者需要的而含较高水分的中国腊肠，a_w值高达0.94，这一产品极易因乳酸菌大量生长而酸败变质，也很可能因金黄色葡萄球菌繁衍而产毒。还有宠物食品，这些食品的防腐方法有两种，一是降低 a_w值至0.85，二是添加较高量防腐剂丙二醇。而现在应用栅栏技术推出的新型宠物食品，应用了新的防腐保质栅栏。产品 a_w值达0.94，含水量较高，防腐剂添加量大为减少，因此其营养及感观特性得到改善，毒理性降低，加工经济效益提高，而其非致冷可贮性和卫生安全性完全可得到保证。

四、在高水分食品（High Moisture Foods，HMF）中的应用

高水分食品（$a_w>0.90$）发酵香肠，具非致冷可贮性，在市场上很受欢迎。这类产品以前也是凭经验式加工，而现在无论是传统型还是新开发型，都已在主动应用栅栏技术。其中研究和应用较为深入的是色拉米（Salami）香肠，在色拉米成熟早期，主要的栅栏是亚硝酸盐，随着成熟时间延长，亚硝酸盐浓度逐渐下降，亚硝酸盐的栅栏效应逐渐减弱或消失；色拉米中细菌的繁殖使 E_h 下降，抑制需氧微生物生长，支持竞争性菌群生长；乳酸菌的代谢活动使产品酸化，从而使 pH 栅栏效应增强；随着时间的延长，亚硝酸盐、E_h、竞争性微生物和 pH 的栅栏作用逐渐消失，此时，a_w就成为决定发酵香肠稳定性的主要因素。

另外，微结构是色拉米香肠可贮性和质量保证的重要栅栏。电镜扫描研究发现，发酵香肠内的天然菌群和添加的发酵菌是呈非均衡性吸附于小巢穴内。发酵菌只有在巢穴内能够生长。其余大量区域则被代谢物（如亚硝还原酶、过氧化氢酶、乳酸、毒素等）占据。因此色拉米的发酵是一种固态发酵。在这些单一或混合菌巢穴内，始终存在对营养物的竞争以及相互间代谢物的损害作用。在混合菌巢穴内，乳酸菌由于其对 E_h、pH 和 a_w较强的耐受性而总是占优势。香肠发酵初期，乳酸菌呈现较强的活力和代谢活性，而发酵末期逐渐衰退甚至死亡。香肠内巢穴间的距离远，有利于其发酵。内馅灌装前肥瘦肉粒的充分混合，更利于混合菌在基质中的分布。

微结构不仅对色拉米香肠重要，对其他食品也同样重要。如在油水乳化剂内，细菌生长限制在水滴内，可能因聚合而丧失其完整性。当然微结构对食品内微生物生长、残存或死亡的精确预测是困难的。但通过应用配方和工艺改进法调整微结构，影响食品的可贮性、卫生安全性和食品特性是可能的。

五、在耐贮存食品（Shelf Stable Foods，SSF）中的应用

建立于栅栏技术之上的高水分含量，经热加工处理，而又非致冷可贮的食品，称为耐贮存食品或易贮食品。SSF食品有如下特征：在密闭灌装物（如听、肠衣等）中热处理至中心温度为70 ℃～110 ℃，改善了产品感官及营养特性，可避免再污染，能有效抑制非芽孢菌，但残存有芽孢杆菌和梭菌，对这些残存菌的抑制是通过温度、a_w、pH或E_h栅栏的调节来实现的。根据应用的主要栅栏，可将SSF食品分为F～SSF（热处理使芽孢菌半致死），a_w～SSF（降低水分活性），pH～SSF（酸化）和Combi～SSF（相等强度多个栅栏联合作用）。

高压蒸煮香肠属于F～SSF，通过热加工使芽孢菌半致死，F栅栏成为防腐抑菌主要因子，德国的布里道香肠（Briihclauerwurst）和意大利的蒙特拉香肠（Mortadella）则属于a_w～SSF，通过降低产品的a_w（$a_w < 0.95$）保证其可贮性。荷兰的格德斯香肠（Gelderse Rood－Worst）属于pH～SSF，热加工至中心温度80 ℃左右，添加葡萄糖醛酸内醋使肉馅pH值调节到5.4～5.6。

市场上的乳化型香肠，很多均属Combi～SSF产品，其可贮性是由相对较弱的多个栅栏来保证的，印度的巴里（Paneer）奶制品，由软奶酪、香蕉汁、大蒜及其他香辛料调制而成，因其特有的风味和营养性深受当地人的喜爱，但在当地高达35 ℃的气温下保存期仅为2天，而应用栅栏技术制成的听装巴里软奶酪，在保持原有产品鲜香、非褐色、质软等感官特性的前提下，将其货架寿命延长至数周。保证这一Combi～SSF产品的可贮性的共效栅栏是a_w 0.97、F 0.8和pH值5.0，或者a_w 0.96、F 0.4和pH值5.0。这一产品已在市场获得成功。

第三节　栅栏技术与产品开发

栅栏效应揭示了食品保藏的基本原理，食品内栅栏因子的复杂交互作用是其微生物稳定的根本所在。研究与生产实践表明，栅栏技术不仅可用于食品加工控制，还可用于产品开发。

一、栅栏技术与新产品设计

栅栏技术有助于按照需要设计新型食品。例如，我们如果需要减少肉制品在贮存过程中的能耗，就可考虑用耗能少的因子（如a_w或pH等）来替代耗能

多的因子 t（冷藏）。因为保证食品微生物稳定性和可贮性的栅栏因子在一定程度上是可以相互置换的。又如我们在开发低硝肉制品中，可运用栅栏技术，通过加强 a_w、pH 或 H 等栅栏强度来替代防腐添加剂的防腐抑菌作用，从而大大降低肉制品中亚硝酸盐或硝酸盐的用量。在食品控制中，可应用栅栏技术快速评估食品的稳定性，预测其货架寿命。

在食品设计中，栅栏因子的合理组合既能保证食品微生物的稳定性，又能尽可能地改进产品的感观质量和营养特性，提高经济效益。栅栏技术食品（HTF）的开发前景广阔，对栅栏技术在食品发展上的影响的深入研究具有特别重要的意义。在食品设计步入计算机化的进程中，甚至可将现有的可利用的理化、微生物方面的数据都收集起来，以便为栅栏技术的应用提供一个可依赖的数据库，建立一个带有这些数据库的计算机程序。通过计算机来提出加工配方、工艺流程和包装方式相结合的合理化建议，并至少在理论上使该产品微生物的稳定性得到保证。也可应用计算机程序来改进不稳定产品。

二、栅栏技术与 HACCP 管理的结合应用

在特型产品研究中已表明，栅栏技术应用于产品设计之后，通过关键危险点控制（也称危害分析与关键控制点，HACCP）管理实施加工控制具有决定性作用，产品开发中栅栏技术与 HACCP 管理的结合应用已成为必然。现将第 1 类（快速发酵香肠）产品加工的 HACCP 管理要则举例于表 5-4。

表 5-4 快速发酵香肠加工 HACCP 管理

关键点	标准控制值
原料	牛肉: 猪肉: 猪肥膘 = 1 : 1 : 1；pH（24 h）：猪肉 < 0.6，牛肉 < 5.8；肉温 0 ℃左右。肥膘冻结后再绞制加工；总菌量 < 5×10^6/g；肠杆菌量 < 1×10^5/g
添加剂	亚硝腌制盐不低于 2.4%，至少添加 0.2% 葡萄糖或 0.3 % 以下的葡萄糖酸内脂，应用主要含乳酸菌的发酵剂；肉馅 a_w 为 0.97 ~ 0.95
发酵	肠衣直径以 20 ~ 22 mm 为佳，不超过 32 mm；发酵起始阶段 12 ~ 24 h 内温度不高于 22 ℃，相对湿度（RH）为 85% ~ 90%，此后温度不高于 20 ℃。RH 为 75% ~ 80%。发酵后在 22 ℃和 RH 为 80% ~ 85% 的条件下烟熏 12 h
成品	pH < 5.4，a_w < 0.95； 真空包装或 CO_2 气调包装； 贮存温度不低于 7 ℃； 乳酸菌量 > 10^7/g，肠杆菌量 < 10^6/g

三、栅栏技术与微生物预报技术的结合应用

应用栅栏技术于食品设计和食品优化，通过计算机快速预估加工食品的可贮性和质量特性，这也涉及微生物预报技术（Predictive Microbiology）的内容。微生物预报技术是利用计算机对食品中微生物的生长、残存和死亡进行数量化预测的方法，在不进行微生物检测分析条件下快速对产品货架寿命进行预测。为实现这一目的，需要两个信息库：一是食品内各种微生物在不同温度、a_w 值、pH 值、防腐剂等条件下的特性的详情信息库；二是在某一条件下对这些微生物进行判断和预测的数字化信息库。此外还需对这两种信息资料进行交互结合以便作出智能判断。

然而，信息库的建立，需要把与食品安全和质量相关的栅栏考虑进来，而所有栅栏甚至其中主要的栅栏不可能都包括在一个简单的预报模式中。目前这一模式仅依据于温度、pH 值、a_w（盐或保湿剂）、pres.（亚硝酸盐，乳酸及其他防腐剂）等几种主要栅栏因子及其相互作用。因此微生物预报技术尚不能成为通向栅栏技术的主要途径，但可以把数个最为重要的栅栏因子作为基础建立模式，这样可以较为可靠地预测出食品内微生物的生存死亡情况。由于很多相辅栅栏尚未纳入预报系统，预报结果也就更为谨慎，比实际的更为保险。

在英国已出现了食品主要致腐菌和病原菌的信息库，被称为食品微型模型（Food Micromodel）。欧盟实施的称为夫拉尔（FLAIR）的大型研究项目，主要目的也是致力于此信息库的建立。这些信息最终将汇总于单一系统。可以通用的模式建立可出售用于生产的软盘，加工者即可根据计算机模式设计可提供的栅栏，估计未成型产品的可贮性。尽管微生物预报技术目前还处于起步阶段，但可望迅速发展成为食品设计中的主要工具并广泛应用于食品加工业。该技术将食品设计中所需的有关微生物的选择试验准确局限于较小范围，大大减少了产品开发中的时间和资金消耗。

四、食品开发设计步骤

在新产品开发中，栅栏技术（HT）和关键危险点控制（HACCP）管理与微生物预报技术（PM）的结合将成为先进食品设计及其加工不可缺少的工具。HT 主要用于设计，HACCP 主要用于加工管理，PM 主要用于产品优化。三者的结合应用尚需进一步研究。在结合应用中，可遵循以下 10 个步骤：

①首先确定需改进或新开发食品的感观特性和货架寿命。

②提出加工产品的技术要则和工艺流程。

③分析产品的栅栏因素。

④预报其微生物稳定性。

⑤恶劣条件下进行产品主要致腐菌和病原菌的接种试验。

⑥从产品的生物内环境和产品总质量上全盘考虑对设计的栅栏进行调整改进。

⑦对改进后的产品再进行微生物接种试验，必要时进一步调整改进栅栏。此阶段微生物预报技术的应用有助于对产品安全性的评估。

⑧建立改进或新开发产品的准确栅栏（包括其范围和强度），确定对加工过程的监测方法（最好是采用物理法）。

⑨将设计定型产品投入生产条件下试验，对其可行性予以证实。

⑩建立工业化大规模生产的关键控制点和监控体系，应用 HACCP 管理法完成加工控制。

本章学习要点

1. 栅栏技术的概念与应用原理。
2. 栅栏因子对食品安全与质量的作用特点。
3. 栅栏技术在食品加工过程中的应用实例分析。

关键术语

栅栏　栅栏因子　栅栏技术

思考与练习

1. 食品加工过程中有哪些栅栏和栅栏因子可以用来确保食品安全和品质？
2. 举例说明栅栏技术在肉制品安全加工中的重要性。

第六章　食品安全过程控制

本章概述

本章主要介绍食品安全过程控制的方法、原理和意义，重点介绍食品安全过程控制体系及其在控制食品安全方面的实例。要求掌握食品安全过程控制的原理与方法以及应用。

食品安全问题存在于从种植、养殖到餐桌这一整条食品链中，要真正保证食品的安全，必须在食品生产过程中对原料的选择、加工、包装以及贮存、运输直到销售进行全过程的安全控制。安全过程控制是为了达到安全要求所采取的作业技术和活动，即为提高工作质量，采取有效的措施和方法，控制影响工作质量的各种因素。

第一节　食品安全过程控制

一、食品安全问题的产生及分析

食品从生产加工到消费者食用要经过种植、养殖、生产、加工、运输、销售、烹饪、食用等环节，任何一个环节出了问题均会在食用后影响人体健康，从而导致食品安全问题的产生。正是因为食品生产的过程是一个综合性的过程，所以要控制食品安全问题的发生，必须找到食品安全问题发生的根源。

1. 种植、养殖中的食品安全问题

大量农药、化肥、兽药、生长调节剂等科技手段的使用，尤其是滥用国家已禁止的农药，从源头上给食品安全带来极大隐患。

（1）种植：在农作物中以大棚菜为例，塑料大棚里温度高，加上封闭式的棚内蔬菜密集栽培，一旦虫害发生便会迅速蔓延，造成巨大的经济损失，所以菜农往往喷洒超量农药。大棚作物为了错季，提早上市，往往施用高激素、高营养素，促进作物快速超常生长。

（2）养殖：在我国畜牧产品方面，动物饲料中滥加抗生素、合成药品和激素的现象也普遍存在。有些生产者为了追求高额利润，在饲料中添加激素类、镇静催眠类等违禁药品，造成畜牧食品卫生质量问题频生。在英国发生的疯牛病及荷兰牛奶的二噁英残留事件，就是因改变饲料成分而导致人体危害产生的证明和代表。

（3）水产品：常规鲫鱼需要3～4年的时间才能长到1 kg，而现在因为有了“高技术含量”的饲料，这个时间缩短至3至4个月。而甲鱼在过去要自然生长7年才能上餐桌，现在用性激素乙烯雌酚催长，7个月就能进厨房了。

产生这类食品安全问题的原因有：①从事基因改良的技术人员，只重视如何提高产量，而在对人体的危害性方面却没有进行深入的考虑和研究，技术部门在审查的时候，对这一方面未加强审查或根本没有审查，直到出现了食品安全问题才进行纠正；②虽然中国现已颁布实施了一些食品安全质量标准及法规，但许多产品的质量标准低于国际水平，由于技术有限，无法真正规范食品质量；③许多新的食品种类和新的农药、兽药和化学品不断投入使用，而食品安全标准的制定相对滞后。这样就难以从源头上控制食品安全问题的产生。

2. 生产、加工过程的食品安全问题

（1）食品加工企业未能按照工艺要求操作。如微生物杀灭不彻底，导致食品残留病原微生物或在生产、贮运过程中发生微生物污染；如2003年3月份发生的辽宁海城2 556名学生豆奶中毒事件，就是因为生产企业未严格按工艺要求操作，置换了生产配方，但技术参数和生产流程未作相应的修改，致使抗营养因子未被彻底灭活造成的。

（2）超量使用、滥用食品添加剂、非法添加物。以面粉加工企业为例，至今仍有许多厂家不按有关标准执行而任意添加增白剂。国家有关部门曾抽检过94种面粉，结果只有13种没有添加过氧化苯甲酰。

（3）应用未知结果的新技术、新工艺、新原料带来的问题。如转基因技术、辐照技术、现代生物技术等作为新兴的技术在食品中的应用，以及食品新资源的开发等。由于厂家在添加剂、工艺流程以及新技术操作方面存在隐蔽性和未知性，而对人体的某些伤害又是长期和渐进的过程，因而，监管部门不能及时作出应变，从而在这方面又带来新的食品安全隐患。

3. 流通、深加工环节的食品安全问题

（1）在食品安全的保障体系中，流通领域是个薄弱的环节。仓储、储运、货柜达不到标准，致使许多出厂合格的产品，在流通环节变成不合格的，甚至腐败变质的食品。

（2）销售方面管理不善。不严格控制进货渠道和索证制度，导致一些假冒伪劣产品堂而皇之地进入商场放上柜台出售。

（3）食品深加工不注意卫生要求。操作中不按照相关法规和卫生要求进行，从而产生突发性食源性疾病，其中多是食物中毒。

4. 违法生产经营引起的食品安全问题

当前从事生产经营活动的厂家，只重视产品的数量，忽略食品的安全问题，不按照《食品卫生法》的要求进行生产，单纯追求经济利益，甚至生产假冒伪劣产品。如用有毒甲醛发泡海产品；用化学品处理水果保鲜；往食用油中掺杂液体石蜡；用死鸡制作成熟鸡销售；大米被掺入工业用白蜡油；用有毒矿物油“抛光”；银耳用有毒的硫黄增白；黄鳝添饲避孕药催肥；将泔水油提炼加工冒充食用油；猪肉在注水的同时加入化学药品，以达到增稠和鲜艳的目的，使消费者不易识别，等等。制假厂家通常比较隐蔽，不容易通过正常监督的方式发现。而卫生监督机构由于在检查中无法事先知道生产厂家添加了何种违禁添加剂或违禁化学品，无法针对性地做项目检测，查出安全隐患。消费者对当前出现的食品安全问题认识不足，警惕性不高，辨识能力不强，从而导致食品安全问题的发生。

5. 监管方面的食品安全问题

（1）从食品的生产到上桌的全过程监管未能连成紧密的链条。以 2002 年发生的由投毒引起的食物中毒为例，“毒鼠强”等剧毒鼠药是国家早就明令禁止生产、经营、销售的，案犯却能轻而易举地在市场上买到，这种现象与鼠药的管理职能分属不同部门多头管理有关。

（2）食品安全监管责任严重缺位。事故发生后大家都有责任，却没有承担责任的主体，这是当前食品安全管理最突出的问题。目前食品企业生产经营的许可证由各执法部门发放，一般企业从事食品生产除了领取工商营业执照外，还要获得卫生行政部门审批发放的“卫生许可证”，部分食品类的生产还须领取质监部门发放的“食品生产许可证”。真正发生事故时，各执法部门，像卫生、质量监督和工商部门的责任难以有效追究。

（3）卫生监督体制改革的深层次问题。在基层，尤其是城乡结合部、小城镇，普遍存在着监管“盲区”，体系不够健全的问题较突出。比如广东省卫生监督所共有工作人员 80 人，而全省卫生监督对象除了 30 多万家食品生产销售企业与机构之外，还包括许多无牌照小食店、地下作坊等。有的地级市卫生监督所只有十几人，县级所只有四五个人，许多地方设备简陋、仪器陈旧、功能不全，有的则缺乏必备的检测设施，不利于应付突发性食品安全事件和查处违法行为。

（4）有些卫生监督人员素质低下。据调查，很多地方由于卫生监督机构为事业单位编制，参照公务员管理，技术职称没有了，工资比原来少，因此吸引不了优秀人才，整体素质受到影响。有的卫生监督单位存在无证执法、个人单独执法的现象，这些都违背了执法的公正性和严肃性。

二、食品安全过程的控制策略

从以上分析来看，出现食品安全问题的因素是多方面的，不是强化某一部门执法监督力度所能解决的。首先，管理体制不顺是食品安全问题产生的根本原因；其次，各职能部门职责的交叉、重复、空白，使其对食品安全缺乏有效监管。因此，要根本解决食品安全问题就必须彻底打破现有管理体制，建立起新型、集中、强有力的食品安全控制体系，把分散在各个有关部门的监督职能统一在一个部门。对食品从种植、养殖、生产加工到流通、销售的整体安全进行全面、综合的监控，并根据食品安全控制的需要，修改完善相关的法律法规，制定明确的责任制，并不断提高食品安全管理的科学化水平和技术手段，方能从根本上解决食品安全问题。

三、食品安全控制的发展方向

食品工业化后，食品不再只是农业和手工业的产品，随着技术的发展，出现了硬、软罐真空包装、辐射等控制方式。加工食品以及食品贸易在以前所未有的速度发展，社会对加工食品需求的增加与环境的恶化以及加工控制的随意性之间的矛盾也越来越突出。食品的安全卫生问题越来越多地引起多方面的关注，从加工者、买方到政府官员和消费者都参与到食品安全卫生的控制中，控制方法也随之不断地提高完善。早期的贸易活动以凭样交货为主，凭样交货有很多弊端，满足不了人们对食品安全卫生的需要；而抽样检验有很大的随意性，比如对非均匀性分布的产品缺陷和安全卫生危害，一般按3%～5%进行抽样检验，是无法起到有效控制作用的；只有通过体系控制、体系认证才能从根本上确保食品在生产加工、运输及销售等各个环节的安全性。为了保证食品的安全性，1993年食品法典委员会（CAC）正式发布了HACCP 7大原则，从而建立保证食品安全的预防体系，于1998—2000年在中国、加拿大、澳大利亚、丹麦、日本、荷兰、新西兰等国家推广使用。2000年以后，我国先后由国家认监委和国家质检总局发布了《食品生产企业危害分析与关键控制点HACCP体系认证管理规定》和《出口食品生产企业卫生注册登记管理规定》，要求生产出口水产品、肉及肉制品、速冻蔬菜、果蔬汁等生产企业必须建立HACCP体系，并且只有在通过HACCP体系的官方验证后，才能有出口资格。经过多年的实践，HACCP体系已被中国和国际社会公认为是控制食品安全的最经济、最有效的手段，而且可以提高企业效益、降低成本、提高企业在国际市场上的竞争力。

第二节　国内外的食品安全过程控制体系

一、德国和瑞士的食品安全过程控制体系

（一）德国食品安全管理现状

1. 食品标识

德国联邦政府基于消费者对质量要求的提高，宣布要对食品开展两种标识，即生态农业的质量保证标识和传统生产食品的质量标识，由此来确定可信的质量和安全发展方向。

（1）生态标识。2001年9月初，由商业协会和政府联合向公众提出了生态农业产品的标识。迄今为止，许多生态农业产品的标识对消费者来讲不够透明。新的标识一目了然，它使消费者很容易把生态农产品与其他食品区分开。

（2）食品质量和安全标识（QS）。该标识目前先从肉类和肉食产品试行，取得成功后，将在整个食品范围内全面推开。如果出现问题，按此标识还可追查到发生问题的具体环节。

2. 食品安全重点问题监管

（1）霉菌毒素。它能引起人和牲畜中毒反应，目前，在欧盟范围内，在法规上规定了易被霉菌毒素污染的食品中允许含量的最高值。德国制定了食品中一些霉菌毒素的国家最高含量标准，如在玉米和玉米制品中的伏马菌素B1、B2的含量。

（2）农残最高含量。对于动物源性和植物源性的食品中农药问题，欧盟通过欧盟准则的形式不断加以限定。

2001年欧盟委员会在对德国的检查中认定，德国在对农药残留的检查和

对兽药的监控方面存在一系列的问题。目前，德国联邦政府已致力于通过修改《畜肉卫生法》、《禽肉卫生法》、《食品和日用品管理法》及其他法律措施来落实关于农残检查的法规，并加强监控，以克服监督监测方面的诸多不足。

(3) 兽药。德国联邦政府遵循的目标：使用兽药时，特别是对提供食品的牲畜，应减少到治疗所必需的最低剂量。为了对兽药使用的透明性和可理解性两方面进行规范，德国联邦政府对牲畜饲养者的记录责任规定进行了修改，代之的是计算机全国联网的登记备案制。这有助于饲养者遵守规定的限量，并有利于政府进行监控。为了摸清抗药性情况，德国还将建立广泛的国家级监控体系。

(4) 新食品（转基因食品）。为了协调各个成员国的一些现行法律规定和最大限度地保证新食品如转基因食品对消费者的安全性和透明性，欧盟委员会就转基因食品和饲料的批准、特征和回查性提出了两项建议。

新食品和饲料规定的建议包括如下要点：①对转基因生物体食品、配料和添加剂以及饲料和饲料添加剂的批准，安全性的鉴定和特征的全面规定；②提出了“追查”的新规定。规定了0.9%的界限值，该界限值是对食品和饲料中转基因生物体成分的容许限量值，这样它无须受基因技术特殊批准和标识责任的约束。但使用该界限值的前提条件是进入物流领域要证明在其转基因潜质中不涉及有意污染或技术上是不可避免的污染。除此之外，对转基因的潜质要提供欧洲食品局的科学鉴定；③不论是作为食品还是作为饲料使用的产品，均只能作为双重目的同时被批准。

(5) 疯牛病。2000年，德国为防范疯牛病制定的一系列措施已经得到了普及。包括牛的认码和登记系统：消费者标签的提示（对屠宰地和牛肉来源的标识说明，牛的出生地和所用饲料等）；每头超过24个月的牛以及自然死亡和被宰杀的牛都需要经过检测等。

2001年7月1日欧洲共同体《有关坚决防御和消灭传染性细菌的规定》生效。该规定允许如果发现了农场里一只带菌病牛，不一定要屠杀农场里所有的牛。德国将此规定也纳入了疯牛病的预防条款，并在国内开始实施。

(6) 动物传染病。德国一直重视动植物及其制成品的检疫工作，这也同时导致了大量的技术性贸易壁垒的产生。德国是在采用生物技术进行动物物检疫研究方面起步较早并取得了较大成绩的国家之一。

（二）瑞士食品安全管理现状

1. 实行“从农田到餐桌”的系统管理

为了保证食品安全，联邦卫生局对食品生产和流通的每一个环节都会进行严格的检查和监督。如供食用的畜禽一出生必须在国家计算机联网文件上登记注册，生长发育过程中所有用药均由兽医站进行联网记录，这些记录组成畜禽的身份记录，如瑞士巴塞尔市的畜禽均在耳部悬挂标码，以便屠宰厂联网查询；动物食品上市前，官方兽医首先要对所宰杀的动物的饲料进行检查，并对畜禽的身份进行核查，各项检查合格后才发放宰杀许可证；屠宰后，还要检查肉内是否有寄生虫、传染病毒等；进入生产车间进行食品加工时，要检查食用香料和添加剂的含量。食品在运转过程中，必须处在冷冻状态，不新鲜的肉绝对不允许上市出售。

各州卫生局对上市的肉类、牛奶、鸡蛋等易变质食品每月检查1～2次，对市场食品的检查由卫生局委托警察局负责实施，如果发现有违反《食品法》的，各州卫生局根据有关规定进行处理，情节轻者罚款，情节严重者交司法机构处理。

2. 疯牛病

为使消费者对本国的牛肉食品安全放心，防止疯牛病进入人类的食物链，瑞士联邦政府鼓励科技人员从事对疯牛病的研究。几年前苏黎世大学的分子生物学家厄施和两位同事创办了一生物技术公司，并发明了一种能够准确判断动物是否感染了疯牛病的检验方法。该公司的“朊病毒学检验”测试方法已在法国、英国、德国、丹麦、西班牙、芬兰和奥地利等多个欧洲国家得到推广使用。

二、美国、欧盟和日本等国家和地区的食品安全过程控制体系

美国、欧盟已经立法，强制要求食品生产企业建立和实行 HACCP 管理体系。日本、加拿大、澳大利亚等国家的食品卫生管理当局也要求本国食品生产企业建立和实行 HACCP 管理体系。国际社会日益关注食品安全。

1. 美国

1977 年，美国总统宣布实施《食品安全行动计划》，联邦政府、州政府对总统、国会和法院负责。20 世纪 90 年代，废除了肉禽屠宰加工厂已实行了 100 年的食品安全管理体系，建立 HACCP 管理体系。之后，相继颁发《食品质量保护法》、《公共健康服务法》、《联邦食品、药品和化妆品保护法》、《联邦肉类制品检查法》和《蛋类制品检查法》等。

美国食品与药品管理局（FDA）颁发了《最大限度减少新鲜水果蔬菜细菌污染危险的食品安全卫生指南》和《加工和进口水产品安全卫生程序》，要求在水果和蔬菜汁的生产、加工过程中强制性推行 HACCP 管理体系，以及规

定凡是进入美国的水产品及其生产、加工企业都必须执行 HACCP 管理体系。

美国农业部食品安全和检验局要求在美国市场上销售肉类和禽类产品（包括进口产品）的生产、加工企业，都必须执行 HACCP 管理体系。对于进口的标有“健康”的生鲜及冷藏食品，美国要求标明脂肪含量及饱和脂肪含量，还规定每 50 克食物中钠的含量必须降低到 360 毫克以下，胆固醇的含量不得超过 60 毫克。“从农田到餐桌”，美国通过重点预防日常饮食渠道中危害人身健康的食源性疾患，强化食品安全的立法与研究。

2．欧盟

2000 年公布《欧盟食品安全白皮书》，提出了 80 多个行动计划，以应对未来几年可能出现的食品安全问题。2002 年 1 月 28 日，欧盟成立欧盟食品安全局（EFSA），颁布第 178/2002 号指令，规定食品安全法规的基本原则、要求、程序和有关事项。2004 年又出台 6 类有关食品卫生、进口和食品安全投放市场的管理条例，规定之细，说明欧盟的食品安全工作已发展到一个新的阶段。

欧盟要求进口水产品和动物产品的生产、加工企业必须获得欧盟的注册、备案，对进口花生及其制品实行“自动报警”制度，即任何一个欧盟成员国发现进口花生中黄曲霉素（黄曲霉素能引起肝癌，是目前发现的最强的致癌物）超标，其他成员国自动关闭花生进口市场。欧盟从 1999 年开始对蜂蜜产品进行链霉素残留限量检验，2000 年开始实施茶叶进口新标准，部分农药残留限量的检验标准比以前提高了 100～200 倍。中国的茶叶只有达到绿色食品 A 级标准，才能跨进欧盟的“绿色门槛”。

欧盟先后出台了几十项涵盖所有食品的法律、法规，为保证食品安全制定了十分具体的标准和监管程序，仅农药残留限量的标准就有 15 700 个。对于食品添加剂的使用，欧盟正在酝酿制定新的法规，降低硝酸盐和亚硝酸盐的含量，以减少肉类食品中的可致癌物。欧盟的食品链，迄今为止被认为是世界上最安全的食品链，这与其日趋完善的食品安全监督管理体系和食品认证制度是分不开的。

3．其他国家

1990 年，英国颁发《食品安全法》。

2003 年，日本制定了《食品安全基本法》。日本的《家禽传染病防治法》将向日本出口偶蹄类动物及其产品的国家分成 4 类，中国属于 2 类国家，即不允许中国向日本出口偶蹄类动物的肉、内脏、火腿及烤肉，除非这些产品是由已在日本农林水产省注册的企业生产。

目前，美国、日本、欧盟等国家和地区将对食品安全的控制重点放在立法、监测、预警、标准制定以及应急反应机制上，强化预防管理措施，“防患于未然”。他们建立了先进的食品检测体系，一大批食品学家、微生物学家、病毒学家、病理学家、营养学家等各司其职，在食品安全控制技术方面，实行过程、动物疾病、农药残留限量、致病微生物的控制和第三国食品准入的控制。检查食品生产企业，收集分析食品样品，监督食品进口，分兵把守食品生产、加工链条上的关口要道。美国在食品安全方面实行“自动扣留”制度，日本、新加坡、韩国、澳大利亚、新西兰等国家对食品进口实行注册制度。

三、我国食品安全过程控制体系的发展

我国应积极倡导建立 HACCP 管理体系。我国的食品生产企业在食品安全控制方面，面临与国际惯例和发达国家的技术法规、技术标准、合格评定程序、食品检验检疫规定和程序接轨的迫切形势。食品出口面临发达国家严格的技术法规、技术标准的限制。

政府有关部门应通力协作，尽早建立符合国际食品法典（CAC）要求的食品安全卫生法律法规、标准和控制体系。要建立可追溯的食品安全数据库，加强预测、预报食品安全信息；建立食源性疾患的预警和控制体系；建立全国性的食品污染、食品危害监测网络；整合食品安全科学技术资源和检验检测资源；要结合我国国情，积极采用国际标准，特别是 CAC 标准；加强食品安全的科学技术研究，提升食品安全的科学技术水平。在这一进程中，要特别加强与联合国食品法典委员会（FAO/CAC）、世界卫生组织（WHO）、联合国粮农组织（FAO）和国际动物流行病机构（OIE）等的交流与合作，按照国际惯例解决食品安全技术进步、食品污染和食品安全问题。

要对食品生产企业实行食品安全市场准入，从源头确保食品安全，同时加强对食品生产企业的日常监管，并不断创新政府各级管理和群众监督相结合的食品安全监管方式。要严厉查处小作坊生产、加工不合格食品、假冒伪劣食品和滥用食品添加剂等违法现象。国家应尽快制定一部具有威慑性的《食品安全法》，用法律手段保证食品安全和人民群众的身体健康。

企业实行 HACCP 管理体系，可使食品生产的安全风险降低，这已被欧美等发达国家所证实。食品生产企业建立一套完整的 HACCP 管理体系，加强食品安全卫生管理和质量控制，实现食品安全卫生控制技术的进步，已成为我国食品生产企业的当务之急。

企业建立 HACCP 管理体系，要以其质量管理体系为基础，在控制程序和管理要素上和质量管理体系协调一致，在生产环境、生产资源、操作规范和操作程

序上要满足一定的要求，而且企业最高领导人要承诺，支持建立HACCP管理体系，否则，这个管理体系根本没有用。HACCP管理体系要求企业长时间保持食品安全生产的记录、文件和信息，特别是存储和运输过程的温度/时间控制、有毒有害物质污染的完整记录等，方便政府监管部门和食品安全检验检疫机构开展检查，为制定食品安全卫生和市场准入政策提供统计数据和依据。

食品行业是“良心行业”，食品安全的关键在于食品生产企业建立健全严格的质量控制系统，实行严格的质量安全标准，使食品生产和加工标准化、无害化，制定的行业标准和企业标准要和GAO标准和指南协调一致。食品生产企业要在风险分析和风险管理的基础上，建立以控制有毒有害物质和提高食品安全卫生为特征的食品安全标准系统和检验检测系统。企业要积极进行HACCP管理体系认证，不断提高企业食品安全生产的信誉度，从而提高食品生产企业在全球市场上的竞争力。

第三节　食品安全过程控制应用实例

下面以桶装鲜啤酒的质量控制和速冻食品的安全控制为例。

一、桶装鲜啤酒的质量控制

1. 生产过程中的质量控制

各啤酒生产厂家设备状况不同，对酒液的处理方式也不同，在整个生产过程中要加强以下几个环节的管理：

（1）酒液过滤过程中的控制。

在酒液过滤过程中，首先，过滤机酒缸、清酒罐均要用二氧化碳备压，减少溶解氧的吸入，酒液溶解氧含量要控制在0.4 ug/g以下。其次，控制好发酵罐→过滤机酒缸→清酒罐的压力差，尽量减少二氧化碳的损失。再次，过滤速度不宜过快，控制清酒的浊度小于0.30 EBC。最后，对每批清酒作微生物检测，要求酒液细菌数小于10个/毫升，致病菌不得检出。

（2）管道的清洗灭菌。

鲜啤酒灌装前所有的管道必须经过仔细的清洗灭菌方可使用。常用的清洗方式为：自来水冲洗→85 ℃碱性洗涤液清洗→85 ℃热水循环→强力胺灭菌液循环→无菌水冲洗干净。每次清洗结束后，取样作微生物检测。如果清酒罐至装酒机为软管连接，每天装酒结束后管道必须经过拉刷清洗。

（3）生产环境的要求。

鲜啤酒的生产车间要清洁、通风，光线要好，四周墙壁要光滑，易擦洗。每天生产结束后，要对地面进行清洗并用漂白粉液消毒灭菌，每三天对空气进行灭菌一次。

（4）鲜啤桶的清洗。

鲜啤桶的清洗根据各厂家设备状况有自动清洗方式，也有手工洗涤方式。常用的清洗程序为：排除桶内残余酒液→自来水冲洗→热碱液清洗→热水冲洗→消毒灭菌→用无菌水冲洗。

对于鲜啤桶的清洗应注意以下几个问题：

①出酒阀处是清洗的死角，如不认真清洗就容易结垢，销售过程中出现的悬浮物或异物大多由此带来。因此，每次清洗前出酒阀都要拆开，取出内弹簧清洗灭菌，然后再清洗鲜啤桶。

②对于存放时间较长的鲜啤桶，在清洗时要适当延长清洗浸泡的时间。

③进入淡季，回收的鲜啤桶要及时彻底清洗，再入库储存。

（5）鲜啤酒标签的要求。

鲜啤酒在灌装结束后，应贴上标签方可出厂。标签上应标明生产日期、保质期或保存期限、储藏条件，以减少与销售商之间的矛盾，同时给消费者以正确指导。

2. 销售过程中的质量控制

（1）鲜啤酒在灌装结束后，必须检查排气阀是否漏气，以防止二氧化碳的溢出。

（2）在鲜啤桶外部最好套一层塑料袋，减少运输、装卸过程中的碰撞、损伤。

（3）运输过程中鲜啤桶不能直接在阳光下曝晒，在车厢上要用蓝布盖好，装卸车时要轻拿轻放，不能野蛮装卸。

（4）要保持鲜啤酒的新鲜度，做到随到随装，随装随出，并要求销售商及时销售，尽可能当天出的酒当天销售。

（5）鲜啤酒要在低温、阴凉处储存，应选择有冷库的销售商销售鲜啤酒，储存环境要清洁，定期进行消毒灭菌。

（6）加强对销售商的培训指导、检查督促，对各销售网点的售酒机、酒嘴每天进行清洗消毒，避免出现变质酒。

二、速冻食品的安全过程控制

1. 速冻食品生产加工过程中的质量控制

速冻食品生产加工过程中的质量控制包括原料、加工过程、包装、工厂设施、卫生作业的执行、质量管理系统的建立及 HACCP 体系的建立。在这一阶段，必须考虑 3P 因素，即产品的品质和特性（Product），加工制作及配方或产品规格（Processing）以及包装作业（Packaging）；还要始终坚持 3C 原则，即爱护（Care）、清洁卫生（Clean）和低温环境（Cool）。在速冻食品冻藏期间，质量控制必须考虑 3T 因素，即时间（Time）、温度（Temperature）及贮藏特性（Tolerance）。

（1）原料。

速冻只能尽可能地保持食品原有的新鲜度。一般认为，初始质量越好或新鲜度越高，其冻结加工质量就越好。所以，必须对原料进行严格控制，所有进厂的原料必须具备合格的化验单、生产日期和有效期，原料验收和保管要有专人负责。

（2）生产工艺。

食品在速冻前应做好修整、清洗、分级、漂烫、搅拌、调制、成型等工作。在处理过程中，所有人员首先应严格按照科学的操作规程进行操作，应对工具、设备的卫生状况、各工序的处理时间和温度进行科学、严格的控制，防止微生物的污染、繁殖或出现过多的次品。然后，根据食品原料品种的特点选择合适的冻结温度和冻结速率。目前冻结温度一般控制在 −35 ℃以下，冻结速率一般在 15 ~ 40 min。冻结速率根据食品的品种加以调整，总体而言，速率越快越好。例如，对于果蔬类的植物性食品，因其含有较多的水分和易碎裂的细胞壁，如果冻结速度慢形成的冰结晶体积就较大，会使细胞因受挤压而变形，甚至造成细胞膜破裂。而采用快速冻结既有效地防止了上述情况的发生，又可使食品内的部分生物化学反应过程不能进行，食品原有的色泽品质也能维持不变 。

（3）工厂设施。

速冻食品生产厂的生产设施（包括机械、器具类等）须符合下列条件。

①生产现场。必须有足够便于操作的空间，满足生产的动力、照明、采光设施，有通风换气（南方高温地区须有空调）装置和相应的卫生设施；地面和墙壁必须采用不渗透材料装饰，地面平坦并有良好的排水坡度；有良好的排水设施。排水沟须有防止老鼠及其他有害生物侵入的设施，并保证排水畅通；

各生产区域要隔离，加工、包制、蒸煮、油炸、速冻等工艺过程要界限分明，并配有迅速排除蒸汽、热气、油烟、臭气等异味气体的排气设备，避免交叉污染；更衣间、卫生间、休息室等与生产现场之间要具有有效的隔离设施，防止交叉污染，其设施规模要适合生产人数的需要。

②机械设备。a. 原料洗涤设备要满足原料洗涤要求，并能保证供水及排水畅通的需要；b. 操作台一般应以不锈钢制作，防止污染加工品，严禁用竹、木、普通钢材制作；c. 计量器具符合国家计量法的要求，称量准确无误；d. 冷冻、冷藏设施能满足原料及成品的冷冻、冷藏要求，并保持内外清洁卫生，定期除霜、消毒，做到清洁卫生、运转高效；e. 必须配备金属检测仪，以便对产品进行金属（钉、屑、破损零件等）检查，防止金属混入产品及包装物中；f. 运输车辆及盛料容器应以不锈钢材料制作，必须是专用容器和运输工具，不得混用，避免对加工产品造成污染；g. 废弃物容器应带盖以不泄露污物、污液、污臭味，容易刷洗和清扫。

（4）包装。

包装对速冻食品质量的影响不可忽视。合格的包装可减缓在装卸、销售过程中与外界的热量交换，防止温度上升过快而影响食品的质量与口感。所用的包装还应有利于保持食品的外观、品质与形状。为保证产品不受细菌污染及其他污染，包装物还必须清洁、卫生、无异味，不含有毒、有害物质。包装物的卫生条件应达到国标 GB 9688—88 的要求。速冻食品的包装物必须密封，以防脱水、干燥、泄露，并保证产品在保管、运输、销售过程中不被感染其他异味和颜色等。

（5）卫生管理。

卫生作业是速冻食品质量控制的重要环节。因为污染源经常来自与食品直接接触的作业人员，所以从业人员应先经卫生部门的健康检查，合格后才能上岗，上岗后每年应进行一次健康检查；从业人员手部应保持清洁，经常接受卫生作业训练；衣帽必须整洁，以防止头发、头皮屑及夹杂物落入食品中。

（6）建立质量管理系统。

为有效地进行生产，速冻食品厂可依据国际标准化组织 ISO 9000 标准与 HACCP 质量管理体系，结合自己的实际情况建立切实有效的质量管理系统。

2. 速冻食品流通过程中的质量控制

保证速冻食品的品质，只对生产中各个环节进行认真的管理是不够的，还必须在流通阶段进行严格科学的管理以保证其品质不受到破坏。速冻食品的流通路线是先从生产工厂的冷库，运到消费城市或其周围的冷藏库，然后再从这里配送到销售店的商品陈列橱或冰箱（柜）。其间的输送、配送手段一般使用冷藏集装箱、冷藏车、冷藏船，而速冻食品在出入库、输送、配送等流通过程（冷藏链）中应注意3Q条件，即冷藏设备、设施的数量（Quantity）应当协调、冷藏设备的质量（Quality）应得到保障、作业组织应该快速执行（Quick）。速冻食品流通过程中的质量控制主要包括以下几个方面：

（1）经快速冻结后的产品应尽快迅速装箱，并尽快冻结藏库。同时，对作业场所的温度也应加以控制。

（2）未冻结过的产品不可放入冷藏库内，以防止影响冷藏库的冷藏能力，引起库内其他已冻结食品的温度波动。

（3）冷藏柜及冷藏陈列柜内速冻食品的装载不能影响冷风的循环流动，以缩小各点温差。

（4）装载及卸货应自动化，以缩短作业时间。装载及卸货场所的温度应加以控制，装载前货柜应预冷到10 ℃以下，以有效地避免产品温度回升。

（5）除霜作业期间，食品会不可避免地产生温度回升现象。但除霜结束后，应在1 h内使产品温度降低到－18 ℃以下；或者在进行除霜前，将产品温度降到－18℃，甚至更低，使产品回温时不致高于－18 ℃。

3．温度管理——速冻食品质量控制的核心

在生产与流通过程中控制温度，是使产品保持良好的品质并延长其贮存期限的措施。优质速冻食品除了靠制造厂保证食品的优良品质与良好的卫生管理以外，在冷藏、低温运输以及零售贩卖阶段的产品温度必须维持在－18 ℃以下，才能确保速冻食品品质的稳定。实验资料表明，速冻食品在－18 ℃的贮存环境下约有1年的贮存寿命，在－15 ℃条件下只有半年，而在－12 ℃条件下就只有3个月的时间，高油脂含量的产品贮存寿命则更短，由此可见冷藏链系统产品中温度管理的重要性。

速冻食品的温度管理牵涉到很多复杂的因素，诸如冻结温度、冻结时间、冻结速率、产品的种类及形态、产品的形状大小及组成成分、包装材质及形态、作业流程的顺畅程度、后续包装等作业过程中产品温度的变化等。世界各国都明确规定冻结后的食品温度在－18 ℃以下。国际冷冻食品协会也建议冻结后食品温度应在－18 ℃以下甚至要比冷藏库的贮存温度还低；同时亦应缩短包装作业时间，即在30 min内将产品迅速送入冷藏库内。

在完整的冷藏链中，工厂生产车间和冷藏库的温度易得到良好的控制。但是，大部分速冻食品还要停留在经销商店、超级市场的冷藏库和食品冷藏陈列柜中，这3个环节便是速冻食品温度管理系统的管制重点。另外，消费者购买冷冻食品后，回家途中对食品无任何温度上的保护，产品温度回升很快，会对食品的使用价值产生不良的影响。因此，完善冷藏链系统，使每个环节的温度

都能控制在 -18℃以下，对提高速冻食品的质量具有重要的意义。

本章学习要点

1. 食品安全过程控制与点控制的区别。
2. 国内外食品安全过程控制系统的异同。
3. 食品安全过程控制实例分析。

关键术语

过程控制　食品安全　过程控制系统

思考与练习

1. 过程控制对食品安全突发事件预防的意义何在？
2. 为什么说从“农田到餐桌”战略是一个很好的食品安全过程控制？

第七章　食品安全风险监测

本章概述

本章介绍了食品安全监测、食品安全动态监测的基本内容与方法以及美国食品安全监管体系与机制。重点阐述了食品安全动态监测的含义、概念模型和抽检方案的三个层次，同时还介绍了食品安全动态监测系统在进出口食品安全监测中的应用实例。

食品安全风险监测与评估工作是做好食品安全工作的必要技术手段，是政府制定食品安全法规、标准和政策的重要基础。食品安全风险监测包括食品安全风险的监督和管理、食品危害因子的检测和统计分析两个方面。

食品安全风险监测是为了防止食品中有害因素对公众健康的危害而系统地进行信息收集、分析的过程。为掌握我国食品污染物和食源性疾病致病因素状况，卫生部自2000年以来，在全国建立起了食品污染物和食源性疾病致病因素监测网，在16个省（区、市）建立了食品污染物监测点，在21个省（区、市）建立了食源性疾病致病因素监测点，开展了对常见食品污染物和食源性疾病致病因素的监测和数据收集、分析工作，同时还组织中国疾病预防控制中心对国内外食品安全热点问题开展了风险评估工作。这些监测与评估工作对掌握我国部分食品污染物和食源性疾病致病因素危害状况，加强食品安全风险交流，及时采取有效的监管措施提供了有力支持。

第一节　食品安全监测基本技术

食品安全监测是指对食品中的危害物污染程度的监测。如果将食品中的危害物污染程度划分为高、中高、中、中低、低五档，从食品安全的角度看，危害物对食物的污染程度显然是越低越好。通过对大量食品中危害物的检测数据进行统计及分析处理，从宏观上得到该食品被危害物污染的程度，可以非常直观地说明该食品的安全状态。

食品的种类繁多，按我国出入境检验检疫系统的统计分类方法，将食品分为粮食类、水产品类、糖类、食用油类、肉与肉制品类、蛋与蛋制品类、乳与乳制品类、饮料类、酒类、冷冻饮品类、罐头类、调味品类、糖果类、蜜饯类、坚果炒货类、糕点类、水果蔬菜类、食品添加剂类、包装容器类、食品消洗剂类等21大类。对食品安全状态的监测既可以监测某一特定类别食品的安全性，也可监测所有食品的整体安全性。

同样，食品中的危害物也存在多样性，各种危害物本身的毒性也有差异。危害物的多样性，除食品中危害物数量众多外，还表现在其他两个方面：一方面，不同类食品所对应的危害物有较大的差异，如乳与乳制品类食品需要检测沙门氏菌、金黄色葡萄球菌、亚硝酸盐、大肠菌群、铅、黄曲霉毒素、氯霉素、磺胺类等危害物，而罐头类食品则需要检测锡、铅、亚硝酸盐、汞、磺胺类、黄体酮、菊酯类农药、氨基甲酸酯类农药等危害物；另一方面，同一类食品所检测的危害物在不同时期也有较大的差异。在实际的日常食品安全监管中，对某一食品的检测并不是对该类食品所有危害物进行检测，而是只针对某些高风险、受关注的危害物进行检测。因此，在实际的危害物检测数据中，对于所检测的食物，并不包含对应的所有危害物的检测数据，但是我们在建立监测体系时，一般对需要监测的所有食品都假定其所检测的危害物是相同的。针对危害物本身的多样性，可将危害物分为农药残留、兽药残留、生物毒素、微生物、微量元素、真菌毒素、添加剂、有机污染物8大类。然后根据这8类危害物建立食品安全状态监测的概念模型（如图7-1所示）。

- 食品安全状态综合评价
  - 农药残留风险指数 R_1
    - 农药残留污染物 A_1 污染指数
    - 农药残留污染物 A_1 毒性
    - ……
      - A_1 的检测数据
      - A_i 的检测数据
    - 农药残留污染物 A_n 污染指数
    - 农药残留污染物 A_n 毒性
  - 兽药残留风险指数 R_2
    - 兽药残留污染物 B_1 污染指数
    - 兽药残留污染物 B_1 毒性
    - ……
      - B_1 的检测数据
      - B_i 的检测数据
    - 兽药残留污染物 B_n 污染指数
    - 兽药残留污染物 B_n 毒性

- 食品安全状态综合评价
  - 生物毒素风险指数 R_3
    - 生物毒素污染物 C_1 污染指数
    - 生物毒素污染物 C_1 毒性
    - ……
    - 生物毒素污染物 C_n 污染指数
    - 生物毒素污染物 C_n 毒性
      - C_1 的检测数据
      - C_i 的检测数据
  - 微生物风险指数 R_4
    - 微生物污染物 D_1 污染指数
    - 微生物污染物 D_1 毒性
    - ……
    - 微生物污染物 D_n 污染指数
    - 微生物污染物 D_n 毒性
      - D_1 的检测数据
      - D_i 的检测数据
  - 微量元素风险指数 R_5
    - 微量元素污染物 E_1 污染指数
    - 微量元素污染物 E_1 毒性
    - ……
    - 微量元素污染物 E_n 污染指数
    - 微量元素污染物 E_n 毒性
      - E_1 的检测数据
      - E_i 的检测数据
  - 真菌毒素风险指数 R_6
    - 真菌毒素污染物 F_1 污染指数
    - 真菌毒素污染物 F_1 毒性
    - ……
    - 真菌毒素污染物 F_n 污染指数
    - 真菌毒素污染物 F_n 毒性
      - F_1 的检测数据
      - F_i 的检测数据
  - 添加剂风险指数 R_7
    - 添加剂污染物 G_1 污染指数
    - 添加剂污染物 G_1 毒性
    - ……
    - 添加剂污染物 G_n 污染指数
    - 添加剂污染物 G_n 毒性
      - G_1 的检测数据
      - G_i 的检测数据
  - 有机污染物风险指数 R_8
    - 有机污染物 H_1 污染指数
    - 有机污染物 H_1 毒性
    - ……
    - 有机污染物 H_n 污染指数
    - 有机污染物 H_n 毒性
      - H_1 的检测数据
      - H_i 的检测数据

图 7－1　食品安全状态监测的概念模型

在该模型中，对象集为 $O=$ {粮食类、水产品类、糖类、食用油类、肉与肉制品类、蛋与蛋制品类、乳与乳制品类、饮料类、酒类、冷冻饮品类、罐头类、调味品类、糖果类、蜜饯类、坚果炒货类、糕点类、水果蔬菜类、食品添加剂类、包装容器类、食品消洗剂类、其他类别}；

因素集为 $U=$ {农药残留风险程度、兽药残留风险程度、生物毒素风险程度、微生物风险程度、微量元素风险程度、真菌毒素风险程度、添加剂风险程度、有机污染物风险程度}；

对食品中污染程度的评语集为 $V=$ {高、中高、中、中低、低}。

在监测指标计算中，由具体的检测数据计算其所对应危害物的污染指数，再综合计算各类危害物的风险指数，最后得到食品安全状态的综合评价。以农药残留为例，农药残留类危害物的危害物集合为 $\{A_1, A_2, \cdots, A_n\}$，而具体危害物 A_i 的检测数据记录为 $\{ai_1, ai_2, \cdots, ai_m\}$，在计算农药残留风险指数 R_1 时，首先要根据检测数据记录，计算对应危害物 A_i 的污染指数，再由该指数和毒性计算农药的风险指数。

整个监测指标的计算都是通过计算机程序来完成的，其算法有很多种分类，如基于模糊数学的方法、基于神经网络的方法、基于支持向量机的方法、基于时间序列的方法等等。一个完善的监测体系应该包含以上各种算法，以满足不同监测指标的需要。

第二节　食品安全动态监测

随着食品进出口贸易量的逐年增加，如何进一步加强进出口食品安全监管，提高食品监管工作的质量和效率，实现食品检验模式从批批检验向分等分级管理的转变迫在眉睫。实现食品安全动态监管工作的一个关键技术是食品抽样检测中的动态调整策略。食品安全动态监测是指在日常进出口食品安全监测中，采用动态调整的策略对待检食品进行安全性检测，对于安全性高的食品、信誉良好的生产企业（或供应商）可以降低其抽检力度，而对于高风险、受关注的食品和有不良信誉记录的生产企业（或供应商）则要加强其抽检力度，从而使食品监管工作有的放矢，有效地加强了食品的安全监管力度，同时降低了检测工作量，也加快了进出口食品的通关速度。

在对食品安全动态监测方法进行研究的过程中，待研究的关键问题主要有以下几种。

（1）食品类别的分类。不同的食品类别风险系数不同，其抽样的概率也不相同。食品的分类正确与否，直接影响到后续的动态调整策略。

（2）是否抽样的自动判定。是否抽样的自动判定需要考虑各种因数，如食品本身的风险等级、供应商的等级和诚信等级、目的地因数、贸易方式因数等，如何综合这些因数得到针对某一食品是否抽样的判定，是动态监测的关键，也是所谓动态系统的动态之处。

(3) 食品类别风险等级的确定。如何确定食品的风险等级，需要领域知识和专家知识，同时要结合长期以来的食品检验结果，这是动态监管的基础数据。

在对食品安全动态监测进行研究过程中，一个重要的方面是如何对食品进行分类。只有当食品根据其特性分好类后，才可以根据对应的食品类别进行基本层的基本抽检比的计算。因此，分类的正确与否直接影响到动态监测系统运行的效果。如前所述，本书根据检验检疫统计标准对食品进行分类。

一、动态监测方法

食品安全动态监测方法的研究关键是科学地实现对待检食品的动态抽检(包括批次的动态抽检和检测项目的动态调整)。待检食品的动态抽检方案分为三个层次，即前置层、基本层和调整层。前置层进行是否指定性抽检（如预警、科研）的判定；在基本层，根据食品安全状态的综合评价结论（对食品安全数据的深度数据挖掘和分析）确定各类食品的基本抽检比，即将食品分类，各个类别设定一个基本抽检比例；在调整层，根据当前处理批次的情况(货主企业等级情况、诚信情况、该类食品走向、贸易方式等）并结合基本层的基本抽检比例动态调整该处理批次的抽检比例，并由抽检比例依据概率论方法判定是否抽检。

对于所抽检的食品，根据对应的高风险项目、中风险项目、受关注项目以及品质项目来动态确定相应的检测项目（危害物）。各个食品类别风险项目的确定同样根据历史食品安全数据的监测分析得到。

（一）前置层（指定性抽检）

指定性抽检分为预警、科研、其他。一旦符合指定性抽检条件，就按指定性抽检流程进行是否抽检的判定。

(1) 预警。预警通报的信息包括：预警条件、开始执行时间、截止日期或天数（没有截止日期时，可认为是无限延长），一旦发现待检食品符合预警通报的条件，则严格按照该预警通报规定的抽样方式、抽检比例和检测项目进行样品检测。

(2) 科研。科研性的指定性检测与预警的指定性检测相同。

（3）其他。例如考虑季节性因素、原产地因素时，可以将这些内容划归于指定性检测。

（二）基本层

根据各类食品的风险等级确定基本的抽检比例，即根据食品分类、各个类别设定一个基本抽检比例。该抽检比例应根据上一年度进口食品的检验结果情况，结合专家知识和各个类别的检验结果、历史数据进行综合确定。基本层抽检比例可以定期调整。

（三）动态调整层

基本层所确定的抽检比例在一定时间段内基本上保持不变。针对某一批待检食品，除了以基本抽检比例来确定是否抽检外，还要依靠动态调整层在线调整抽检策略。

（1）调整因数。根据待检食品对应类别的基本抽样比以及考虑到的调整因数，生成该食品的抽样比，由该动态的抽样比依据概率论相关理论作出是否抽检的判定。所考虑的调整因数包括以下几点。

① 进口食品走向因数。如果该食品的目的地不是所指定的目的地（如上海）的，提高抽检比例（提高幅度可设置，如5%）。在报检数据中，有目的地代码（Dest_code）字段，根据该字段数据可实现进口食品走向因数的计算。

② 贸易方式。贸易方式如果为“来料加工”，则降低其抽检比例（降低幅度可设置，如50%）。在报检数据中，根据贸易方式代码（Trade_mode_code）确定是否提高抽样比例。

③ 货主单位的分类等级。货主企业分5个等级：1级企业、2级企业、3级企业、4级企业、5级企业。1级和2级企业可降低抽检比，3级企业保持抽检比不变，4级和5级企业增加抽检比；分类等级主要根据货主单位的规模、检测能力、管理能力等方面来决定。

④ 货主单位的诚信等级。企业诚信分5个等级：1级企业、2级企业、3级企业、4级企业、5级企业。1级和2级企业可降低抽检比，3级企业保持抽检比不变，4级和5级企业增加抽检比；诚信等级主要根据企业1年内的违规情况、所进口食品的检验合格率等方面来决定。

（2）动态抽检比。上述4个因数都生成对应的抽检比调整幅度，分别记为B_1、B_2、B_3、B_4，根据下式计算待检食品的动态抽检比R：

$$R = 1 - (1 - A) \prod_{i=1}^{4} (1 - B_i)$$

其中A为进口食品对应类别的基本抽检比。

（四）企业等级评价模型

（1）评价指标。评价指标（因数）包括以下几种。

①企业类别：企业类别分加工企业、销售商、代理进出口。

②仓库管理模式：管理模式分自管、委托。

③加工企业管理及加工过程控制体系风险评估，包括：

a. 质量控制手册可行性和有效性评价；

b. 生产加工环境和工艺流程安全性评价；

c. 加工过程中关键控制的设置及控制有效性的安全性评价；

d. 质量保证措施实施有效性的安全性评价；

e. 质量自控能力的安全性评价。

④生产加工企业检测能力评估，包括：

a. 检测机构的基本配置（场地、设施、人员等）；

b. 检测机构的资质；

c. 检测机构的日常检测能力（检测项目、检测周期、证书格式等）。

⑤进出口企业储存条件的综合评价，包括：

a. 储存场地条件；

b. 储存条件是否满足产品特性需要；

c. 冷冻冷藏措施的保障机制。

⑥进出口企业应急处置机制评价，包括：

a. 对流通网络的有效管理；

b. 召回机制建立的科学性和有效性；

c. 有关检测与召回情况的登记档案。

（2）评价方法。评价等级分为5级，采用模糊评价方法进行评价。

（五）企业诚信评价模型

（1）评价指标。评价指标（因数）包括以下几种。

①报检过程中违规记录，包括：

a. 伪造、涂改报检所需资料（如食品标签审核证书、食品标签审核证书授权委托书、进出口许可证、木质包装证明等）（属重大违规）；

b. 故意缺损、漏放需提供的报检资料（属严重违规）；

c. 将应属于申请许可的食品在未得到许可前做归类报检，且未在报检时主动明示（许可指食品标签审核、进境许可证等国家允许的行政许可审批）（属严重违规）。

②产品查验过程中的违规记录，包括：

a. 进出口产品未经查验自行动用（属严重违规）；

b. 擅自动用检验不合格产品、复检产品，或检验异常产品（属重大违规）；

c. 进出口时夹带未经报检的产品（属重大违规）。

③食品标签管理中的违规记录，包括：

a. 进出口预包装食品的标签不同于标签审核证书样稿（属一般违规）；

b. 夹带进出口未经标签审核的预包装食品（属严重违规）；

c. 未经同意报检标签审核申请过程中的预包装食品（属一般违规）。

④后续管理中的违规记录，包括：

a. 擅自销售、使用未经检验合格的食品（属重大违规）；

b. 擅自销售未取得卫生证书的预包装食品（属严重违规）。

⑤行为承诺的违规记录，包括：

a. 未按时完成书面保证（如情况说明、保函、行政处罚通知等）的承诺，且不在承诺期限前联系主要当事人（主要负责人）（属严重违规）；

b. 擅自在监管期内动用自行监管的进出口产品（属重大违规）；

c. 提供的产品相关资料信息（如情况说明、产品在国外的相关资料等）虚假，与实际不符（属一般违规）。

⑥现场查验异常记录。

⑦现场查验/实验室送检不合格记录。

⑧后续监管出现问题。

⑨其他记录（如航空食品核销出现问题）。

（2）评价方法。企业诚信等级分 5 级。评价方法采用模糊评价方法。企业诚信等级对产品抽检率的影响如下所示：

诚信等级	1	2	3	4	5
影响率（%）	0	10	25	50	100

二、进出口食品安全动态监测系统应用实例

食品安全动态监测系统已在上海出入境检验检疫局得到应用。通过该系统的实际应用，促进了食品检验监管模式的转变，使得沿用多年的批批送检模式逐步过渡到科学地分等级管理的检验模式，实现了进出口食品监测的动态管理。该系统可以提供充分、及时的食品检验监管信息，完善监管依据，优化监测方法，使食品检验监管更加科学化。

图7－2给出了上海出入境检验检疫局的进出口食品检验监管流程。

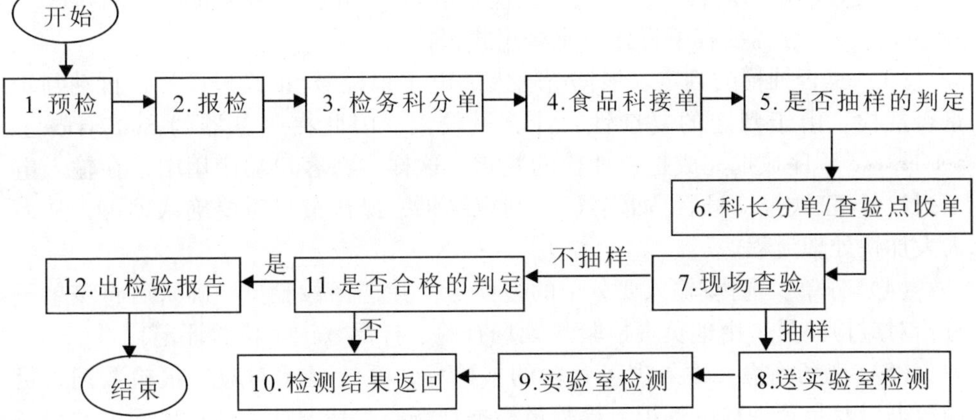

图7－2　进出口食品检验监管流程

进出口食品动态管理系统实现的是在食品检验监管工作中将动态监测方法转化成便于操作的计算机辅助管理系统，因此需要一个能实现日常工作流程操作的信息管理系统平台来支撑。由该信息管理平台实现进出口食品检验监管的日常工作流程管理。上海出入境检验检疫局食品检验监管的主要业务流程为：预检、从检验检疫综合业务管理系统CIQ2000（以下简称CIQ2000）接单、是否抽检的判定、分单、现场查验、样品登记、实验结果评定、给出检验结果。在所开发的进出口食品动态管理系统中，需要完成上述业务流程的基本操作。

（1）预检。根据输入的电子报检号/正式报检号，系统从CIQ2000中读取相应的报检数据、货物数据、进出口商数据，保存到动态系统的数据库中，并在界面显示该报检号下的报检数据和货物数据；动态系统根据CIQ2000读取的数据显示查验地点，并根据货物的HS编码及名称自动分类。操作员可以修改系统自动给出的查验地点和食品类别。确定后，完成该流程，可进入下一流程。在还没有正式报检时，CIQ2000的表t_goods_decl中的decl_no为电子报检号，而decl_get_no为空，当正式报检后，CIQ2000的表t_goods_decl中的decl_no为正式报检号，decl_get_no为电子报检号。

（2）从CIQ接单。根据所输入的电子报检号/正式报检号，从CIQ2000中读取正式报检数据，并刷新从预检流程下载下来的报检数据和货物数据。在该流程中，要考虑到电子报检号、正式报检号的多种关系，正常情况下，报检单位在正式报检时会产生正式报检号，但有些报检单位在企业输入端得到的电子报检号本身就是正式报检号。也就是说，正式报检后，CIQ2000 的 t_goods_dec：1 中的电子报检号也可以为空。所以，系统无法正确判定是否已正式报检过。在 CIQ 接单流程中，系统一旦检查出 CIQ 中的 t_goods_decl 中的 decl_get_no 为空，就需要提醒操作员是否正式报检过。

（3）是否抽检的判定。根据所输入的电子报检号/正式报检号，自动判定是否抽检。由于判定的复杂性，计算量较大，因此在服务器的 SysService_Server. exc 程序成批完成是否抽检的判定。这样，在客户端应用中，在输入电子报检号/正式报检号后马上会显示判定结果，操作员只需要确认即可，从而大大加快处理流程。

（4）分单。选择/输入要分单的报检号，并选择检验员，确认后将该单子分给对应检验员，由他负责检验（现场查验、样品登记、检验评定）。

（5）现场施检。输入现场查验的报检号，系统显示对应的报检数据、货物数据以及是否抽检的标识。检验员根据现场查验情况如实填写界面中的现场查验记录表，如果不抽样，需要给出是否合格的判定。如果抽样，不能选择合格，但能选择不合格。对于不合格，必须填写处理方式，以及重大事项报告，并根据不合格情形，填写预警信息表。确认后，系统根据是否抽样进入下一流程，即如果不抽样，则下一流程为归档；如果抽样，则下一流程为样品登记。

（6）样品登记。输入需登记样品的报检号，选中需登记的样品，填写样品数、检测项目、计费情况，确定登记完一个样品后，动态监测系统将该样品信息送到实验室资源管理系统 LRP2000（以下简称 LRP2000）提供的对外接口表 t_lab_mag，t_lab_item，由 LRP2000 系统自动将样品数据读入对应的数据库中。样品号根据报检号、货物序号以及样品序号产生，样品号中报检号、货物序号对应的数据不能修改，只能修改样品序号。样品名称可以修改。

（7）检测结果判断。当实验室完成某一报检号的所有检测任务后，LRP2000 系统将检测结果放在对外接口表 t_lab_mag，t_lab_item，动态系统的服务器系统服务程序定时自动到 LRP2000 的对外接口表中读取检测结果。系统读到检测结果后，将检测结果显示在检测结果评定界面，由检验员判定是否合格，如果不合格，必须填写处理方式和重大事项报告，并根据不合格情形，填写预警信息。确认后，对应报检号进入下一流程——归档。

（8）归档。检验检疫完成后，数据归档，表明所处理的单子在进出口食品科的业务已完成。一经归档，所有数据锁定，不能再作修改。不合格产品，如果没有填写重大事项报告，不能归档，并提示操作员需要填写重大事项报告。

第三节 美国食品安全监管体系及其运作机制

美国的食品供应是世界上最安全的，这主要是由于美国实行机构联合监管制度，在每个层次（地方、州和全国）监督食品生产与流通。各市县卫生局、各州卫生机构以及联邦政府的许多部门和机构，都雇用食品检查员、微生物学家、流行病学家及其他食品科学家，执行持续监管。地方、州和联邦法律、准则及其他法令对这些监管人员的权限有明确的规定。有些人员只监管一种食品，如牛奶或海鲜；有些人员的权限只限于某个特定的地理区域；有些人员只负责监管某一类食品企业，如饭店或肉品加工厂。这些工作人员携手合作，形成了美国食品安全监管系统。下面就美国涉及食品安全的主要机构的监管范围、权限及其运作机制作一简单介绍。

一、各机构的监管范围及权限

（一）卫生部

1. 食品与药物管理局

监管范围：①各州际贸易中出售的国内生产及进口食品，包括带壳的蛋类食品，但不包括肉类和家禽；②瓶装水；③酒精含量低于7%的葡萄酒饮料。

食品安全权限：执行与国内生产及进口食品（肉类和家禽除外）有关的食品安全法律，具体方式如下：①检查食品生产企业和食品仓库，并且采集和分析样品，以确定是否有物理、化学或细菌污染。②在市场销售之前检查食品添加剂和色素的安全性。③检查动物药物，对接受药物的动物的安全性，以及对食用这类动物食品的人类的安全性进行检查。④监管食用类动物所用饲料的安全性。⑤制定指导性规程、法规、准则和法律解释，协助各州共同执行，以便监管牛奶、贝壳类海鲜和食品零售业，如饭店和杂货店。指导性食品规程就是一个具体例子。该规程向零售商、护理所和其他机构提供参考资讯，指导如何烹调食品以防食品传染疾病。⑥制定切实有效的食品生产方式和其他生产标准，如工厂卫生、包装要求以及危害分析与关键控制点计划等。⑦与政府合作，确保某些进口食品的安全性。⑧要求生产商回收某些不安全的食品，并监管回收计划的执行。⑨采取适当的实施行动。⑩进行食品安全研究。⑪使食品厂商和消费者了解食品安全使用方法。

有关网址：http：//www. cfsan. fda. gov

2. 疾病控制与防治中心

监管范围：所有食品。

食品安全权限：①与地方、州和其他联邦官员一起调查由食品传染疾病的来源。②管理全国食品传染疾病监视系统：设计和部署食品传染疾病快速电子报告系统；与其他联邦和州机构一起监视食品传染疾病的发病率和趋势。发展能使州和地方各级机构快速识别食品传染病原体的先进技术。③进行研究以防止食品传染疾病。④培训地方和州的食品安全监管人员。

有关网址：http：//www. cdc. gov

（二）农业部

1. 食品安全与检查局

监管范围：①国内生产与进口的肉类、家禽及相关产品，如含肉类或家禽肉的汤料、比萨饼及冷冻食品；②蛋类加工产品（通常为液态、冷冻和干燥消毒的蛋类产品）。

食品安全权限：执行与国内生产和进口的肉类及家禽产品有关的食品安全法律，具体方式如下：①在屠宰前后，检查食用类动物是否染有疾病；②检查肉类加工厂和家禽屠宰厂；③与农业部农业市场行销服务局共同监视和检查蛋类加工产品；④采集和分析食品样品，检查是否有细菌、化学污染物、传染病及毒性物质；⑤制定生产标准，用于监管肉类和家禽产品生产与包装中食品添加剂和其他成分的使用、工厂卫生、热处理工序及其他工序；⑥检查并确定向美国出口的所有外国肉类和家禽加工厂都达到美国标准；⑦要求肉类和家禽加工厂商自愿回收不安全的产品；⑧资助肉类和家禽安全研究工作；⑨帮助食品厂商和消费者了解安全食品处理方式。

有关网址：http：//www. fsis. usda. gov

2. 各州研究、教育与扩展服务合作处

监管范围：所有国内生产的食品以及某些进口食品。

食品安全权限：与美国各大学合作，制订以农民和消费者为对象的食品安全研究与教育计划。

有关网址：http：//www. reeusda. gov

3. 国立图书馆、美国农业部/食品与药物管理局食品传染疾病教育信息中心

监管范围：所有食品。

食品安全权限：①管理一个关于防止食品传染疾病的资料库，包括计算机

软件、音响视听材料、宣传招贴、游戏、教师指南及其他教育资料；②帮助教育工作者、食品服务训练员和消费者寻找防止食品传染疾病的教育资料。

有关网址：http：//www. nal. usda. gov

（三）环境保护总局

监管范围：饮用水。

食品安全权限：①制定饮用水安全标准；②监管毒性物质和废物，防止它们进入环境和食品链；③帮助各州监视饮用水质量及寻找防止饮用水污染的方法；④测定新杀虫剂的安全性，制定食品中容许的杀虫剂残余量标准，并公布杀虫剂安全使用指标。

有关网址：http：//www. epa. gov

（四）商业部全国海洋和大气管理局

监管范围：鱼类和海产品。

食品安全权限：通过收费的“海鲜检查计划”，检查渔船、海鲜加工厂和零售商店是否符合联邦卫生标准，并颁发检查证书。

有关网址：http：//www. seafood. nmfs. gov

（五）财政部

1. 酒、烟与火器管理局

监管范围：含酒精饮料，但不包括酒精含量低于7% 的葡萄酒饮料。

食品安全权限：①执行与含酒精饮料的生产和流通有关的食品安全法律；②调查含酒精产品掺假案件，有时和食品与药物管理局一起办案。

有关网址：http：//www. atf. treas. gov

2. 海关总署

监管范围：进口食品。

食品安全权限：与联邦管制机构合作，确保所有货物在进入美国时都符合美国法规条例的要求。

有关网址：http：//www. customs. ustreas. gov

（六）司法部

监管范围：所有的食品。

食品安全权限：①起诉有违反食品安全法律嫌疑的公司及个人；②通过美国联邦保安局，根据法院命令，扣押尚未进入市场的不安全食品。

有关网址：http：//www. usdoj. gov

（七）联邦贸易委员会

监管范围：所有的食品。

食品安全权限：执行各种法律，保护消费者，防止不公平的、虚假的或欺诈性的行为，包括虚假和不实的广告。

有关网址：http：//www. ftc. gov

（八）州与地方政府

监管范围：其司法管辖区域内的所有食品。

食品安全权限：①和食品与药物管理局及其他联邦机构合作，对本州境内生产的鱼类、海鲜、牛奶和其他食品实施食品安全标准；②检查本地司法管辖区域的饭店、杂货店和其他食品零售店，以及奶牛场和牛奶加工厂、谷物加工厂和食品生产厂；③禁售（停止销售）本州境内生产或流通的不安全食品。

二、美国食品安全体系的运作机制

美国食品安全系统的基础是强有力的、灵活的、以科学为依据的法律法规和企业对生产安全食品负有的法律责任。联邦政府部门间的协调合作，对食品安全职责具有相互补充和相互依赖的作用，加上相应的州和地方政府间的合作伙伴关系提供了一个全面的、有效的食品安全系统。多年来，由于食品安全管理系统的贯彻实施，使美国食品的安全性具有很高的公众信任度。

在管理机构上，各机构分工明确，职责明确，各司其职，为食品安全提供了强有力的组织保障。负责制定食品安全法规的行政部门主要有：卫生部的食品与药品监督管理局（FDA）、农业部的食品安全检验局（FSIS）、动植物健康检验局（APHIS）和环境保护署（EPA）。食品与药品监督管理局（FDA）负责除肉类和家禽产品外美国国内和进口的食品安全以及制定畜产品中兽药残留最高限量的法规和标准；美国农业部（USDA）的食品安全检验局（FSIS）和动植物健康检验局（APHIS）负责肉类和家禽食品安全，并被授权监督执行联邦食用动物产品安全法规；美国国家环境保护机构（EPA）负责饮用水、新的杀虫剂及毒物、垃圾等方面的安全，制定农药、环境化学物的残留限量和有关法规。美国食品行政部门有责任就食品安全问题对政府的立法、司法、行政部门和公众进行解释。美国食品行政部门有责任对总统（首席行政长官）进行解释。宪法规定：总统有责任保证法律的切实实施，总统委任高级行政官员，总统的法规管理和预算办公室应很了解重要的法规。美国食品行政部门有责任对美国政府立法部门（国会）进行解释，国会赋予食品行政部门权力并提供预算支持；委员会经常举行工作失误听证会；内阁官员和较高级官员的任命应经参议院批准。美国食品行政部门有责任对美国政府的司法部门（法院）进行解释，法院监督食品行政部门的管理和执法行为。最重要的是，美国食品行政部门有责任直接对公众进行解释。公众定期地行使修订法律法规的工作权利，如对有关法规建议草案提出评论；在经常举行的公开会议中寻找行动准则；为食品安全法规、营养标签和其他法规的动议权提供强有力的支持。

在管理法律体系上，美国有关食品安全的法律法规非常繁多，既有《联邦食品、药物和化妆品法》、《食品质量保护法》和《公共卫生服务法》等综合性法规，也有《联邦肉类检查法》等非常具体的法律。这些法律法规覆盖了所有食品，为食品安全制定了非常具体的标准以及监管程序。

在加强食品安全管理的技术能力方面，美国政府的措施是：一方面在管理机构内部组织优秀科学家加强前沿问题的研究，另一方面积极利用政府部门以外的科学家资源，通过技术咨询、合作研究等各种形式，使之为食品安全管理工作服务，同时也与国际组织保持密切联系（如世界卫生组织、粮农组织、国际联合流行病机构等），从中分享最新的科学进展。

在食品安全风险管理方面，强调了风险的全面防范与管理。一是风险评估。由于数据和科学知识所限，实际上没有绝对准确的风险评估。1997 年公布的“总统加强食品安全计划”，强调了风险评估对实现食品安全目标的重要性。风险评估实质就是应用科学手段检验食品中是否含有对人类健康不利的因素（如病原体等），分析这些带来“风险”的因素的特征与性质，并对它们的影响范围、影响时间、影响人群、影响程度进行分析。二是风险管理。风险管理是为防范风险所采取的措施，实质就是一系列的标准和规定。例如，目前推行的“危害分析与关键控制点”（HACCP）体系就是一种新的风险管理工具，它可以使用户认识到可能发生的风险，从而采取有效的办法加以防范。三是风险信息交流与传播。美国政府在其食品安全制度的国家报告中，特别强调风险信息交流和传播在风险评估与风险管理中的重要作用。

预警系统技术的应用。美国危险性预警系统是对食品和饲料中的某些成分的控制系统，例如对食品添加剂、动物药品和杀虫剂在上市前的审批制度。在生产者提供出行政管理机构满意的安全证明之前，产品不能上市。当审批产品的申请时，提供的评价资料应可以确定添加剂的暴露量，包括添加剂中的所有可能存在的混杂物。根据化学物的级别和暴露量考虑评价试验程度，所以申报材料的全面性左右着是否被批准。所有的评价过程均有文件记录。在联邦注册公告上公布最后的结论并附有详细的解释。对决定有异议的人可以上交申诉材料，要求举办听证会。在行政申诉行动失败后，可以在法庭上对政府的批文进行再次申诉。

对新技术、产品和问题回应的处理。联邦政府是保障实现从田间到餐桌食品安全目标的一分子。联邦机构与州和地方机构以及其他当事人合作，鼓励食品安全活动，对企业和消费者促进食品安全的活动给予协助。无论是现代化检验系统还是从田间到餐桌运动，联邦机构都会尽可能地利用资源，有效地保护公众避免食源性疾病。联邦食品安全机构定期地同州和其他机构如种植者组织和与公众健康相关的团体等成为合作伙伴，以便促进生产活动的改善。同时在田间和上市过程中，发展和促进食品安全措施，以减少食品中的公众健康危害，发展和实施病虫害安全管理规范，发展良好农业生产规范，以便减少杀虫剂的残留和微生物危险性。

本章学习要点

1. 掌握食品安全动态监测的含义及内容。
2. 掌握危害物的分类，了解食品安全状态监测概念模型。
3. 理解并掌握食品的动态抽检方案的三个层次及其内容。
4. 根据应用实例，了解进出口食品安全动态监测系统应用。
5. 了解美国食品安全监管体系及其运作机制。

关键术语

食品安全动态监测　食品安全状态监测概念模型　食品的动态抽检方案

思考与练习

1. 什么叫食品安全动态监测？主要包括哪些内容？
2. 危害物可以分为哪几类？
3. 请简述食品的动态抽检方案的三个层次及其内容。
4. 查阅文献，比较我国与美国食品安全监管体系及其运作机制的差别。

第八章　食品安全风险评估与预警

本章概述

食品安全预警是指专门针对食品安全状况进行的“预先警告”，是对食品可能影响人的身体健康或影响国家和地区、企业等进行决策时预先警示，并在发生情况下能够实施有效控制。食品安全预警系统就是为了达到降低风险、减小损失和避免发生食品安全问题的目的，应用预警理论和方法，按照预警的一般流程运行，并针对食品安全的特性而建立的一整套预警制度和预警管理系统。预警系统的主要功能是预防和控制功能。食品安全预警系统具有复杂性、风险性、模糊性和规律性的特点。现有的预警理论包括以下几种：逻辑预警理论、系统预警理论、风险分析预警理论和信号预警理论等。

食品安全的预警，即警情的预报和控制是建立在预警分析的基础之上的。预警指标体系是预警系统定量分析的依据，是预警系统开展识别、诊断、预控等活动的前提。因此，预警系统指标的研究涉及选择指标的依据、确定指标和建立预警指标体系。食品安全的指标体系是一个多指标综合性的复杂体系。理想的指标体系可以参照系统相对最小型原则和系统指标的相对完整性原则，预警指标的选择应遵循科学性、系统性、真实性和可操作性原则。构建指标体系的架构时，食品安全预警指标系统考虑为多层次多警情并列式的结构，系统构建为总体层、分类系统层、指标层和指数层 4 个等级。

食品安全预警评价指标体系则是一组可以表征评价特点、实现预警目的的指标、要素。具体为：设食品安全状态的总体警情程度为目的评价指标，主要食物种类供给平衡安全、主要食品种类质量安全、经济与社会影响、生态环境影响为四个分类评价指标。主要食物种类供给平衡安全设计了 6 个警情指标和对应的警兆指数。食物供给平衡安全基于卫生、营养和膳食结构考虑，设计了6个警情指标和对应的警兆指数。食品安全对经济与社会、生态环境的影响，设计了7个警情指标和对应的警兆指数。

根据食品安全风险分析理论框架，对食品中某些单一的危害物进行风险分析时，需要完成背景描述、风险评估、风险管理和风险交流四大步骤。

食品安全风险预警是一种预防性的安全保障措施。既然食品消费可能存在风险或潜在危害，为避免其影响，应采取积极的态度，即能够预先辨识食品成分中的危害物，了解其危害程度，对消费风险较大的食品事先告诫消费者谨慎食用，尽量将食品消费的风险控制在可接受的范围。另外，对消费者健康影响不明确的物质，要通过科学试验，评估其消费风险，建立有效的预防措施。只要食品对消费者构成的健康危害超过人们预期的风险承受度，无论这种危害是短期影响还是长期影响，都需要采取一定的预防行为或在威胁发生之前采取高水平的健康风险保障措施，目的是减少安全隐患，减少不确定性影响，进而对人类不良的生产与消费行为加以有意识的引导。

食品安全风险预警系统是食品安全控制体系不可或缺的内容，是实现食品安全控制管理的有效手段。食品安全预警通过指标体系的运用来解析各种食品安全状态、食品风险与突变等现象，揭示食品安全的内在发展机制、成因背景、表现方式和预防控制措施，从而最大限度地减少灾害效应，维护社会的可持续发展。

第一节　预警及预警系统的基本概念

一、预警

所谓预警，即“预先告警”。预警通常具有两层意义，一是对目标事件进行常规监测，对事件的状态及其变动进行风险评估和判断，监测事件并防止事态的非正常运行或超限度变化，这一层意义重在监测预防；二是目标事件因风险积累或放大，或是突发事件而引发危机或有害影响，需对危机进行调控，以消除危机，稳定趋势和恢复正常运作，这一层意义主要是控制和消除危机。正是由于预警具有预防和控制这两层内涵，使得“预警”并不简单等同于“预测”，而是在预测基础上的预防和控制。

国家质量监督检验检疫总局针对出入境检验检疫制定的风险预警及快速反

应管理规定对预警界定为：使国家和消费者免受出入境货物、物品中可能存在的风险或潜在危害而采取的一种预防性安全保障措施。

食品安全预警是指专门针对食品安全状况进行的“预先警告”，是对食品可能影响人的身体健康或影响国家和地区、企业等进行决策时预先警示，并在发生情况下能够实施有效控制。食品安全预警的运行，则是实现预警内涵，实施检测、追踪、分析、预报、控制等功能，形成有效监控食品安全风险危机的机制。

二、食品安全预警系统

预警系统是指应用预警理论和其他数据处理工具、预测模型等来完成特定预警功能的系统。

食品安全预警系统就是为了达到降低风险、减小损失和避免发生食品安全问题的目的，应用预警理论和方法，按照预警的一般流程运行，并针对食品安全的特性而建立的一整套预警制度和预警管理系统。预警系统的主要功能是预防和控制功能。

预警系统的预防功能主要是对可能产生的食品安全风险进行预测预报，能够在信息采集与监测的基础上，通过数据分析和预警判断，识别风险，评估食品安全的状态以及变化趋势，采取各种预防性措施，以防止可能产生的食品安全问题。对食品安全状态变化趋势的预测，是指监测状态波动超出安全倾向时，即食品可能出现危害征兆时，预警系统立即发出预警信号，及时启动纠偏程序，将征兆消除在萌芽状态，使食品保持安全的运作状态。

预警系统的控制功能主要是对风险进行化解，对食品安全产生的危害实施有效控制，对于突发的食品安全事件，采用应急预案方式快速、高效地应对控制。如果说预防是危害尚未形成时即进行干预，那么，控制则是已经产生了风险，要使风险可能造成的危害降低到最小。因此，预防和控制是两个方面的警戒应对。

三、食品安全预警系统的特性

食品安全预警系统针对的是食品这一研究对象，既具有一般的系统性问题，又包含食品这一特殊的研究对象的特性，以及预警的功能性，因此，食品安全预警系统具有以下主要特点：

（1）复杂性。食品安全预警系统属于复杂体系，系统的关联元素多，变量也多，而且相互的影响错综复杂，同时，系统涉及的范围广，使时间和空间的尺度增大，问题多为综合性的。

（2）风险性。食品安全预警的内涵涉及自然科学、社会科学和经济管理科学，多学科多领域系统之间互相影响，系统面临着各子系统的风险。由于系统风险之间的累加效应大多尚无确定关系，所以还存在着系统性风险。

（3）模糊性。即存在系统性问题的边界难划分，系统与环境之间“你中有我，我中有你”，许多情况难以用精确的数学描述和求解综述。如对于某个研究对象来说，没有绝对的安全与危险，只能相对而言具有一定程度的安全或一定程度的危险。由于没有清晰定量的边界特性，就使得问题的研究不是追求一个数值解，而可能是一个范围、一段时间或者一种程度的模糊语言的评价和判断。

（4）规律性。对于食品安全问题，既存在一定的内在必然性，又存在随机偶然性。我国对主要消费食品中的常见污染物监测和食源性疾病状况及动态变化趋势的研究，实质就是在探究食品安全问题的内在必然性，掌握规律性。食品安全问题中出现的突发偶然事件或意外事件，具有随机性和不确定性，看似事件发生的时间、地点、程度等都无法预知，但是通过对于不确定突发事件的进一步分析后我们发现，事件本身依然存在着一定的规律性，一定有警源，也必然有征兆，食品安全问题自身存在着必然的内在规律。因此，根据警源、警兆的变化规律，就能利用规律运行趋势进行安全性的判定。系统本质具有规律性的特点，可以相对准确地预警食品安全问题，这跟根据天气的不准确性依然能够得到相对准确的天气预报是一样的。

四、食品安全预警系统分类

将预警系统分成不同的类型，有利于体现系统的特征，方便和简化系统的结构，准确表达和运行预警功能。根据不同的预警要求和特点可以将食品安全预警系统分为以下多种类型。

1. 按预警状况分类

（1）常规预警。由于食品的安全是相对的，因此，安全性问题一直贯穿于食品链的整个过程，自始至终都可能发生变化，同时，食品出现的安全危机都不是一朝一夕形成的，而是经过一段时间的潜伏和演化，逐渐变化产生了积累效应，最终形成了具有危害和影响的不安全状况。因此，需要对食品进行经常性的安全监测和检测，以及较长时间的关注、跟踪，警惕警情的发生，预防不安全状况出现。如原本安全的食品，受到污染时，不安全性产生，只要污染源还存在，食品的不安全性就一直存在，在这样的变质过程中原本安全的食品就逐渐变成了不安全的食品。

常规预警一般具有经常性的含义，特点是有规律的检测和监测，预警的范围较小。例如定时定点的食品安全检查、抽查，各种专项检查，食品链过程的关键点检测和监测等。

(2) 突发型预警。即食品安全出现的危机或警情在某一时间突然出现或爆发，突发具有偶然性而不一定存在必然性。突发的问题往往事先没有任何明显征兆，或者是正常情况下无法预料的食品安全问题。突发型食品安全危机或警情的特点是起事突然、时间短、发展快、解决难度大，若未能及时监测或处理不当，则事态将进一步恶化而产生严重后果。

2. 按预警分析方法分类

(1) 指标预警。选择合适的食品安全评价指标，利用指标信息的变化对食品安全进行预警。指标预警一般有以下三种：

①单因子预警：根据某一影响因素存在与否或演化趋势、速度、波动程度和后果作出判断而预警。例如对禁用工业用食品添加剂的预警，就是因素是否存在的预警。

②多因子预警：当影响安全性的因素多于两个时，便要对若干因素进行影响严重程度的研究，从而对多因素的整体演化趋势、速度、波动程度和后果作出预警。

③综合预警：既有可量化的多因素，又有不可量化的单因素，共同组合成一个复杂综合系统。对复杂综合系统所表现的演化趋势、速度、波动程度和后果作出预警即为综合预警。

(2) 统计预警。采用统计分析的方法对食品安全进行预警。例如，根据连续监测的数据经过统计分析后表达的状况、趋势进行预警。统计分析的特点是需要有连续的统计数据和合适的统计方法。

(3) 模型预警。建立了相应的数学模型，利用数学模型进行定量计算和分析，并对食品安全状态进行评价，对可能产生的变化进行预测预警。

3. 按预警的时间尺度分类

(1) 短期预警。在较短时期内对食品安全进行预警。一般来说，短期往往指最近的几天、一周或者数周。

(2) 中期预警。在一段时间内对食品安全进行预警。相对而言，中期是指几个月或者一年，一般不超过三年。

(3) 长期预警。在较长时间内对食品安全进行预警。相对而言，较长时间通常是3~5年或更长。例如，可以按照国家五年计划的方式确定5年为一个周期。更长的周期可视预警问题而定。例如，对粮食安全问题研究的时间有5年、10年、20年甚至更长。目前，已有从现在预测2050年的粮食安全问题的研究。

4. 按预警的空间范围分类

（1）全球预警。在全球范围内对食品安全的一个或若干问题进行预警。例如，禽流感暴发时，在禽流感暴发的国家以及与这些国家相邻的国家或是有食品贸易的国家所进行的禽流感疫情预警。尤其是随着全球食品安全问题的不断出现，全球范围的食品安全预警在未来的若干年将会变得越来越频繁。

（2）国家预警。在一个国家范围之内进行的食品安全预警。例如，中国在 SARS 疫情暴发期间对疫区的封锁控制、对非疫区的预防警戒。

（3）省市区域预警。在国家内部的省级范围内进行预警。北京市出台的《食品安全突发事件应对预案》就是针对北京市政府辖区内的区域预警。

5. 按食物链构成分类

（1）产地预警。从食品的原产地监控，预防食品原料出现安全问题的预警。

（2）加工预警。对经过加工制作的食品，检测加工环节对食物的营养、风味等变化的影响，监测添加剂污染的风险。

（3）运输预警。对食品的运输环节可能造成的二次污染实施监测预警。例如，对运输工具、食品的运输包装、运输的温度和湿度、食品的混放状况等进行安全方面的监控。

（4）流通预警。监测食品商品的货架期环境的预警。例如，对保质期、标签、散装食品、现场制作食品等的安全监测。

6. 按食品产生风险的警源分类

（1）化学残留预警。对农药、兽药、化肥、除草剂等化学物质残留的污染检测和预警。

（2）微生物污染预警。对不得检出和限量的霉菌、细菌、病毒的预警。

（3）有机物污染预警。对有机重金属的预警。

（4）添加剂污染预警。对食品添加剂的限量问题、严禁添加的工业添加剂的预警。

（5）有毒物质污染预警。对动物、植物、微生物的有毒物质进行预警。

（6）其他污染预警。对不能明确纳入上面五种类型的污染源进行预警。

7. 按食品流通形式分类

（1）进出口食品安全预警。对涉及进出口食品的种类、数量、商品要求、进出口口岸的管理规定以及进出口企业等实施预警。

（2）超市食品安全预警。对城市和乡村超市的食品安全监控预警。

（3）农贸市场食品安全预警。主要是以交易为主的大型批发市场和城镇日常散装食品交易场所为对象，对交易食品的安全进行监测预警。

（4）商场（店）食品安全预警。对有食品专柜的大型商场和食品专营店进行安全监管预警。

（5）餐饮食品安全预警。以单位食堂和餐饮为对象的食品安全预警。

8. 按食品监管责任分类

（1）食品安全综合预警。由卫生部门负责的综合预警包括两个部分：一部分是以食品营养与卫生为监测对象的卫生安全的防控，如食品污染物和食源性疾病的预警。另一部分是食品安全的总体协调和重大食品安全事件的应急处置。

（2）产品质量监测预警。由质检部门负责的食品质量安全监管，其中包括对进出口食品质量安全的建议监测。

（3）农产品安全预警。由农业部门负责的食品中农业产品的安全预警，例如对水果、蔬菜、粮食和油脂等的安全预警。

（4）食品商品安全预警。由工商部门负责的对食品商品的安全预警。

（5）进出口食品安全预警。由商务部负责的对进出口食品企业的贸易可能性预警。

由于我国的监管体制现状是部门负责制，相关部门已经建设和正在完善各自的食品安全预警机制，这样的分类具有实际可操作性。如果管理体制有所变革，职责和功能的交叉缺位将会得到进一步的优化，那么，这种分类方法可以随之而变。或者说相对于一个综合的“大预警系统”，各部门建设的预警系统可以是其中的子系统。

9. 按食品统计口径分类

（1）粮食安全预警。对谷物（稻谷、小麦、玉米）、豆类和薯类粮食的产量、进出口的变动、供需平衡、粮食储备等安全问题、状况以及未来趋势的预警。

（2）食用油脂安全预警。对花生油、芝麻油、油菜子油的食用油料以及油脂总产量、价格、结构变化、进出口影响等安全问题、状态以及未来趋势的预警。

（3）水果安全预警。对水果的产量（从2003年开始我国将瓜果类产量纳入水果产量统计）、价格、储藏等安全状况的预警。

（4）软饮料安全预警。对软饮料的结构变化、产需状况、产品质量和价格等的预警。

（5）蔬菜安全预警。对新鲜蔬菜的食用安全、产品价格、供需平衡等的预警。

（6）调料品安全预警。对酱油、醋、味精、盐、糖等主要调味品的安全预警。

（7）水产品安全预警。对水产品总量以及海产品和淡水产品的产量、储备、价格的安全预警，并分别对海产品和淡水产品中的天然捕捞产量、人工养殖产量以及鱼类、虾蟹类、贝类、藻类等的分类监控预警。

（8）禽蛋类安全预警。对禽蛋类产量、储备、价格的安全预警。

（9）肉类安全预警。对肉类总量以及牛肉、羊肉和猪肉的产量、储备、价格的安全预警。

（10）奶类安全预警。对奶类总量以及牛奶产量、储备、价格的安全预警。

第二节　食品安全预警基本理论

随着食品安全预警应用的不断深入，产生了很多适用于食品安全预警的理念，也在借鉴其他领域的预警成果的过程中，有了一些新的认识和思考，一些观点也得到进一步的发展，因此，已经初步形成了食品安全预警的理论基础。而食品安全预警的实际应用，也越来越需要理论的指导，需要构建食品安全预警的理论体系。现有的预警理论包括以下几种：逻辑预警理论、系统预警理论、风险分析预警理论和信号预警理论等。

一、逻辑预警理论

当食品安全产生问题时，所表现出来的状态和情况我们称之为警情。按照逻辑层次来考虑预警，实际上可以分为四个主要过程，即确定警情的主要影响因素、分析因素变化的原因和条件、因素表征警情程度控制与趋势预报。这四个过程也简称为警素、警源、警兆和警度，四个过程依次服从逻辑关系。

警素一般包含两个内容：一是警情要素或称为指标，二是要素的安全界限和条件，也称为警限。选择和确定警素是逻辑预警的第一步，也是进行预警的关键和基础。

警源是指警情要素发生变化的原因，也是产生食品安全问题的根由。寻找和判断警源就是追踪、积累和挖掘一切与警情相关的不利影响，分析影响途径和影响机理。如何能够探寻到那些既具有关联性，又能够在复杂关联中挖掘出主要的影响根源，是寻找警源的核心，因而是比较困难的。

警兆也称征兆或表现。一般而言，不同的警素对应不同的警兆。当警素发生异常变化导致警情爆发之前，总有一定的先兆。如地震发生前可能表现出的天气异常、动物行为失常等。警兆可以与警源有直接关系，也可以是间接关系；可以有明显关系，也可能是隐形的未知的“黑色”关系。如有的火山在爆发前近火山地表的颤抖，就是该火山即将爆发的直接征兆。SARS 疫情暴发时，人们初步判断果子狸可能是疫情流行的根源，这说明当时对 SARS 病毒的影响途径和疫情流行机理还不十分明确，所以，我们不能断定 SARS 疫情是否就是因食用果子狸引起的，即其中的因果关系是隐形的未知的“黑色”关系。尽早发现并确定警兆有利于对警情进行判断。但是，确定警兆并非易事。对于一些警情，可以用类似的已经发生过的状况来帮助判断，也就是说可以根据可靠的经验来判断。但是，对于新的问题，以及依靠经验还不足以确定的问题，我们需要依靠技术分析对警源进行科学判断。一般来说，确定警兆是以技术分析为主，以经验智慧分析为辅，相互补充共同决断。警兆可分为景气警兆、动向警兆。景气警兆是指对象的表征程度及其所直接反映出来的景气程度。动向警兆则是对象具有运动特性时，以其可能的运动方向或趋势作为警兆的表征。

警度是警情的严重程度。通过对警度的判断来报告警情可能的危害程度，以便于采取相应的措施和对策进行预防和控制。如果警度报告为正常，则继续进行常规监测；如果警度报告为产生了风险危机，则要采取相应措施予以调整和纠正，从而减小和控制风险；如果是风险太高或是突发警情，警度预报则要求快速应对，有效解除和根本控制警情。警度的预报有两种方法：一种是建立关于警素的普通模型，先作出预测，然后根据警限来划分警度；另一种是建立关于警兆的警度模型。直接由警兆的警级预测警度，是一种等级回归技术。也就是说，警度的预报是按一定的通道输送并进行规范的科学预报，以达到对警情进行预防和控制的目标。

食品安全的逻辑预警就是要明确食品安全预警的内容（警素），探询和分析产生食品安全问题的根源（警源），判断和总结食品可能发生安全问题或已经发生安全问题时所具有的特性（警兆），分析并给出问题严重程度的告示。

二、系统预警理论

食品安全预警研究的对象是综合性问题，系统预警的理论是按照系统的概念划定问题的研究范畴，利用系统科学的原理和方法进行分析、预测和控制。

（一）系统、信息与控制

1. 系统

系统理论是把研究对象作为一个整体，用系统或体系定义，侧重于描述和确定整个研究对象的总体结构、功能和行为。例如，风险评估系统、安全状态与发展趋势报告系统、污染监测与安全预警系统等。系统的内部是由相互作用、相互依赖的若干部分组合而成，具有特定功能和实质特性的有机整体。系统的外部由其他的系统组成，系统的内外之间是由确定的边界或范围界限来划定的。系统的划分与环境的关系如图 8－1 所示。

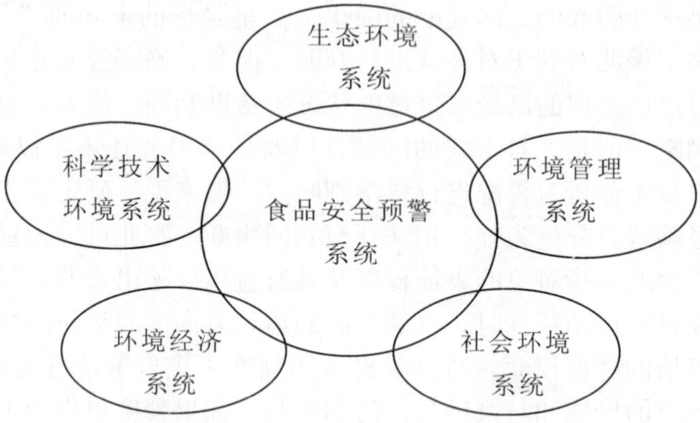

图 8－1　食品安全预警系统的划分与环境的关系

预警系统受到的干扰来自于系统以外的环境，系统的环境就是系统的外界，是对存在于系统以外的关联事物（空间和时间）的总称。系统所处的环境是影响系统的部分，或者说是系统的约束条件，所以，系统通过边界与环境处于动态（或静态）的接触之中。环境有时又是一种更高级、更复杂的系统，在某些情况下，它会限制预警系统功能的发挥。

一般来说，食品安全预警系统不仅存在内部运行的问题，而且因为受到环境的影响，还有适应外部环境变化的问题。能够与外部环境保持最佳适应状态的系统才是健康运行的系统，不能适应周围环境变化的系统是难以生存的。系统的环境适应性提醒人们要考虑系统与环境之间的关系。只有系统内部关系和外部关系相互协调、统一才能全面发挥系统的整体功能，保证系统整体性向最优化发展。

系统理论强调系统本身作为一个整体，关注整体与局部、局部与局部、系统内部与外部环境之间所存在的相互依赖、相互影响、相互制约的动态关系，具有目的性、动态性、有序性三大基本特征。系统目的性强调整体运行的最终目标是可期望的、可控制的和可科学预测的。动态性则意味着整体也好，局部也罢，都是在时间或空间具有动力学特性的，即系统是可变的、运动的。系统的有序性认为整体和局部、局部和局部之间的相互作用是宏观层面的规则规范的作用，系统是自律的、可操作的。例如，食品安全问题可以通过法律法规的约束，从大问题转变为小问题，甚至完全化解问题。

2. 信息

对食品安全问题的预警转变为系统的预警，如何实现或实施系统的运行和控制呢？系统理论的手段是以信息为依据，对信息进行采集、分析、推断、转化和更新。

最基础的信息是原始信息。原始信息既包括历史信息和即时信息，也包括实际信息和判断信息。一般由信息网（信息的收集、统计和传输）、中央信息处理系统（存储和处理从信息网传入的各种信息，进行综合、甄别和简化）和信息推断系统（对缺乏的信息进行推断，并进行征兆信息的推断）构成。预警信息经过采集、处理和动态补充，把握信息运动的规律，滤除信息中的噪声，辨别信息的真伪并有效剔除伪信息，使原始信息转化为有用的信息，成为完善、灵敏的预警信息，这些信息能对食品安全的状况给出警报和警度。广义的信息是指数据、资料、文件等，也称为数据信息、政策信息、能量信息等。

无论是系统的内部之间还是系统与外部环境之间，相互的影响或干涉可以理解为是信息流的作用。信息流是指具有实际意义、有能量且有流动指向的特定信息。信息流的流向表征出信息的传递、转移和转换，也反映出与其他信息流的相互关联性。因此，食品安全预警系统的状况、运行趋势也就是信息的特征、传递、转移和转换。

预警最终输出的警报信息以及相关的技术对策和建议信息，是原始信息经推断处理后的有用信息，是一组具有警示性的信息。

3. 控制

控制就是约束系统的状态、行为和变动趋势，调节波动增强稳定性，使系统按预定目标运行的技术科学。预警控制有两个层面的控制：一是技术控制，二是管理控制。技术控制的原理是通过系统的结构设计，以实现不同要求的功能和变化，例如，利用反馈控制、前馈控制和复合控制等方式实现不同的控制要求。管理控制则是强调管理流程的指导性流向，例如利用政策调控、控制行为和思想理念的转变，实现目标的转变。

预警研究以预防为主，因此，预警的控制是防止产生问题。对于系统的非正常运行，控制就是实施有力度的干预、变轨等动作，使系统按照理想正常的趋势运行。为防止系统可能产生较大的误差、偏离，对系统的关键点进行及时、有效的调节、纠偏，以保持系统的正常运行。当食品受到污染或食品安全的风险积聚增强时，食品安全预警的控制手段重在减少污染和减小风险，直至彻底消除污染源，完全排除风险。如果出现突发重大食品安全事件，则强调快速应对以控制事态。

食品安全预警的系统控制理论即将研究对象作为一个整体，用信息流表达系统内部以及系统和外界的关联，并设计各种流向和控制过程，以实现对食品安全风险的修正、调整，减小和降低风险，使问题的严重程度弱化，使食品处于安全的警戒限度内。

（二）系统工程预警理论

工程是指产品的整个实现过程，其构成要素是工艺（方法和手段）、工艺流程（过程）、工装设备（人、财、物）和辅助支撑（管理水平）。工艺流程由必要的各种工艺组成，工艺也就是工序，工艺的实现由装备承担。从原料到产品的过程，就是选择工艺、设计工艺流程、在选定的装备上由操作者加工完成的过程，中间包括必要的检测。系统工程理论则是利用系统工程学的思想分析系统、设计系统、控制系统。食品安全预警的系统工程理论是按照工程的理念设计预警流程，以工程的工序分解系统，以工装设备对应为系统功能，从而实现对食品安全的保障所进行的预防和控制。

系统工程的工艺流程是实现预警的系统结构，对于同样的输入情况，不同的流程所消耗的能量不一样，需要的工装设备不一样，完成的产品即预警输出也不一样。因此，设计一个优秀的工艺流程是至关重要的。工艺是实现预警输出所采取的手段、方法，预警系统的工艺实质是研究适用的数据分析方法，规定具体的监测检测方法，制定有关的制度、方案等。例如，为了预警所制定的报告制度、通报制度、责任制度等。不同的方法、手段所解决的问题不一样，研究的效果差异也大。工装设备是实现工艺的具体载体，预警的工装设备涉及监测网点、检测仪器与设备、数据库、技术人员、管理者，以及出台有关的法律法规文本、规定的报告文本格式等，主要体现预警的技术水平、加工能力、输出精度和成本效益。预警系统工程的辅助支撑通常可以视作系统运行需要的外部环境，如国家食品安全管理战略、有关的发展规划等。

工程的概念便于理解，方法简单方便，利用系统工程学的流程、工艺的概念和理论研究复杂的食品安全预警问题，能使系统内部的关联变得简捷，系统与外部的关联变得清晰。因此，系统工程学的思想对构建预警系统具有借鉴价值和指导意义。

（三）耗散预警理论

耗散最初的概念源于物理的热学研究。当一个远离平衡态的开放系统，由于许多复杂因素的影响而出现非对称的涨落现象，在达到非线性区时，因为不断与外界进行物质和能量交换，系统可能会发生突变，由原来的无序混沌状态自发地转变为一种在时空或功能上的新的有序结构，这一新的稳定有序的结构就称为耗散结构。开放系统在远离平衡态时能够自发地形成有序的耗散结构，描述这种特性的规律就称为耗散结构理沦。如果系统自发运行具有的方向性类似这种耗散结构的运行特性，那么，从这个意义上说，借用耗散思想探讨系统运行方向，则是系统研究的一种新的理念。

食品安全预警实际上就是要研究风险的产生和变化，要预防和警示风险的产生和积累，保障食品的安全。食品本身是一个开放系统，食品开放体将自发地由无序混沌状态向食品完全不安全的耗散结构方向发展，风险自然积聚。但是，如果受到外界适当的控制和干扰的话，食品开放体的自发过程就要受到限制或阻碍，食品的不安全性就会降低自发的过程，而启动自发过程并维持这个过程的能量就是警源的强度。保持食品处于相对安全的状态，也就是避免食品开放系统成为耗散结构，产生食品安全问题的风险其实就是产生了耗散，控制风险其实也就是减小耗散。因此，可以用耗散对应风险，用耗散的增加来表示风险的增大，用耗散结构表示开放体自发运行的趋势、方向。那么，食品安全预警就是利用外加能量来抵抗系统的自发过程，控制食品安全问题就是大力补偿自发过程，以改变过程的运行方向，防止耗散结构出现，保障食品安全。

食品安全问题可以借用“耗散”的概念，食品的不安全程度或风险以耗散度对应表征，食品系统的自然运行趋势就是自发向耗散结构运行的方向，基于耗散的食品安全预警理论，就是研究系统自发向耗散结构运行的规律。

（四）协同预警理论

协同理论认为自然界是由许多系统组织起来的统一体，这许多系统就称为小系统，这个统一体就是大系统。在某个大系统中的许多小系统既相互作用，又相互制约，它们的平衡结构以及由旧的结构转变为新的结构，具有一定的规律。协同理论研究的就是这个规律。

食品安全预警系统强调系统总体最优，那么，系统内所有子系统如何实现相互最恰当的影响，如何考量它们之间影响的优劣，以及影响的叠加效果，或者说，不利的影响经过叠加后减弱或互相抵消，有利的影响叠加后更强，协同理论的思想将有利于解决这样的问题。另外，系统还受环境制约，协同理论还可以探讨外界对系统产生的作用效果问题，这些探讨对于判别系统运行的稳定性和有效性是必要的。例如，对于食品污染问题，如果食品受到农药、微生物的不利影响，食品污染的风险就主要来自于农药和微生物，当两者都使食品污染程度加剧，影响效果的简单度量可以用农药的影响加上微生物的影响来表示。但是，两者具有协同作用的效果时，食品污染的程度将会加剧。对于食品安全预警这类复杂问题的研究，协同作用及其规律是必须考虑的。探寻有利的协同作用规律，避免不利的风险叠加，是食品安全预警研究必须遵循的基本原则。

三、风险分析预警理论

在食品安全预警研究中，需要对食品安全的状况进行分析，实质上绝大多数情况也就是要对食品的风险进行评估和判断，并根据是否产生危害安全的风险以及风险的程度（警度）来决定是否应该发出警报，以及发出何种程度的警报。由于影响食品安全的风险主要有化学危害、物理危害、生物危害以及交叉作用的危害，因此，对于危害的识别和评估至关重要，规避、减小和消除危害，是化解风险的主要过程和手段，也是预警的根本目的。

食品安全风险分析（Food Safety Risk Analysis）是在对食品中可能存在的危害进行预测的基础上，实现风险规避或采取减低危害影响的措施。食品安全风险分析的理论体系是风险评估（Risk Assessment）、风险管理（Risk Management）和风险交流（Risk Communication）。风险评估的基本内容为危害识别、危害描述、暴露评估、风险描述四大部分；风险管理主要是风险评价与管理决策；风险交流是与风险相关者各方的共享机制。食品安全风险分析理论框架如图 8 - 2 所示。

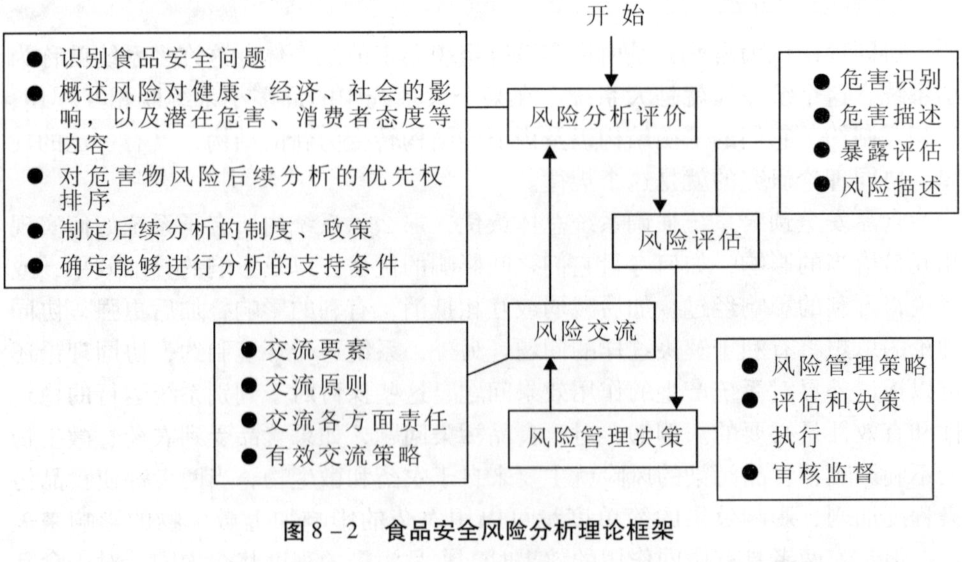

图 8 - 2　食品安全风险分析理论框架

食品安全风险分析是国际上新近发展起来的旨在保障食品安全的一门发展中的科学，也是国际通行的制定食品法规、标准和政策措施的基础。

四、信号预警理论

信号是工程中常用的一种表示信息的手段，例如交通信号传递的信息，使道路、车辆和行人这样的复杂系统有序地组合在一起，利用信号的变换来改变现状、控制现状和预警。同样，信号在自动控制中指挥仪器仪表的动作和控制精度，实现工程在极大或极小空间以及超常或超短时域的调控。信号的指挥、控制和预防的功能，也正是预警的基本功能，因此，信号学原理也是食品安全预警的基本理论。

1．信号的颜色表征

用不同颜色来区别警情的严重程度，就是信号的颜色预警，它也是预警研究的方法和手段。实际上，信号的颜色表征适用于划分不同类型的问题。

2．信号的开关控制

信号的“有”和“无”可以起到调节作用，也就是开关作用。有信号说明系统是“开”的状态，无信号说明系统是“关”的状态。利用开关作用来判断警情问题和警源状态，反映出预警控制的思想。

3．信号的传递特性

信号的转移和传递正是信息需要具有的特性。可以利用信号传感来表达食品的安全状态，用信号的传递、转移和转换反映食品安全状态的变化、发展趋势的演变，从而进行警情的预测预报。

第三节　食品安全风险评估与预警指标体系

食品安全的预警，即警情的预报和控制是建立在预警分析的基础之上的。预警指标体系是预警系统定量分析的依据，是预警系统开展识别、诊断、预控等活动的前提。因此，预警系统指标的研究涉及选择指标的依据、确定指标和建立预警指标体系。根据食品安全预警系统的功能设计，以及食品安全的内涵和食品安全预警的要求，食品安全的指标体系是一个多指标综合性的复杂体系。

预警系统的指标根据预警功能或预警逻辑关系具有表征警兆、警情、警度的特性，另外，参考经济预警、企业预警等研究领域，在选择指标时，将预警指标分为先行指标（Leading Indicator）、同步指标（Coincident Indicator）和滞后指标（Lagging Indicator），在构建食品安全预警指标体系时，也可参考这样的区分方法选择指标。例如食品添加剂限量指标、农药化学污染物限量指标等，只要检测到数值即表明已经有污染产生，具有“滞后”的特性。在指标体系构建时，先行指标是实现预警功能的关键指标，同步指标和滞后指标分别反映安全问题的尺度，也是指标体系中不可或缺的部分。

根据食品安全实际监管的指标应用情况，以及预警的特性，我们将指标分为单指标和综合指标两种类型，单指标通常是指可以量化的指标，对于不可量化的单指标定义为因素指标，综合指标则是包含了可量化的单指标和不可量化的因素指标的复合型指标。食品安全预警指标体系即是综合指标表达的复杂体系。

一、单指标预警

在进行食品安全预警时，实际操作中一些问题的分析判断并不需要很多的指标，例如营养性评价中的蛋白质比较，酿造酱油质地评价的氨基酸态氮的百分含量等，或者是某种危害物的监测，这类具有可量化的单个指标预警也称为单指标预警。在一个复杂的综合问题中可能会包含若干简单问题，也就是一个复杂的预警指标体系中可能会有若干个单指标，或者说可以用若干个单指标组合起来去表达一个相对复杂的综合问题。

单指标预警是根据单个指标的数值大小变动来发出不同程度的警报。预警的前提是该指标是警素指标，已经建立了量化的警限范围。如将警素指标设为 x，规定 x 的安全范围为（x_a，x_b），一般危险区域为（x_c，x_a）和（x_b，x_d），高度危险区域为（x_e，x_c）和（x_d，x_f），则预警区域划分示意如图 8－3 所示。

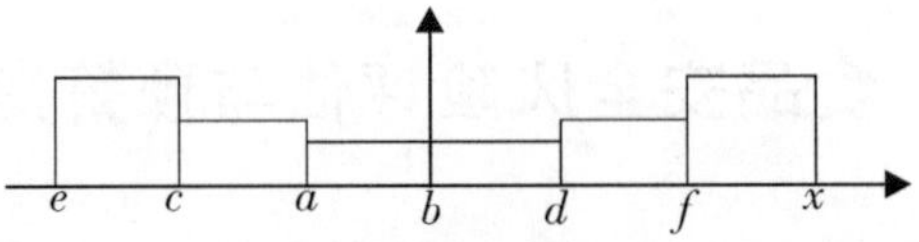

图 8－3　预警域值图

注：先行指标是预警系统提前显示警情的指标，是指标体系的主要指标。同步指标是指几乎与不安全问题同时出现，如致病菌指标一出现，食源性疾病警报即同时产生。滞后指标则是食品安全问题警报出现后才能得到的表征因素，如食物中毒死亡率、食品污染物阳性检出率等。

图 8－3 所示的基本警报准则为：

当 $x_a \leqslant x \leqslant x_b$ 时，指标表征的信息是处于安全区域，没有警情产生，所以不发出警报；

当 $x_c < x < x_a$ 或者 $x_b < x < x_d$ 时，说明已经有食品安全问题产生，发出危机产生警报；

当 $x_e \leqslant x \leqslant x_c$ 或者 $x_d \leqslant x \leqslant x_f$ 时，说明食品安全问题有恶劣的发展趋势，发出危机严重警报；

当 $x < x_e$ 或者 $x > x_f$ 时，说明食品安全问题加剧，事态极其严重，发出特别严重警报。

对于警限的确定，尤其是不安全区域的边界的划分，可以根据具体的预警问题来确定。

实际预警时，如果出现偶然性波动使 x 位置发生较大变化，也会导致警报发生或产生误警，因此，当指标发生波动时，可以留一定的观察期来观测其变化，若指标在某一时刻落入危险区，但很快又恢复正常，并可以在安全区稳定一段时间，则可推测该因素有偶然变化的可能。如果指标突然跃入危险区，并在危险区保留一段时间，则可推断该因素发生了较大变化，对食品安全产生了一定量的持续的不利影响，必须加强监视，注意进一步的发展态势。如果指标突然跃入危险区并继续由低风险区域向高风险区域迁移，则说明食品安全面临着相当严重的风险危机，应该立即发出警报并采取紧急应对措施，防止事态的进一步恶化，有效化解危机。

二、因素预警

当预警指标无须量化时，这样的指标又称为因素。如某种毒素不得检出的问题，实际上毒素指标的表征是“有”和“无”，我们找不到一个范围来判断“有”或“无”，就是不可计量的。

因素预警有两种形式：一是当因素 x 出现时，则发出警报；当风险因素 x 不出现时，不发出警报，这是一种非此即彼的警报方式。食品中禁用的工业添加剂、禁用的农药、不得检出的病菌毒素等，都可以作为预警因素。二是设定因素 x 的致错发生概率为 $P(x)$，P_a、P_b、P_c 是风险因素 x 在 a、b、c 状态所发生的概率。若 $x_c > x_b > x_a > 0$，则：

当 $0 \leqslant P(x) \leqslant P_a$ 时，不发出警报；

当 $P_a < P(x) < P_b$ 时，发出警报；

当 $P_b \leqslant P(x) \leqslant P_c$ 时，发出严重警报；

当 $P(x) > P_c$ 时，发出特别严重警报。

如食品储运环节的品质与环境温度的关系，a、b、c 状态对应的是三个不同的环境温度区域，监测的食品在这三个区域具有不同的变质可能性，也就是具有不同的概率 P_a、P_b、P_c，将概率按大小排序后，只要监测的食品处于这三种状态之间，则表明有可能发生变质，并根据区间分布发出对应的警报。

三、综合指标预警

由于食品安全问题的复杂性，在进行预警分析时，既存在可数值化计量的指标，也存在着不可直接计量的因素。对可计量的指标，可以采用指标预警的方法，对不可直接计量的因素，可以采取因素预警法。将可量化的指标和不可量化的因素同时纳入一个整体来考察，综合分析后归纳为一个综合性指标，综合指标预警实际上也就是多个指标共同作用、整体表达的警报应对。综合指标是可运用有关的数据处理方法来进行分析和处理的。

第四节　食品安全预警指标体系的设计

对于预警来说，依据警素指标进行分析，实际上就是先找到产生食品安全问题的警源，利用警源的警兆来判断是否有警情，以及警情的程度，从而及时进行警情预报和应对控制。食品安全预警指标体系是综合指标体系，构建体系首先要考虑两个问题，一个是指标体系的设计原则，另一个是指标的基本选择原则。

一、指标体系设计原则

预警涉及评价、预测等内容，指标体系设计时要考虑到总体数量的适当，以及能够最有效地表达食品安全预警的特征性、规律性和目标性。理想的指标体系可以参照系统相对最小型原则和相对完整性原则进行设计。

1. 相对最小型原则

相对最小型是指标的总数量合理化精简到最少，形成一个最小集。可以通过主成分分析、权重排序等方式方法客观地精简掉那些权重微弱的指标、独立性差的指标和主观性较强的指标，使指标的数量在能够完成预警系统功能和准确程度的基础上，总数量最少。这样的集合既有利于降低分析计算的工作量，又有利于加快指标分析速度。

实际上，一些指标是可以替代、分解或者综合的。如果污染指标可以分解为具体的污染种类，而且污染种类之间已经建立了相互的关联关系，那么，选取污染指标要比直接选择污染种类的数量少得多。有些指标本身是滞后反应的，如中毒死亡数据是食源性疾病发生之后才会出现的情况，如果以食源性疾病作为指标，中毒死亡率指标就可以不纳入体系。只要不会影响研究目的和结果的准确性，指标的替代和筛出对建立整个指标体系是有利的。

需要注意的是，在测量指标对于某个食品安全预警问题的影响时，是否可以筛出有时是很难决定的，因此，指标体系的最小型是相对而言的。

2．相对完整性原则

在总量相对最小的同时，要求指标体系还必须满足一定的完整性，能够全面表达所考察的食品安全预警问题，指标表达的信息没有缺漏和遗失。对于静态指标和动态指标、宏观指标和微观指标、警情指标和警兆指标等应综合考虑，要配备合理、充分、科学。

完整性也是相对而言的。由于食品安全预警系统的制度建设和机制运行需要不断加以完善，监测检测的技术水平和预警信息、数据的积累都是动态发展的，因此，有些指标对预警的贡献程度也会发生变化，需要适时调整。而且，绝对的完整既做不到，也没有必要。如关于食物对食源性疾病的影响，一些影响机理本身尚不成熟，所以，完整性只能是相对的。应在已有的相关研究的基础上，恰当地考虑研究问题所涉及的范畴，科学选择指标，以保障指标体系具有合理必要的完整性。

二、指标选择原则

根据不同问题的预警研究，指标的选择和确定是不同的。对于食品安全预警系统来说，预警指标既要涵盖食品安全涉及的范围和领域，又要具有预防、警示和控制的预警功能，考虑到食品本身的特殊性、复杂性，以及食品安全预警系统的要求，预警指标的选择应遵循科学性、系统性、真实性和可操作性原则。

1．科学性

预警指标的科学性是一般性原则，科学性要求所选指标不仅概念清晰，而且有特性，能够反映食品安全的基本内涵，具有明确的预警意义。

2．系统性

预警指标的系统性是指单个指标和指标体系的关系。因为食品安全涉及生产、储藏、加工、流通、消费等从源头到餐桌的整个过程，是一个复杂系统，食品安全预警具有明确的目标，因此，在确立指标时必须全面考虑各种情况和因素，从系统整体出发去进行选择和考虑。值得重视的是，选择指标构成系统时，有可能会出现经济学的“木桶”现象。也就是说，系统的优劣不是取决于整个过程中最强、最好的部分，而是由最弱、最差的部分决定。这个“最短、最弱的木块”所决定的效果显然不是最优的，任何一种食品在从源头到餐桌的整个过程中必须考虑整体最优问题，也就是系统最优问题。

3．真实性

预警指标的真实性是指能够监测、检测或计算得到的指标，指标的数据、信息来源可靠，能够准确反映实际状况，能及时反映食品安全状态发生的变动。如国家有关部门的统计指标，相关学科和专业使用的专门指标，企业和有关单位使用的具有共识的信息、技术、手段等指标，以及相关的法律法规和标准中规定的指标等。真实性特别要求指标不能随意杜撰，不能借用不明白的名词替代。另外，结合我国目前实际的监管分工状况，预警指标应结合各部门已经使用的一些监测指标。

4．可操作性

预警指标的可操作性要求指标尽可能有统计资料，可测量，可实施，具有表征食品安全状态、对食品安全变化趋势可预测的特性。预警指标的可操作性还要在警兆、警情的表达方面，具有实际表征的特点，同时要把定性与定量相结合。预警指标的可操作性不仅便于获得，更重要的是能够在实践中使用。

三、指标体系架构设计

构建系统架构时可以根据研究的需要设计为多级层次结构。系统层次结构表述了不同层次子系统之间的隶属关系或相互作用的关系，不同的层次存在着不同的运动形式，从而构成系统的整体运动特性。用层次之间的表征方法既方便同层次之间的研究和比较，也有利于层与层之间的研究，使得复杂系统的关系清晰简捷，便于分析。

食品安全预警指标系统考虑为多层次多警情并列式的结构，系统构建为总体层、分类系统层、指标层和指数层4个等级。

（1）总体层表达的是国家或者地区（根据预警系统的预警范围界定）食品安全的总体警情程度，简称总体警度，代表着这个时期食品安全的总体状况和安全发展态势，指标就是食品安全总体警度。

（2）分类系统层根据总体层的预警目标设计分类子系统，如有学者将食品安全问题分成数量安全、质量安全和可持续安全，对应的预警系统层就分为数量预警系统、质量预警系统和可持续安全预警系统。鉴于我国食品安全监管的现状，从食品安全监管的大系统角度出发，尽量利用我国已经建设和正在建设的有关食品安全的数据库，以及相关的研究成果，分类系统层可以按部门并列平行设置分类子系统。由于分类系统层是对预警目标的分解，所以也可以根据食品安全问题的特点和预警的功能特性设计。

分类系统层的每个子系统具有独立性质，代表着系统要描述的特定的状态、过程和变化的警情或警兆。

(3) 指标层由表征分类子系统的主要特征要素组成。特征要素也称为指标，要求能够充分说明系统、表征系统，并尽可能准确反映系统警情状况。

(4) 指数层是指具体的可以通过监测、检测而获取到的数值、信息，指数层对应于指标层。按照逻辑预警的思想，指数层具有景气警兆和动向警兆特性。

基于这样的架构设想，一般的四级预警指标体系如图 8－4 所示。

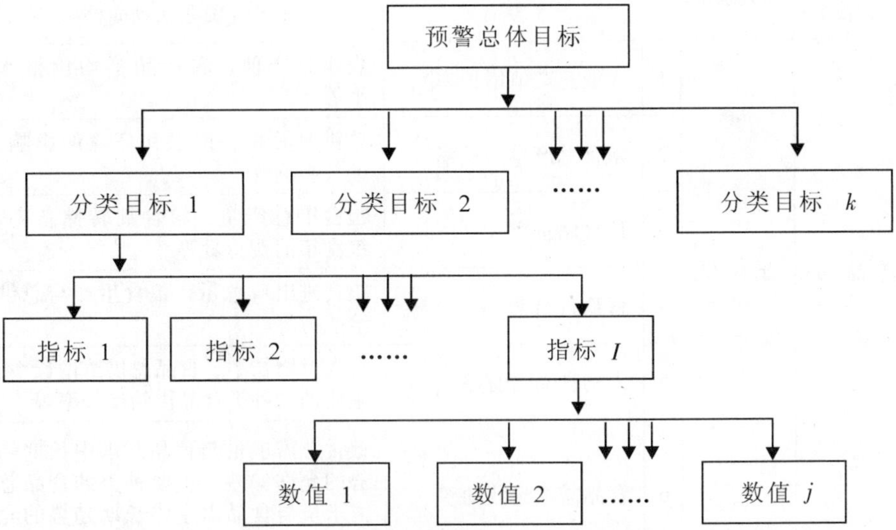

图 8－4　四级预警指标体系架构示意图

四、食品安全预警评价指标体系

评价食品安全状态就是评估食品的安全程度，预警的评价即根据评估的结果给出预警方案和对策选择。食品安全预警评价指标体系则是一组可以表征评价特点、实现预警目的的指标、要素。指标的选择以能够表征状态特性和警况为主要依据，指标体系的整体设计涉及预警系统内部和外部影响。考虑到我国目前的食品安全监管现状和有关数据、资料的积累、传递途径，以及有关食品生产的技术水平与创新程度、自然环境与食品的相互影响规律等尚缺乏长期完整的统计结果，所以，评价指标体系的完整性是相对而言的，评价目标和具体指标选择也是普适性的。①

设食品安全状态的总体警情程度为目的评价指标，食物②供给平衡安全、主要食品种类质量安全、经济与社会影响、生态环境影响为四个分类评价指标。主要食物种类供给平衡安全有 6 个警情指标和对应的警兆指数。主要食品种类质量安全基于卫生、营养和膳食结构考虑，有 5 个警情指标和对应的警兆指数。食品安全对经济与社会、生态环境的影响，有 7 个警情指标和对应的警兆指数。指标体系如表 8－1 所示。

表 8－1　食品安全风险预警指标体系

目标层（警度）	分类系统层	监测指标层（警情）		检测指数层（景气警兆和动向警兆）
食品安全总体警度	食物供给平衡安全	1	农业总产值增长率	农业总产值、农产品平均价格水平等
		2	粮食总产量增长率	总耕地面积、技术和环境的影响、天气影响等
		3	粮食储备率	粮食年总产量、粮食周转储备率、粮食年消费总量等
		4	食物自给率	粮食进出口总量、粮食生产与总供给能力等
		5	人均食品占有率	总人口增长率、食品总供给增长率、主要消费种类食品供给增长率等
		6	食品需求量波动率	粮食总需求量与食品需求中长期趋势的允许偏差、主要种类的食品总需求量与食品需求中长期趋势的允许偏差

① 李聪在《食品安全监测与预警系统》一书中，涉及食品安全状态评价指标系统时，从实际监测和评估角度考虑食品中微生物污染程度和有毒有害物质含量，设计了项目指标基本检测层、食品种类指标层和整体状态指标层的三层结构，目标层的食品安全整体状态用食品安全指数（IFS）来评估。所以，评价目标和指标选择可以根据具体的研究内容来确定。

② 根据国家统计年鉴的定义，食物是指消费量最大的主要食品。

（续上表）

目标层（警度）	分类系统层		监测指标层（警情）	检测指数层（景气警兆和动向警兆）
食品安全总体警度	主要食品种类质量安全	1	食品卫生监测总体合格率	总菌数、大肠菌、毒素、食品添加剂等
		2	优质蛋白质占总蛋白质的比重	优质蛋白质总量、总蛋白质总量等
		3	动物性食品提供热能比	蛋白质提供热能比、脂肪提供热能比等
		4	食品危害物残留抽检合格率	限量农药残留量、限量农药毒性、限量兽药残留量、限量激素残留量、微生物污染种类及其含量和毒性等
		5	最大超标危害物风险指数	不合格食品的最大超标危害物的含量、不得检出危害物的检出量等
	生态环境安全	1	人均水资源量	人口数量、灌溉面积占耕地面积比重、工业用水量、生活用水量、蓄水层等
		2	人均耕地	总人口增长率、总耕地面积等
		3	水土流失率	地表保护质量、气候变化变异状况等
		4	废气排放量	废气排放总量、大气污染物排放浓度等
	经济与社会安全	1	GDP	当年 GDP 总量
		2	人均收入水平	总人口增长率、GDP 总量等
		3	劳动生产率	农业劳动力人均负担耕地面积、产业结构变化等

从国内外预警研究的实践来看，预警指标体系中的警兆指标应随着不同时期不同情况进行调整，一般每 3 ~5 年局部调整一次。警限的确定比较困难，需要长期的实践积累，所以也应该随着条件变化而修正。在质量安全的指标中，一些新的污染物、毒性的警限确定需要经过一定时间的规范的实验来确定。不得检出物质的种类和限量标准指标，应严格按照国际标准或国家标准规定执行。

五、指标和指数的说明

（一）食物供给平衡监测指标和警兆指数

1. 农业总产值增长率

这里的农业是大农业的概念，包含了农、林、牧、渔。农业总产值的增长表明了生产和总供给量的增加，反映了食品数量的安全水平。警兆指数选择农业总产值、农产品平均价格水平等。

2. 粮食总产量增长率

粮食总产量增长率是当年粮食总产量与上一年粮食总产量的相对变化率。反映了农业耕地资源和粮食生产能力。技术和环境的影响作为动向警兆指数，正常状况下，警兆指数为总耕地面积，与粮食相关的人力、物力和财力的投入水平相关，如种子、化肥、农药的使用，国家的农产品价格水平，三农政策的扶持力度，以及劳动力要素等。如果出现特殊的天气情况，动向警兆指数将天气影响引入，以实际监测其对粮食总产量的增长率的影响。

3. 粮食储备率

粮食储备率是指粮食储存量占当年粮食消费量的比重。根据联合国粮农组织规定，世界最低食物安全水平线（世界粮食储备量占下一年度需求量的百分比）为17%～18%。中国是13亿人口的大国，粮食的基本消费数量是一个庞大的数据，虽然我国的食物安全水平超过了18%，但是中国处在经济高速发展的阶段，食物消费结构的变化以及工业化进程造成的耕地减少、水资源短缺等问题日显突出，粮食储备率仍然是衡量我国食物数量安全的重要警情指标。对应的警兆指数为粮食年总产量、粮食周转储备率、粮食年消费总量、国内外粮食市场平均价格等。

4. 食物自给率

食物是主要消费品种的统称，或是消费量最大的主要食品。

食物自给率指食物总量占总消费量的百分比。食物自给率是反映在自然资源基础可支撑条件下的食物总供给水平的综合指标，一般而言，食物的总供给水平包括国内生产能力和国际贸易水平两方面。食物自给率越高，国内生产与总供给能力越强，食物安全水平也越高。反之，则表明需要依靠国际进口，食物安全水平就较低。

粮食是食品消费结构中最主要的食物品种，动物性食品中的一部分也是由粮食转化而来的，因此，粮食作为食物的主要构成部分，粮食生产与总供给能力为食物自给率的警兆指数。另外，粮食进出口总量，其他主要食物如油脂、肉、蛋、奶生产总供给能力也为警兆指数。

5. 人均食品占有率

人均食品占有率是指总人口与食品总供给量的比重。人均食品占有率越高，表明食品供给状况越好，食品安全水平越高。警兆指数为总人口增长率、食品总供给增长率等。

从我国食物的基本结构来看，粮食、食用油、肉类食品中的猪肉、水产品、禽蛋类中的鸡蛋以及奶制品是消费量较大的食品种类，对这些食品的总供给增长率是重点监控对象。膳食结构的变化也会引起某些食品种类的需求发生变化，对食品总供给增长率影响较大的是消费量较大的食品种类。

6. 食品需求量波动率

食品需求量波动率指食品总需求的波动程度，用一个国家或地区当年食品总需求量相对食品需求长期趋势的偏离程度来反映。当总需求增加时，如果总供给不能相应变化，则会引起供求缺口扩大，影响物价的稳定，造成食品安全问题。食品需求量中粮食总需求能否得到满足是食品消费安全的核心内容，选择粮食总需求量与食品需求中长期趋势的允许偏差为警兆指数。

食品需求量波动率除粮食外，主要食品种类如食用油脂、肉类食品和奶制品也是需要检测的警兆指数。

（二）主要食品种类质量监测指标与警兆指数

1. 食品卫生监测总体合格率

食品卫生监测总体合格率用食品卫生抽检合格数与总抽检数之比表示。

食品卫生监测总体合格率从总体上反映了食品的卫生状况，是食品质量安全的一个基本指标。食品卫生指标主要有产品致病菌总数、微生物种类、毒素、食品添加剂种类和剂量的要求，因此，将产品总菌数、大肠菌、毒素、食品添加剂等设为警兆指数。

食品卫生监测，按照国家有关规定和要求确定抽检样品数量、监测点的分布、抽检的频率、检测方法等。抽检时对不合格样品中最大危害情况程度与合格情况、平均情况作比较，如果最大危害情况极其严重，虽然检出率极低，但是因其危害性可能会产生警情，所以，这种最大危害物质检出也应设为警兆指数。

2. 优质蛋白质占总蛋白质的比重

蛋白质是人体重要的营养素之一，而优质蛋白质占总蛋白质的比重可以反映出膳食结构中蛋白质的水平，是食品质量在讲究卫生和营养的基础上发展到更高阶段的要求，也是发达国家对食品质量安全的一个重要表达指标。随着我国经济的发展和人民生活水平的提高，膳食结构也正在成为我国食品质量安全的一个主要指标。

3．动物性食品提供热能比

动物性食品提供热能比是指动物性食品提供的热能占总热能的比重。

人体所需要的热能只能由蛋白质、脂肪和碳水化合物三种营养素生成。在以动物性食物提供热能为主时，热能主要来自蛋白质和脂肪。在以动物性食物为辅的膳食结构中，三大营养素占总热能的比例为：蛋白质10%～15%、脂肪20%～25%、碳水化合物60%～70%。WHO建议，脂肪提供的热能占总热能的比重不要超过30%，20%～25%为宜。

警兆指数为蛋白质提供热能比、脂肪提供热能比等。

4．食品危害物残留抽检合格率

食品危害物主要指化学农药和兽药、微生物污染、微量元素等，如有机氯、有机磷、拟除虫菊酯、氨基甲酸酯、除草剂、杀菌剂等多种危害物。兽药残留是家禽家畜等动物和部分水产品的主要污染物。我国是农药使用大国，年使用量居世界首位，我国又是发展中国家，13亿人口刚从温饱向小康过渡，食品中农药残留问题虽然得到了越来越广泛的重视，也在逐渐向减小的方向发展，但是，在3～5年的时间内，化学农药仍然是我国食品污染的一个重要因素。

食品危害物残留抽检合格率是指监测食品危害物残留抽检合格数与总样品数的比值。不同食品污染种类不同，农药、兽药类化学物质残留的警情指标也不同。警兆指数为限量农药残留量、限量农药毒性、限量兽药残留量、限量兽药毒性、限量激素残留量、抗生素残留量、微生物污染种类及其含量和毒性等。

5．最大超标危害物风险指数

最大超标危害物风险指数是指抽检样品中不合格食品的最大超标含量与限量标准的差，若是不得检出的危害物，则为不得检出物的含量。

由于食品的限量一般是指允许的最大含量，超过限量则危害即可发生，不得检出的物质也是严禁存在的，是“0”的数量限制要求。设置最大超标危害物风险指数这一指标，主要是因为食品的抽检即使满足抽检合格率要求，如果那些不合格食品的样本中有超量极大的检出情况，即使存在的可能只是个案，因超量所可能引起的危害却不可轻视，因而需要设置风险指数，以警示其危害程度。另外，不得检出物更是严格禁止存在的，如果不合格样本中有这种危害物存在，那么，即使我们已用“不合格”将其剔除，但是，这批食品中为什么会有这种情况出现，是否是某种警兆？其潜在的风险，必然需要警示。

警兆指数是抽检中不合格食品的最大超标危害物的含量、不得检出危害物的检出量等。

（三）生态环境安全监测指标和警兆指数

1. 人均水资源占有量

人均水资源占有量可用地表水资源总量与总人口之比来表示。

水资源指地球上所有的气态、液态或固态的天然水，但是，真正能被人类所利用，并且可以循环更新的淡水资源才是我们所讲的可持续水资源。我国水资源总量虽然位居世界第6位，但是人均占有量居世界第110位，而且，淡水资源分布严重不平衡，水资源短缺现象不仅在北方地区，而且在一些中部地区也日益严峻。因此，选择人口数量、灌溉面积占耕地面积比重、蓄水层、工业用水量、生活用水量等作为警兆指数。

2. 人均耕地

人均耕地是总耕地与总人口之比。人均耕地数量的变化和质量的改变对食物供给的质和量都会产生影响。由于中国的总人口仍然处于增长态势，而经济发展和工业化进程使总耕地的质和量都不容乐观，因此，人均耕地是能否可持续提供食物的一个重要指标。总人口增长率、总耕地面积等为警兆指数。

3. 水土流失率

水土流失率可以用水土流失面积与国土面积之比来表示。水土流失率主要反映的是各地区水土保持的状况，是自然生态受到破坏后的客观反映。用地表保护质量、气候变化变异状况等作为警兆指数。

4. 废气排放量

废气排放量指环境中大气污染物总排放浓度。一般来说，废气是在生产加工、交通工具运输和人们生活活动过程中所产生的，废气中常含有二氧化硫、一氧化碳、氮氧化物、可吸入颗粒物等污染物。当空气中废气总量或某种污染物超过一定标准时，就会对环境的生态平衡产生破坏，影响食物的可持续安全供给和消费。警兆指数为废气排放总量、大气污染物排放浓度等。

（四）经济与社会安全监测指标和警兆指数

1. GDP 增长率

GDP 增长率即经济增长率，是（本年 GDP - 上年 GDP）/上年 GDP 的百分比。GDP 增长率是一个综合指标，反映了国家经济发展整体水平。GDP 增长率较高，反映了自然、资源、基础设施条件、经济发展的速度在加快，意味着支持系统的成本也在增加。要使食品安全的可持续发展保持在较高水平，需要 GDP 增长率保持较高且适度稳定的支持条件，相反，食品安全能否可持续，也会对 GDP 增长率产生影响。这一指标的警兆指数为当年 GDP 总量。

2. 人均收入水平

人均收入水平是指国民收入使用额中用于个人消费总额的全国人均值。该指标反映了在保持食物有效供给的前提下，人们对食物的有效需求能力。警兆指数为 GDP 总量、总人口增长率等。

3. 劳动生产率

劳动生产率是指每单位劳动投入的产出量，即每人时产量。劳动生产率指标反映产业结构、产品产量和投资、消费的可持续发展水平，表明了可持续发展的支持能力。警兆指数选取农业劳动力人均负担耕地面积，产业结构变化等。

上述食品安全预警系统评价指标体系虽然设计了四层结构 18 个监测指标，实际上对于指标的完整性还需要根据实证研究和实践检验不断完善、补充和调整，因此，指标体系的具体内涵应该是动态的，要在实践中检验和修正。

第五节　食品安全风险分析方法简介

食品安全预警实现预防和控制功能，需要对安全状况进行评价，通过风险分析和科学评估，对食品安全状况进行准确及时的评判，并且较好地预测安全趋势的发展变化，从而作出较为准确的预报和采取及时恰当的应对决策。实质上经过分析、评价、预报和应对决策过程，需要在预警理论的指导下，用合适的方法针对不同的食品安全问题进行预警。

一、食品安全风险分析方法

由于食品中可能存在的危害物风险，我国从 20 世纪 70 年代起，就组织开展了食品中污染物、部分塑料食品包装材料树脂及成型品浸出物等的危险性评估工作。近年来我国还加强了对食品中重点危害因素的危险性评估，开展了对食品中微生物、食品中化学污染物、食品添加剂、食品强化剂等的专题评估，开展了对总膳食结构以及污染物风险和食源性疾病的风险评估工作。基于风险分析方法的应用，我国已在食品安全监管中及时发布了食品中苏丹红、油炸食品中丙烯酰胺、面粉中溴酸钾、红豆杉等多项评估结果，提高了我国的食品安全风险管理水平，也在引导消费、督促公众和国际社会理解我们国家的食品安全监管政策方面起到了良好的交流作用。

根据食品安全风险分析理论框架，对食品中某些单一的危害物进行风险分析时，需要完成四大步骤，基本过程如下：

（一）背景描述

对某种食品可能存在的一种危害物质的研究进展，包括危害物的性质、危害性，在食品中存在和变化的状况，对人体健康影响等方面的定性和定量的关系，以及有关的监测、实验情况等。为提出评估和风险预防与控制给予必要的铺垫。

（二）风险评估

1．危害识别和描述

化学危害的识别侧重于理化性质、动物实验、流行病学研究等方面，用剂量与毒性反应的关系、毒性与人体差异的关系、有无阈值或最大剂量等进行描述。

微生物危害的识别主要有食源性疾病、流行病学传播机理、在食品中的含量等，用微生物与食品、人群与个体之间的关系等进行描述。

无论何种危害，尽量对风险不确定性和变异性进行必要的描述，描述时要采用定性和定量相结合的方式。

2．暴露评估

暴露评估是食品安全风险评估中难度较大的环节，包括膳食摄入量、食品含量影响、剂量与暴露模式等。

（三）风险管理

在风险评估的基础上，对已经清楚认识的风险提出预防风险的措施，以及风险管理具体的步骤、方法和预计效果。对于有待继续跟踪研究的风险制订管理方案，明确需要给予的条件，继续研究的方向和侧重点，研究期望达到的预期成果，并且评价风险管理绩效。

当风险产生时及时预警，当风险减小时缩小和降低预警的范围和程度，当风险消失则及时解除警报，是基于风险管理的预警应用。

（四）风险交流

交流即通告、通报、合作、协调等，是政府管理者、食品生产企业、食品消费者三方共同面对食品危害以减小风险的中间载体，利用这一平台，可以提高政府主管部门的监管透明度，遵循公正、公开、公平原则，提高食品安全风险管理水平。风险交流也使企业不敢懈怠，责任和利益的杠杆效应无论是短期的还是长期的都在起着作用，因此，企业对食品在加工和储存过程中可能产生的危害风险不敢掉以轻心，因为交流也是一面巨大的镜子。消费者则是直接受益者，可以获得预防风险的知识，及时了解风险的变化。

二、基于风险分析的油炸马铃薯中丙烯酰胺的预警

本应用针对马铃薯在油炸过程中产生丙烯酰胺有毒成分进行风险分析，并给出预警。

（一）有关背景情况

丙烯酰胺是聚丙烯酰胺合成中的化学性中间体，具有影响神经和生殖的毒性，动物暴露实验表明其有致癌性和致突变性，作为饮用水中的残留问题，受到最高限量的规定。自从在油炸马铃薯中发现丙烯酰胺含量将可能超过这个最高限量千百倍，对油炸马铃薯中丙烯酰胺含量的监测便受到国内外有关专家学者、国际组织、政府官员的高度重视。虽然至今尚未有明确的最高限量标准，但是，对于油炸马铃薯食品中含有大量丙烯酰胺对健康造成的潜在风险，以及该风险与不同人群的关系等安全问题，有关的风险评估研究正在不断深入进行，同时，提醒油炸马铃薯食品企业和消费者关注和重视这个问题。

（二）风险评估

1. 危害描述与风险识别

从物理性质、化学性质、生物学性质、神经毒性、生殖毒性、致癌性、致突变性方面进行检测和试验，暴露评估不同加工方法的食品中丙烯酰胺的含量，以及针对不同人群的膳食暴露评估、致癌性评估，根据加工样品检测、动物实验和流行病学实验，探究油炸马铃薯食品中丙烯酰胺的形成机理，利用数据研究油炸马铃薯食品的丙烯酰胺对人体健康的影响和风险关系。

2. 风险描述

通过危害分析和膳食摄入影响、暴露评估等步骤，综合油炸马铃薯中丙烯酰胺含量的风险特征得出以下结论：

（1）油炸马铃薯中丙烯酰胺含量较高，且含量随油炸时间不同而变化；

（2）人体中吸收丙烯酰胺的含量与膳食摄入量有关，因此，与饮食习惯

有明显的相关性；

（3）通过人和动物实验可知，人日均摄入量不超过0.012 mg/kg体重时，无神经毒性风险。致癌风险与年龄、性别有关。至今毒性的剂量与反应关系数据依然缺少；

（4）我国人群研究表明，一次摄入最高限量与年龄体重有关系，一次摄入100 g油炸马铃薯片存在较高的健康风险。

（三）风险管理

1. 风险管理策略

由于风险评估存在的数据样本有限，以及对人体健康关系的不确定性，因此，对于油炸马铃薯中丙烯酰胺最高限量尚未得到明确的限值，潜在风险值得继续关注和加强研究。管理策略：加大投入、进行专题攻关研究、建立中国人体健康风险评估数据库、加强与世界有关国家和组织的合作研究。

2. 风险预警

通过风险评估发现，丙烯酰胺对人体有危害风险已成不争事实，国内外研究者也就关于油炸马铃薯中存在大量丙烯酰胺达成共识，虽然最高限量未能标准化，但是，应对油炸食品中丙烯酰胺这一危害污染物的风险进行监测，当某种油炸食品中检测到丙烯酰胺，则警情产生，进入预警程序。如果能够通过改善加工条件而减少丙烯酰胺的产生，甚至消除，则警情也可解除。

（四）风险交流与控制建议

（1）根据中国国情，应在中学有关卫生常识课程中适当介绍丙烯酰胺的毒理学特性，把油炸马铃薯中存在大量丙烯酰胺以及食物摄入是人体内丙烯酰胺的主要来源这一基本共识的结果告知消费者，以增强消费人群的风险防范知识。

（2）对生产含有丙烯酰胺食品的企业，应掌握加工条件如温度、时间、食物原料成分等与丙烯酰胺的关系，规范基本的加工工艺流程和工序要求，在行业中形成企业交流平台，以尽量减小生产企业的产品中有丙烯酰胺的风险。

（3）在有关的信息平台如有公信力的政府网站、媒体等发布食品中丙烯酰胺风险预警信息，给予科学的消费指导，提高消费者的风险识别和预警能力。

本章学习要点

1. 理解并掌握预警及预警系统的基本概念；理解食品安全预警系统的主

要特点。

2. 了解食品安全预警系统的分类。

3. 理解食品安全预警的几种基本的理论体系。

4. 了解食品安全预警系统的指标体系，理解并掌握食品安全预警系统指标体系的设计和选择原则。

5. 了解指标体系的架构设计，掌握食品安全预警评价指标体系。

关键术语

食品安全预警系统　基本理论　指标体系

思考与练习

1. 什么叫预警和预警系统?
2. 食品安全预警系统的主要特点有哪些?
3. 请详细阐述食品安全预警的几种基本的理论体系。
4. 食品安全预警系统指标体系的设计和选择原则分别是什么?
5. 请列出食品安全预警评价指标体系。

第九章　食品安全预警系统的构建

本章概述

食品安全预警系统具有的功能一般包括：监测和检测功能、数据和信息的整理与分析功能、风险识别功能、安全状况评估功能、危机预警应对功能等。设计食品安全预警系统应遵循实现快速预警功能、系统最优、系统运行平稳有序三个原则。基本的预警功能模块有信息源系统、分析评估系统和决策应对系统。

信息源系统是食品安全预警系统运行的初始端，也是系统进行分析、决策的基础依据源。信息源系统的组成可以按照功能分类和分级，每个类别模块又可细分为若干子模块，层层嵌套、相互关联。预警分析系统是整个预警系统的关键与核心部分，是一套综合的、可以最优化运用监测信息、统计数据、抽样调查资料和专家意见对食品安全风险进行评估的，以及对运行状态和趋势作出判断性预测的系统。预警应对系统的核心是建立危机应对制度和预警机制。基本构成有报告制度、信息发布制度和应急预案制度。预警机制主要是实施预警预案的方法和流程。设计食品安全预警系统时，要尽可能利用环境的有利影响，使管理运行的效率最佳。

建立食品安全预警系统，旨在建立并健全食品安全预警机制，使食品安全监管处于动态、高效的监测、预报、预警状况。食品安全预警主要是通过合理的、足够的监测，分析食品安全存在的隐患和风险评估，对可能发生的食品安全事件进行预测、预报。构建食品安全预警系统，就是进行系统总体结构和逻辑功能的设计，明确总系统的有机组成和功能及其职能运作。

第一节　食品安全预警系统总体设计思路

对于预警系统的设计而言，如何实现功能最为重要，总体设计时，应把握功能设计和特性表征。

一、预警系统的模块特性

食品安全预警系统可以视作具有输入、输出和功能特性的模块。根据系统工程学的界定，系统的输入是指外界环境传递给系统的物质、能量和信息。例如食品原料的质量作为食品加工系统的输入信息。系统的输出是指系统向环境输出的物质、能量和信息。例如经过评估后系统输出风险提示的信息，加工过程系统输出产品或半成品物质等。

系统的功能是系统对输入的物质、能量和信息予以处理（转换或加工）后得到新的物质、能量和信息，并转换或传递出人们所需要的输出，这种处理（转换或加工）的能力就是系统的功能。各种系统功能差异极大，形成完全不同的系统。食品安全预警系统具有的功能一般包括监测和检测功能、数据和信息的整理与分析功能、风险识别功能、安全状况评估功能、危机预警应对功能等。如果将食品安全预警系统具有的功能概括为“处理功能”，那么一般说来，预警系统的处理功能模块见图 9－1。

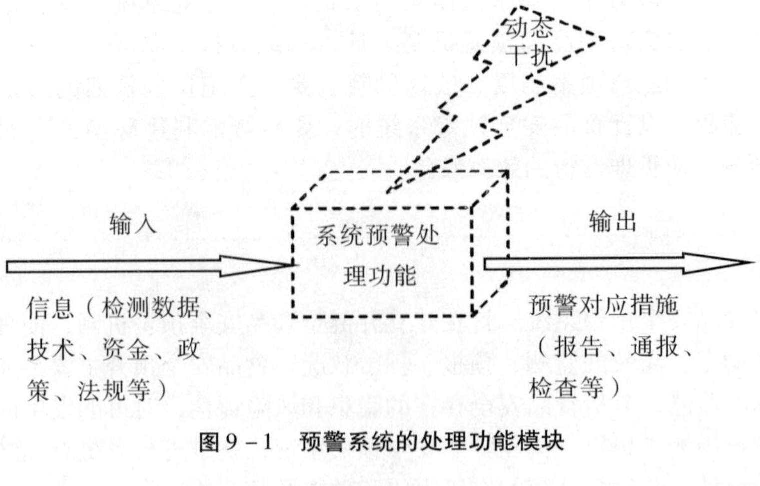

图 9－1　预警系统的处理功能模块

二、预警系统的设计原则

食品安全预警系统的设计在满足一般系统的特性要求基础上，还应突出真实反映和表达预警内涵的特点。因此，预警系统的设计遵循如下原则：

1. 实现快速预警功能

预警系统对输入信息的数据、报告等识别、获取能力显著，能够快速、准确地进行信息的数据分析、处理、提取和转换，能够根据食品安全问题的特点进行诊断，定性和定量考查、评价食品安全状况，科学评估和预测发展变化的趋势。系统自动选择预防应对措施，及时发布警情预报，对不安全状况给出控制信号。

2. 系统总体最优

食品安全预警系统作为一个由若干部分有机结合成的系统，系统、系统内部组成元素（子系统）和系统的外部环境三部分之间存在着强关联特性。因此，研究食品安全预警系统时，应把系统作为整体研究对象，设计和确定系统的整体运行目标，并且努力使整体目标为最优。

强调整体性需要通过调整和改善单个要素的功能，并着重于协调和统一运行各个要素，使整体产生放大效应。整体把握整体与部分之间的相互作用和依赖关系，揭示系统特征和规律，从整体最优化去实现各部分的有效运转。所以系统追求的是系统整体性能的最优，而不是其中部分的最优。

在分析和处理问题时，不仅要考虑系统的各个部分之间、各部分与整体之间的相互关系和作用，还要注意协调它们之间的关系。因为部分与部分之间、各部分与整体之间的作用将直接影响整个系统的性能。关联的各方如果能协调运行，则效果最佳，否则，有可能互相影响或此起彼伏，使好的效果得不到放大，不利的影响反而被放大。

3. 系统运行平稳有序

系统整体运行平稳、可靠性高，能够按照设计的流程规范、准确、有序地响应，预报、控制、常规监测等预警任务的通道、接口设计科学合理。系统的运行状态一般是动态可调的，因此，要求运行过程稳定、可靠，避免有大的波动影响。稳定性良好也有利于对系统运行的控制，使系统运行的效果明显、结论可信。

第二节　食品安全预警系统的基本构架

在我国食品安全预警系统方面的研究中，关于粮食安全预警系统的研究报道较多，但是，广义的食品安全预警，不仅可以涵盖粮食安全预警，还可以包括像SARS、禽流感等重大食品安全问题以及公共卫生安全问题的预警，这样的预警系统研究，是当前我国国家安全战略的重要研究内容之一，也是我国正在建设的应对重大安全事件的主要内容之一。

食品安全预警系统的组织结构构成有机联系的整体，组织结构的形式不同，预警过程的具体流程不同，实现的功能也不同。只要食品安全预警的目标不变，系统的内涵和表达可以是丰富独特的，系统的种类功能也可以是多样性的。根据我国已经在经济领域、粮食安全预警、食品安全监管部门的预警系统建设等方面的研究成果，以及国际上一些先进的科学预警管理模式，我们将预警系统按照功能特点设计为图9－2所示的结构，基本的预警功能模块有信息源系统、分析评估系统和预警应对系统。

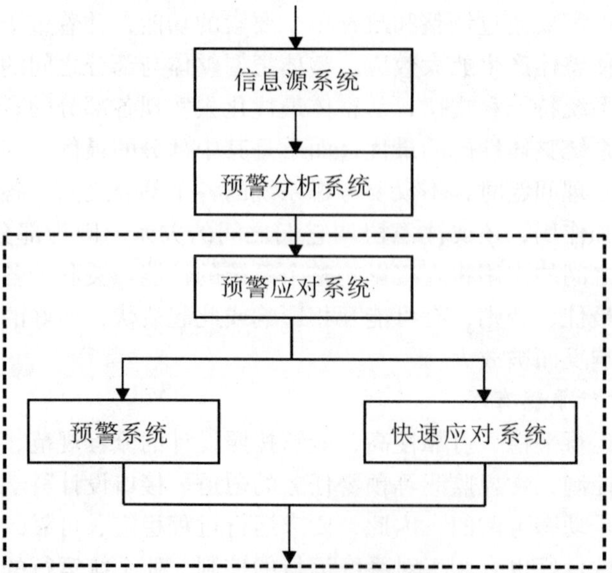

图9－2　预警功能示意图

一、信息源系统

信息源系统的功能是负责收集、储存、更新和补充预警系统所需要的所有数据和信息，其实质就是信息数据库。信息源系统的输入端是监测、统计得到的有关预警的数据和信息。信息源系统的输出端是可供提取的有效的数据和信息。信息源系统是食品安全预警系统运行的初始端，也是系统进行分析、决策的基础依据源。

为了满足食品安全预警系统对数据和信息的需求，信息源系统必须持续、可靠地保障数据的采集和供给，及时进行信息和数据的补充和更新，充分支撑食品安全预警系统的信息产出和加工需求。数据信息系统及其保障机制的优劣，将直接影响到整个预警系统的性能，最终影响预防控制措施的决策判断。因此，信息源系统在整个系统中有着举足轻重的地位，保证整个系统的优化必须首先保证信息源系统的优化。由于食品本身存在品种多样性、物性复杂性等特点，要长期保持数据的完整性、统一性非常困难，所以，食品安全预警系统的数据库建设是一个相当艰巨的工程。

信息源系统的组成可以按照功能分类和分级，每个类别模块又可细分为若干子模块，层层嵌套，相互关联。例如，信息源系统由监测模块、标准信息模块组成时，结构如图 9－3 所示。

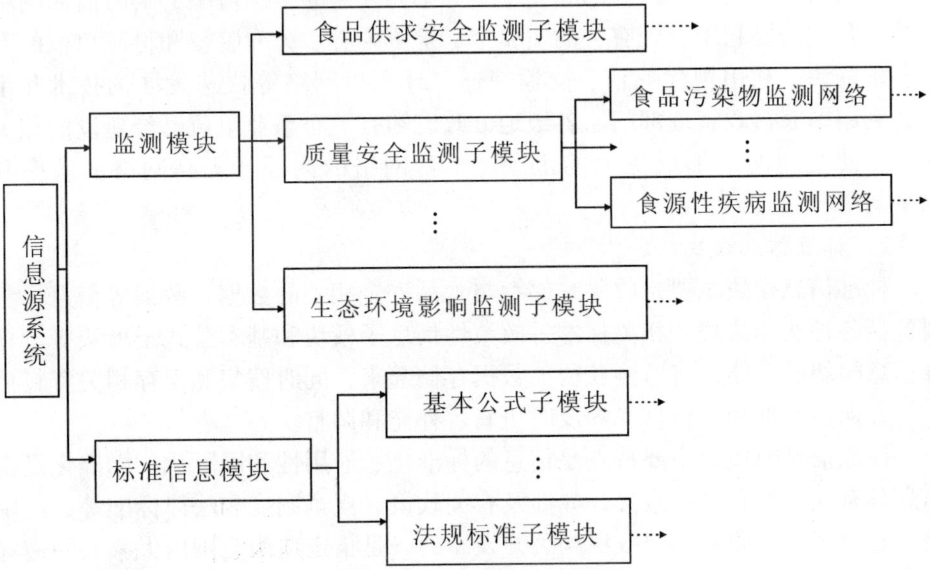

图 9－3　信息源系统结构

1. 监测模块

监测模块是专门通过监督检测来获得数据、信息的功能块，合理的设置和布局监测网点和监测时点，可以保障数据和信息的科学性、可靠性、完整性，监测模块网络涉及的范围广，建设网点的工作量大。监测模块可以继续分解为若干子模块，各种预警系统根据具体的预警目标设置有较强针对性的监测目标。如对于食品卫生安全的监测目标，可以设置食品污染物监测模块和食源性疾病监测模块；对于食品的产品质量的监测目标，可以设置产品检验和检疫监测模块；针对所有农产品的种（养）植、采收和储藏的安全监测目标，设置专门性的安全监测模块，尤其是粮食、油料、果蔬等主要食品的监测；根据食品流通特性在超市、农贸市场建立的食品安全监测模块等。

在设置了必要的监测模块后，接下来必须考虑的是监测网点的布局以及监测信息的搜集和报告的形式、频度、途径等，以及相应的规则和要求，以最大限度保证监测模块的可行性和可操作性。对于监测网点的建设，根据预警系统的建设状况，可考虑分批分步建设原则。如我国关于食品污染物的监测网点建设，即是在50年的已有基础上，按照“分年度、有要求、加快建设”的思想制订了5年的计划，在2008年实现监测点180~200个，覆盖31个省、市、自治区的建设目标。

监测模块的建设应尽可能利用已有的相关基础，尤其是我国现行的监管体系内部各部门已经建设和正在加强完善的相关部分。这样，监测点就能够较快地形成网络，实现监测的目的和要求。如果需要建立全国范围的实时监测网络系统，我们需要利用全国有关的实验室、检测中心、大专院校和科研单位的有关装备资源，利用现代通信、交通速递、计算机网络等快速发展的技术和手段，利用国家行政管理部门、各级地方政府和有关企事业单位已经建设的相关成果，使监测网络形成更大的范围，丰富网络的内涵，提高网络的效率和水平。

2. 标准信息模块

标准信息模块主要是收集、储存与食品安全相关的数据、政策等信息，主要包括各种法律法规和相关标准等政策性信息子模块和基本公式子模块等。标准信息模块的功能是将监测获得的数据存储起来，同时搜集和保存相关资料信息，并保持数据和资料信息的及时更新、补充和调整。

标准信息模块的主要特点是信息的标准化、通用性和国际化。标准化是指信息具有权威性和规范意义，如涉及有关政策、规章制度和法律标准等，一定是具有代表性的职责部门或机构公开发布的，是指定适用范围内大家共同遵守或采用的信息。通用性是指信息具有被其他系统应用的价值，如分析的方法、一些通用的计算公式等。国际化实际上是相对而言的，主要是指信息模块中的一些产品标准、生产规范等的制定，要结合中国国情和预警特性，借鉴和参考有关的国际标准的要求和制定的思想、理念，使信息模块中的标准类信息具有较高的国际化程度。

在信息源系统的建设中，如果能在标准信息模块与监测模块之间增加通道，则可使监测网点提供数据和信息，同时，信息模块又对监测网络实行反馈，从而使网络更加合理、适当。

食品安全预警的基础是信息的收集、积累和修正，数据库建设工作量大，投入成本高。目前，我国已经建设的数据库多为行业或管理部门系统内的，专门性强、专业性高，无论是在技术层面还是在管理层面，在目前各自建设的大背景下，因监管目标和范围不同，信息覆盖面有限，数据的系统性、连续性和综合性水平不高，数据库的跨部门接口设计对接难度大。另外，因为食品安全风险产生的根源和风险表露特征的复杂性，以及食品贸易市场的扩大化，实际上要确定问题食品的归属管理将变得越来越困难，食品安全的风险跨部门跨省市的通报和交流就变得越来越重要了。

我国的食品安全预警系统建设尚处于起步阶段，各职能部门的相关数据库也大都还在建设之中，如果能够在系统内部数据库建设的基础上，在信息平台建设过程中同时考虑加强系统之间的沟通，提前布局共享问题，不仅能够加强食品安全信息管理和综合利用，实现互联互通和资源共享，做到食品安全问题早发现、早预防、早整治、早解决，而且能够促进我国食品安全预警系统的整体建设，加快提高我国整体的食品安全防控水平。

我国食品安全预警系统基础设施装备水平低，目前尚未形成完善、统一的预警信息网络系统，信息滞后，而且也缺少一些相关的统计数据，存在统计口径缺位或重复现象。通过信息源系统的研究，可以加强加快对信息的收集、整理及数据库的科学建设，大大促进我国食品领域信息化的发展，有利于我国进行国际交流和加快国际化进程。

二、预警分析系统

预警分析系统是整个预警系统的关键与核心，其功能将直接影响食品安全预警的质量。预警分析系统的输入端是信息源系统，输出端是安全风险的分析信息。

一般的预警分析系统包括指标模块和分析模型模块两部分。指标模块主要是设置食品安全风险危机的评价项目，要求指标具有典型性和科学性，并从相关因子中选择出能超前反映食品安全态势的领先指标，指标的数据信息来源于信息源系统。分析模型模块有风险分析模型子系统和专家评估子系统两个子模块。风险分析模型主要是理论与分析方法，通过统计数据和限定条件进行计算，从而得出分析结果。“危险性评估”模型就是预警分析模型之一。危险性评估是WTO和国际食品法典委员会（CAC）强调的、用于制定食品安全技术措施的必要技术手段，也是评估食品安全技术措施有效性的重要方法之一。

专家评估是食品安全预警系统具有的特殊子系统。在预警分析过程中，由于理论建设目前尚处于初研阶段，建立数学模型本身存在着很多的困难和局限。而实际的食品安全风险评估仅依据理论分析又往往难以做到及时和准确，经验告诉我们，建立一支稳定的、具有相当实践经验和资深专业知识的专家群体，利用专家们的实际经验、专业知识积累和科学研究成果及其智慧，参与预警分析、判断和评估以及预测趋势，可以改善单纯依靠模型极难完成的预警分析任务，保证食品安全早期预警的分析质量。专家评估模块的特点是建设涉及多领域多专业的专家团队，明确专家的责任和分析评估程序。例如2003年SARS在我国流行时，我国政府和地区建立了多个专家团队，有流行病学专家、中西医大夫、营养学专家、政府官员等，对SARS病毒与食物的关系、SARS的暴发与流行原因等进行了研究，他们的合作为我国预防和控制SARS的流行起到了很好的作用，也形成了我国新的公共安全卫生防控专家评估系统。

因此，预警分析系统是一套综合的、可以最优化运用监测信息、统计数据、抽样调查资料和专家意见对食品安全风险进行评估的系统，也是对运行状态和趋势作出判断性预测的系统。

三、预警应对系统

预警应对系统的主要功能是根据分析、评估的结果进行预警应对，应对也称为反应。预警应对系统的输入端是预警分析的结果，输出端是预警控制指令。根据警情的不同，预警控制指令将给出预测、预报、警示、调控和快速应对等各种决策措施。

预警应对系统的构建工作量大，按照反应状况通常有以下两种情况：一是正常的食品安全状况监控，二是有危机状况出现时的防控。当预警分析结果给出状况为正常时，反应对策是继续常规监测。需要强调的是，日常监测需要生产者和管理者职责清楚、监管机构之间协调及时。如果常规监管出现“黑洞”，则表明反应系统可能失灵。目前我国具有监管职责的职能部门有卫生部、国家质检总局、商务部、农业部、国家工商总局等。危机应对的关键是捕捉先机，在危机发生危害之前对其进行控制。如果产生危机状况是由于不可预测的突发事件造成的，那么危机应对的难度一般较大，危害程度的变化也更复杂，突发事件重在快速应对。如果危机产生是源于风险的累积效应，这类危机理论上是可以预测预防的，关键就在于预防性的调控。

预警应对系统的核心是建立危机应对制度和预警机制。基本构成有报告制度、信息发布制度和应急预案制度。预警机制主要是实施预警预案的方法和流程。

1. 报告制度

运用现代化电子网络手段，实现快速、高效、准确的数据分析，将问题和情况及时向上一级主管部门报告，并按照有关法律和规定向相关部门和社会通告，就构成了报告制度。例如，我国现有的食物中毒报告制度、法定急性肠道传染病报告制度，并在二者基础上建立的食源性疾病报告系统。随着针对食品安全专项整治力度的不断加强，我国即将建设重大食品违法案件逐级报告制度。随着我国食品安全信用系统建设的开展，信用征集制度也将积累企业信用状况。

我国目前涉及食源性疾病管理的法律有两部，分别是《食品卫生法》和《传染病防治法》。国内能够反映食源性疾病危害的数据信息主要有两个报告系统，分别是依据《食品卫生法》建立的食物中毒报告系统和依据《传染病防治法》建立的传染病报告系统。值得注意的是，这两个报告系统是独立的。随着我国相关的法制法律系统的不断完善，各种必要的报告制度陆续建立，将使我国食品安全的信息统计数据和信息更加全面、及时。

2. 信息发布制度

一旦预警信息生成，预警信号由谁来发布、通过何种渠道发布以及发布的具体办法由谁来制定等，都构成了预警信息的发布问题。

预警信息发布是一件政策性很强的工作，需要建立一套完善的预警信息发布制度。我国近几年不断地完善着食物安全预警信息发布制度，国家质检总局、国家工商总局等都具有明确范围的食品质量安全信息发布权利和责任，有关的食品安全信息公布越来越及时。例如，北京市曾于2004年11月向市民公布了11个食品安全举报电话，这一举措进一步规范了食品安全信息收集渠道。每日在《北京晨报》刊登的食品安全信息，明确标注由北京市食品安全办和晨报联合发布，这也是我国食品安全信息发布制度的体现。在理顺国家监管机构和部门的职责中，卫生部把食品安全的监管职责转交由国家质检总局承担，这一举措不仅完善了我国现有的食品安全管理体制，实质上也规范了食品安全信息发布的权责。

预警信息发布制度的建设，使信息通过权威机构发布，在规定的传媒和渠道公示，实现了信息的合理规范传播。预警信息的发布不仅有利于指导和帮助消费者及时获取有价值的食品安全信息，也为食品生产企业和政府监管部门提供了有益的市场信息。当然，对于食品安全信息发布的地域性、时效性、权威性，目前为止依然有很多新的问题需要解决，信息发布制度建设还不断面临着新的挑战。

3. 应急预案制度

危机应对的关键是捕捉先机，在危机发生危害之前对其进行控制。快速反应系统主要是对重大、突发安全事件的紧急应对处理，是应对系统的一种特殊形式。快速反应系统的实质就是应急预案制度，是危机处理的计划与方法，是针对快速预防和控制食品安全事件而制定的规则和流程。应急预案对危机一般实行等级应对制度，不同的等级有其相应的对策措施和方法。例如，福建省2003年颁发的《福建省粮食安全预警应急方案（试行）》将不安全状态分为紧张状态、紧急状态、特急状态三个等级。在《国家重大食品安全应急预案》中将事件的危害程度分为特别严重、严重、较严重、一般四个等级。等级管理即是针对不同等级采取不同的应对方案。

快速反应系统一般具有以下三个特点：

（1）统筹指挥，分级负责。由于食品安全突发事件一旦出现则可能造成影响范围大、危害程度深的状况，因此，政府必须担负起危机处理的职责，快捷反应，立即启动应急预案。只有政府统一指挥、协调领导、分级负责、统筹应对，才有利于迅速果断有力地处置和控制危机。

（2）尊重科学，强调合作。在制订危机应急计划时，要尊重规律、依靠科学，多倾听专家的意见，了解基层的情况。应急方案不仅要吸收国际先进的科学技术，还要挖掘我国拥有几千年文明历史的独特方法。应急措施实施时，可能涉及的多部门之间要打破常规、通力合作。

（3）动态跟踪，快速响应。根据我国2003年的SARS处置过程和2004年禽流感应急措施的实施情况、经验和教训说明，预警快速应对系统应是动态的。在食品安全危机预防的常规时期，启动的是预警应对系统，快速应对系统处于“待机”状态，但是，仍然需要关注国内外有关食品安全公共卫生的发展和变化，及时调整和修改快速应对系统中的储存，不断完善快速应对系统的构架和功能。只有保持着动态，一旦发生食品安全公共卫生危机信号，快速应对系统才可能应急及时，措施得力、有效。目前，我国已经建设了国家应急预案以及省（直辖市）级政府的地方性应急预控，在此基础上，一些省属市、县、镇也建设起应急预案，已初步形成了对重大食品安全事件的应急处理方案。目前，不少地区正在加强对应急预案的演习、培训工作，真正提高应对能力，完善应急举措。

由于预警具有预防和控制两种功能，又重在预防功能，因此，常规状态下预警系统主要以预防为主，对输入的分析结果保持动态跟踪，加强监测，微调和修正运行中可能出现的偏差，预防问题出现。快速应对系统主要是应对突然暴发的重大食品安全问题，风险已经产生，并有可能进一步扩散、蔓延或状态恶化，必须快速控制风险状态，并促使形势好转。

由于食品安全事件产生的复杂性，实行高效的预防和控制往往不是一个企业或者哪个管理部门的问题，实际的防控运行往往会涉及多个部门和单位，因此，建立协同机制开展联合预警行动，政府统一领导、统一组织，各相关监管部门协调配合，是运行食品安全预警机制取得防控效果的明显特点。2007 年 8 月 13 日，国务院成立以国务院副总理吴仪为组长的产品质量和食品安全领导小组，领导小组办公室设在质检总局，下设四个小组，分别是农业部牵头的农产品整治组、国家质量监督检验检疫总局牵头的食品和消费品整治组、国家食品药品监管局[①]牵头的药品整治组和国务院新闻办牵头的新闻信息组。这样的设置正是体现了多部门联合整治的特点。协同联动机制还可以防止监管缺位现象，减少不必要的重复监管，从而使监管链环环紧扣。尤其是对于突发食品安全事件的应对，由于强调快速、高效的应急处理，协调联动机制更有利于规范和指导应急处理工作，有效预防和及时控制不安全事态的发展。

第三节　食品安全预警系统管理流程

食品安全预警系统的运行是实现预警的重要保障，一般意义的运行管理流程如图 9－4 所示。食品安全预警决策通过食品安全管理小组与相关职能部门保持联系，各职能部门在动态监测状况下，按照安全监测、风险分析、危机（警情）识别、预警应对的思路运行预警系统，在危机状态进行预警应对。根据危机形成以及危害特点，预警流程分别实施趋势预警或快速应对。趋势预警主要是对趋势中的状态进行偏差修正，及时规范地向上级部门报告、提交本部门预警管理诊断结果以及所采取的预控措施。向同级部门通报，向下级机构部署和发送有关的指令信息。快速应对则是针对重大食品安全危机事件，实行快速、高效、多部门联合应对机制解决问题。

---

① 注：当时，国家食品药品监督管理局是国务院的直属机构。

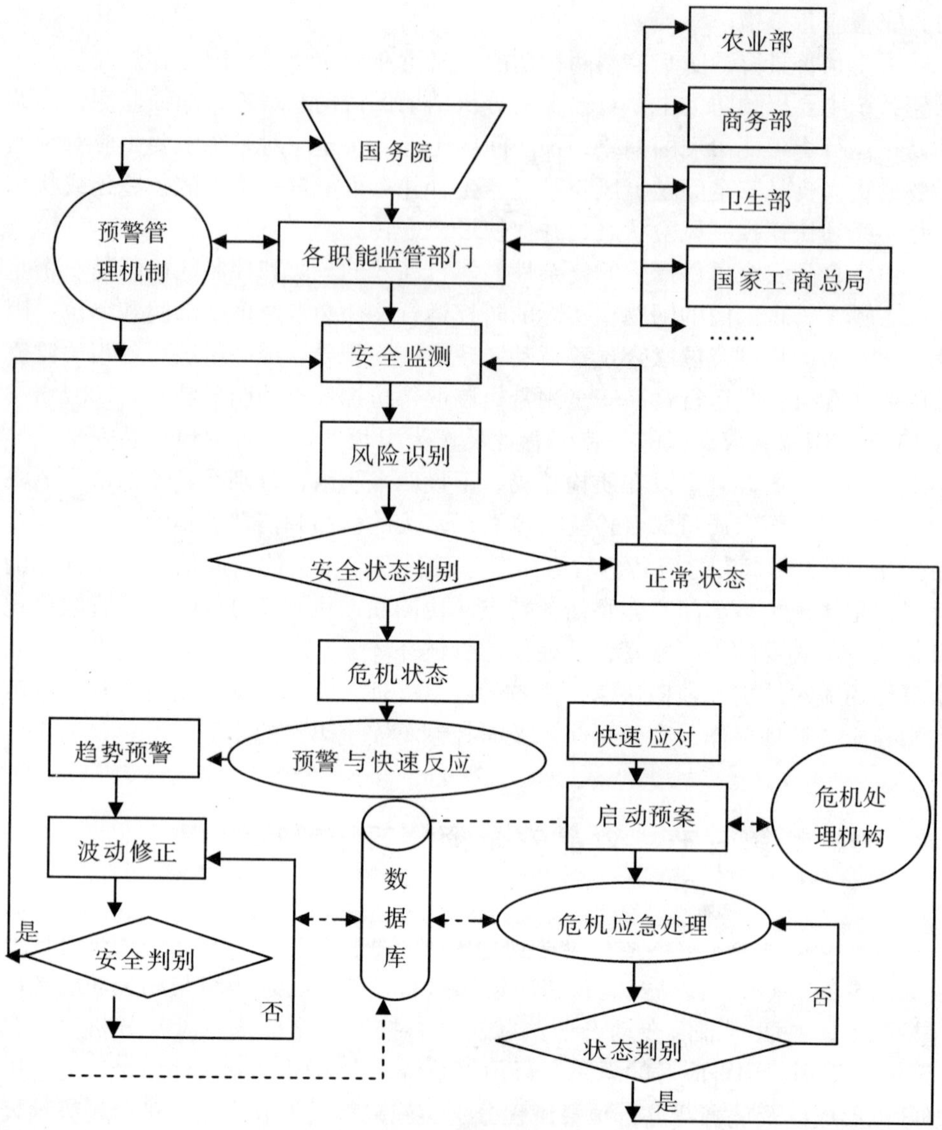

图9-4　食品安全预警管理流程

食品安全预警系统的管理运行，不仅要保障系统功能的实现，还要考虑与环境的友好问题，环境给予系统的干扰如果有利于系统的运行，也就有利于预警的可持续发展，而预警系统对环境的输出，既是系统的目标又是预警的目的。因此，设计食品安全预警系统时，要尽可能利用环境的有利影响，使管理运行效率最佳。

本章学习要点

1. 掌握食品安全预警系统总体设计的思路，包括预警系统的模块特性和预警系统的设计原则。

2. 了解食品安全预警系统的基本构架。掌握基本的预警功能模块。

3. 掌握食品安全预警系统的管理流程。

关键术语

信息源系统　预警分析系统　预警应对系统

思考与练习

1. 预警系统的模块特性有哪些？

2. 预警系统的设计原则有哪些？

3. 请阐述食品安全预警系统总体设计的思路。

4. 信息源系统、预警分析系统和预警应对系统各自的功能和具体内容是什么？

5. 请列出食品安全预警系统的管理流程。

第十章　食品安全应急处置的总体要求

本章概述

本章重点介绍食品安全应急处置的原则与方法。要求熟悉食品安全事故分级及其相应的应对措施，掌握食品安全应急处置的总体要求，确保在食品安全事故发生后能迅速有效地开展应急工作，有效控制事态发展。

食品安全应急处置的目标是以最快的速度消除食品安全危害，控制和防止事态的扩大，尽快恢复正常的生产、生活与社会秩序，最大限度地减轻食品安全危害。因此，食品安全事故发生后，应急处置应从最大限度地控制事故的范围与影响、保护人民健康与生命安全、维护社会稳定三个方面开展工作，包括：组织医疗救护力量，全力开展对受害病患者的救治、筛查与安抚；组织开展事故中病患者的临床和实验室诊断及流行病学调查，排查、确定造成事故的食品或可疑食品并采取封存等行政控制措施；根据危险评估结论确定不安全食品的召回级别并实施召回措施，向社会公布相关信息，提示公众停止食用该食品；对不安全食品进行追踪溯源，排查、确定造成事故的原因；进行进一步危险性评估，必要时采取进一步的召回措施；监督检查召回措施的落实，评估召回措施的落实效果，监督销毁被控制的和被召回的不安全食品；对食品生产经营过程进行举一反三的整治，消除食品生产经营过程中的安全隐患，防止类似事件再次发生；追究食品生产经营者和食品安全监管者的法律责任；做好病患者的医疗救治费用等民事赔偿的善后处理，等等。

《食品安全法》明确规定：食品安全事故指食物中毒、食源性疾病、食品污染等源于食品，对人体健康有危害或者可能有危害的事故。食品安全事故处置是《食品安全法》的重要内容之一，是保证食品安全、保障公众健康和生命安全、实施食品安全责任追究的一项重要的法律制度。《食品安全法》赋予卫生行政部门组织查处食品安全事故的职责，并对食品安全事故的应急处置、报告、调查、处理、责任追究和有关部门、有关单位在食品安全事故处置中的权利、责任和义务作了原则规定。《食品安全法实施条例》和《国家食品安全事故应急预案》、《食品安全事故调查处理办法》等法规或规章，要求建立健全食品安全事故的应急应对机制，高效组织应急处置，最大限度地减少重大食品安全事故对公众造成的健康危害，保障公众健康与生命安全，维护正常的社会经济秩序；进一步确立和细化政府、食品安全监管部门和食品生产经营企业及相关部门、机构或单位在食品安全事故应急处置中的职责与要求。国务院有关食品安全监管部门、地方人民政府及其有关部门，参照《国家食品安全事故应急预案》制定本地、本部门或本行业的食品安全事故应急预案。

第一节　中外食品安全事故应急体系概况

“民以食为天”，食品安全事关人民身体健康与社会稳定，是各国政府管理国家的重要事务之一，而建立高效的食品安全事故的预防控制和应急处理体系，降低事故的危害和影响，则是食品安全监管的重要内容。

一、我国食品安全应急体系概况

新中国成立以来，党和政府高度重视食品安全工作，从《食品卫生管理条例》到《食品卫生法》，都有食物中毒处理的专门条款，卫生部先后制定了《食物中毒事故调查处理办法》和《食物中毒调查处理程序》等配套规章和规范性文件，初步建立了我国食物中毒事故应急处理体系。随着经济体制的改革和食品工业快速发展，食品安全不断出现新的隐患和问题，从“广州毒酒”、“阜阳大头婴奶粉”到“三聚氰胺奶粉”等食品安全事故，直接或间接催生了《国务院关于进一步加强食品安全的决定》、《食品安全法》等法律文件的出台。由于食品安全事件属于突发公共卫生事件范畴，其应对同样主要通过制定预案来实施。到目前为止，我国涉及食品安全事故应急处理的法律法规除《食品安全法》外，还有《中华人民共和国农产品质量安全法》、《中华人民共和国突发事件应对法》、《食品安全法实施条例》、《突发公共卫生事件应急条例》和《乳品质量安全监督管理条例》等；根据相关法律法规还制定了《国家食品安全事故应急预案》、《食品安全事故调查处理办法》等配套规章或规范性文件，规范和指导国务院各部门、各级地方政府及各行业的食品安全事故应对活动，提高处置食品安全事故和保障食品安全的能力。从单纯的食物中毒应对到食品安全事故应对，从卫生部门独家支撑到建立组织机构、应急保障、监测报告与评估、预警与响应及后期处置等多部门、多层次分工和互相配合的食品安全应急体系（见图10－1）。涉及食品安全应急处置的部门或机构近20个（详见第十二章第四节），其中最主要的有卫生、农业、质监、工商和食药监五个部门。

《食品安全法》规定：国务院设立食品安全委员会，组织制定国家食品安全事故应急预案。县级以上地方人民政府根据有关法律、法规的规定和上级人民政府的食品安全事故应急预案以及本地区的实际情况，制定本行政区域的食品安全事故应急预案；统一领导、指挥食品安全突发事件应对工作，发生重大食品安全事故时，成立食品安全事故处置指挥机构，启动应急预案进行处置。

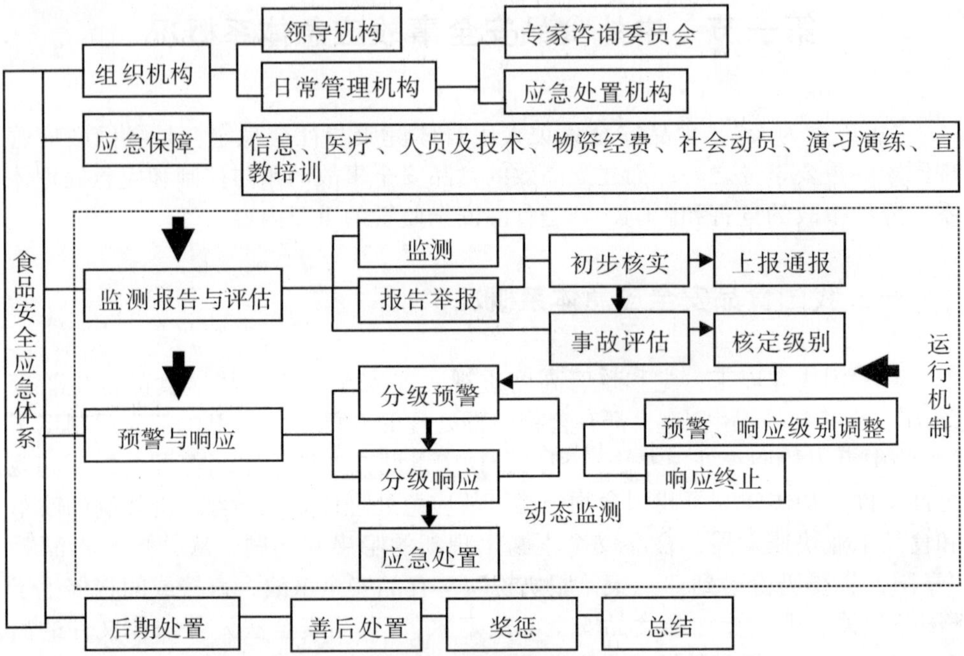

图10－1　我国食品安全应急体系构架

国务院卫生行政部门承担食品安全综合协调职责，负责食品安全风险评估、食品安全标准和检验规范制定及食品安全信息公布，组织查处食品安全重大事故；县级以上卫生行政部门会同相关环节食品安全监督管理部门对报告的食品安全事故进行调查处理，并采取应急控制措施，减轻或防止社会危害；县级以上疾病预防控制机构协助卫生行政部门和有关部门对发生食品安全事故的现场进行卫生处理，并对与食品安全事故有关的因素开展流行病学调查。

国务院农业行政、质量监督、工商行政管理和国家食品药品监督管理部门分别负责农产品生产、食品生产、食品流通和餐饮服务活动的监督管理及食品安全重大事故的查处；出入境检验检疫机构负责进出口食品的监督管理，进口食品发现严重食品安全问题或境外食品安全事件可能对我国境内造成影响时，及时采取风险预警或者控制措施，并向国务院相关食品安全监督管理部门通报。县级以上农业行政、质量监督、工商行政管理、食品药品监督管理部门在各自职责范围内负责本行政区域的食品安全监督管理工作，向卫生行政部门通报食品安全事故信息并参加查处工作。

国务院及地方各级人民政府均设立有处理食品安全事故等突发公共卫生事件的应急管理机构——应急管理办公室。

二、国外食品安全应急体系概况

国际上与食品安全相关的组织机构或应急管理体系主要如下：

（一）国际组织或机构

国际食品法典委员会（CAC）、世界卫生组织（WHO）、联合国粮食及农业组织（FAO）、国际标准化组织（ISO），根据成员国的请求，对食品安全事故等国际公共卫生紧急事件处理提供技术指导、协助和支持。

（二）美国食品安全相关机构

美国涉及食品监督管理的机构多达20个，其中最主要的有美国联邦卫生与人类服务部（DHHS）及所属的食品与药品监督管理局（FDA）和疾病控制与预防中心（CDC）、美国农业部（USDA）及所属的食品安全检验局（FSIS）和动植物卫生检验局（APHIS）、美国环境保护署（EPA）。

1．美国联邦卫生与人类服务部（DHHS）

DHHS的FDA下设食品安全与应用营养中心（CFSAN）、兽药中心（CVM）、毒理学研究中心（NCTR）、过敏与传染病研究所（NIAID）和疾病控制与预防中心（CDC）。

FDA通过CFSAN实施对州际贸易及进口食品（包括带壳的蛋类食品，不包括肉类和家禽）、瓶装水以及酒精含量低于7%的饮料的监督管理，保证美国食品供应安全、卫生、有益，标签、标示真实；保护公众健康。

CVM主要管理动物食品的添加剂及药品的生产和销售。

NCTR 作为研究机构，以动物作为研究对象来开展毒理学试验等基础研究，根据研究结果推断相关毒素对人类的影响，为 FDA 的各中心提供所需的科学支持。

NIAID 通过 DHHS 的支持，开展食源性疾病的传播、发生、发展的病理学研究、治疗及预防等相关研究课题。

CDC 通过预防与控制疾病来提高人类健康及生活质量，负责收集相关食源性传染病信息，进行食源性传染病检测，并提供相关技术支持。

2. 美国农业部（USDA）

USDA 下设动植物卫生检验局（APHIS）、农业科学研究院（ARS）、州际研究与教育和推广合作局（CSREES）、经济研究所（ERS）、食品安全检验局（FSIS）、农业营销局（AMS）、谷物检验与批发及畜牧场管理局（GIPSA）和海外农业局（FAS）。

APHIS 负责监督和处理可能发生在农业方面的生物恐怖活动，比如外来物种入侵、外来动植物疫病传入、野生动物及家畜疾病监控等，从而保护公共健康和美国农业及自然资源的安全。

ARS 作为主要的研究机构，负责研究影响民众日常生活的食品安全项目，推广相关科学知识，并向 APHIS 及 FSIS 提供技术支持。

CSREES 是 USDA 主要的集资研究机构，为从事食品安全等相关研究的学校、政府机构、专业及行业组织团体提供竞争性的集资。

ERS 是 USDA 经济信息来源和经济研究的主要机构。研究结果为农业、食品、自然资源及乡村发展提供相关信息，提高政府决策的科学水平。

FSIS 为公众健康机构，负责保证美国国内生产和进口消费的肉类、禽肉及蛋类产品供给安全，标签、标示真实，包装适当。

AMS 为认证服务机构，通过提供农产品质量定级和认证服务，保证国民能有选择性地享受高品质的食品供给，维护稳定的市场环境，保障农牧民及消费者的利益。

GIPSA 负责管理家畜、肉（猪、牛、羊、禽）类、谷物、油籽及相关农产品贸易，制定官方农产品定级和检验标准，统一检测方法，维护公平竞争的市场营销体系。

FAS 负责帮助美国产品进入国际市场，促进美国产品获得新的海外市场准入或提高其在国际市场的竞争力，支持农业国际贸易的发展。

3. 美国环境保护署（EPA）

EPA 下设预防农药及有毒物质办公室（OPPTS）、研究开发办公室（ORD）和水资源办公室（OW）。OPPTS 负责保护当前及今后的公共健康和环境免受有毒有害化学药品的污染，设定食物中的农药及其他有毒有害物质的残留限量等。ORD 是科研机构，围绕风险分析和风险管理开展研究，为 EPA 正确履行保护人类健康、保护自然环境的职能提供科学依据。OW 负责人类饮用、鱼类及贝类生存及游泳用水等的水质安全，保护人类健康。

（三）欧盟食品和饲料快速预警系统（RASFF）

RASFF 是依据欧洲食品安全局有关食品法律的总原则与要求及欧盟法规（EC）178/2002 号规定的食品安全程序而建立的，为当局和成员国在采取措施确保食品安全方面的交换信息提供一个有效的工具和平台，信息分成三类：①警告通报：警告信息是当市场上销售的食品或饲料存在危害或要求立即采取行动时发出的。②信息通报：指市场上销售的食品或饲料的危害已经确定但是其他成员国还没有立即采取措施，因为产品尚未到达它们的市场或已不在市场上出售或产品存在的危害程度不需要立即采取措施。③禁止入境产品通报：主要是针对对人体健康存在危害、在欧盟（和欧洲经济区）边境外已经检测并被拒绝入境的食品或饲料。

委员会每周公布一次警告和信息通报，为达到商业信息公开和保护市场的平衡，只通报已经采取或正在采取的措施，不公布贸易名称和各个公司的名称，在保护人类健康要求更高透明度的特殊情况下，委员会将通过惯例的联系渠道采取措施。

（四）澳新食品安全法律体系与执行机构

澳大利亚、新西兰 1994 年制定了《澳新食品标准法规》（*Food Standards Australia New Zealand Regulations*）作为《澳新食品标准法》（*Food Standards Australia New Zealand Act*）的实施细则。根据 2002 年澳大利亚联邦政府和各联邦区、州达成的《食品法规协议》，为在全国范围内保护消费者健康，做到控制整个食物链的食品安全，成立“澳新食品法规部级委员会”（Australia and New Zealand Food Regulation Ministerial Council），该委员会由各州的卫生部长或初级工业部长构成，与农业部、消费者事务部等其他部门联合组成，由卫生部长担任主席，负责国内食品法规、政策的制定及食品标准的采纳、修订或废止，下设常务委员会，由各部的部门负责人组成，负责协调委员会的日常事务。

食品法规常务委员会下设执行分委员会，其职能是执行相关法规、标准。澳大利亚对食品的监管工作由检验检疫部门、卫生部门、农林渔业部门及地方政府根据法规和标准具体执行。

澳新食品标准局（Food Standards Australia New Zealand）是两国联合的独

立标准制定机构，负责根据《澳新食品标准法》和相关申请或建议，经过严格的程序起草制定食品标准，报请澳新食品法规部级委员会批准发布。食品安全法规、标准的执行则由各州卫生部门负责，进出口食品由澳大利亚检疫局（AQIS）负责。

（五）日本食品安全管理体系和机构

日本负责食品安全的管理机构主要由隶属于中央政府的农林水产省、厚生劳动省和食品安全委员会三个政府部门组成，执行机构主要是两个省下属的动植物检疫所和食品检疫站。厚生劳动省大臣负责食品卫生管理，根据药政、食品卫生审议会和农林水产省大臣的意见，制定食品、食品添加剂、农药残留的卫生标准、管理办法和成分标准。为强化农产品的保护机制，日本政府于2002年12月21日专门设立了食品安全委员会。2003年9月1日，农林水产省设立“食品安全危机管理小组”，负责应对重大食品安全问题。2006年5月颁布实施了新修订的《食品卫生法》及其《实施细则》和《农林物资规格化和质量表示标准法规》，将立法目的从确保食品卫生改为确保食品安全，并明确规定国家和地方政府以及从业机构和人员在食品安全方面应负的责任，不仅提高了药物残留限量的标准与卫生要求、增加了限制项目，而且强化了进口农产品的检查制度，建立了以危害分析与关键控制点（HACCP）系统为基础的全面的卫生控制系统。

第二节 食品安全事故的防控

从农田到餐桌，食品要经过种植或养殖、生产与加工、贮存与运输、销售与烹饪和食用过程，整个过程中任何一个环节出了问题均可在食用后影响人体健康，从而导致食品安全问题的产生。因此，食品安全问题存在于从种植、养殖到餐桌的整个食品链条中，要真正保证食品的安全，防止食品安全事故的发生，必须在食品生产过程中对原料的选择、加工、包装以及贮存、运输直到销售进行全过程的预防控制。

一、食品安全问题的产生

（一）种植、养殖过程中的问题

大量农药、化肥、兽药、生长调节剂等科技手段的使用，尤其是滥用国家已禁止的农药，从源头上给食品安全带来极大隐患。

（1）种植不规范。如大棚菜，塑料大棚里温度高，加上封闭式的棚内蔬菜密集栽培，一旦虫害发生便会迅速蔓延，菜农为避免经济损失往往超量喷洒农药；为错季或提早上市，往往施用高激素、高营养素以促进作物快速超常生长。

（2）畜牧养殖不规范。动物饲料中滥用抗生素、合成药品和激素的做法也普遍存在，部分养殖者为追求高额利润，在饲料中添加激素类、镇静催眠类等违禁药品。

（3）水产养殖上，使用含性激素乙烯雌酚的“高技术含量”饲料催长，黄鳝饲料加避孕药速肥，常规需要3到4年时间才能长到1 kg的鲫鱼现在缩短到3到4个月，过去自然生长要7年才能上餐桌的甲鱼现在7个月就可进厨房。“蔬菜农药中毒”、“瘦肉精中毒”、“抗生素奶”等农产品安全问题频生，这些都是由于种植、养殖过程的规范失控所造成的。英国的疯牛病及荷兰牛奶的二噁英残留，也是饲料改良过程导致产生人体危害的明证和代表。还有使用转基因技术生产的农作物，其安全性也有待进一步验证。

（二）生产加工过程中的问题

（1）操作不规范。食品生产加工企业未按卫生规范和工艺要求操作，导致在生产、贮运过程中发生微生物污染，或杀菌不彻底导致食品中残留病原菌。如2003年3月份发生的辽宁海城2 556名学生豆奶中毒事件，起因就是生产企业未严格按工艺要求操作，置换了生产配方，但技术参数和生产流程未作相应的修改，致使活性豆粉中的胰蛋白酶抑制素等抗营养因子未被彻底灭活。

（2）使用非法原料。如使用病死禽畜制作熟肉制品，用工业酒精生产“米酒”，泔水油提炼加工冒充食用油。

（3）滥用食品添加剂。部分食品生产企业不严格执行国家《食品添加剂使用卫生标准》，存在超范围、超剂量使用食品添加剂的现象。如在面制品中使用人工合成色素、在凉果中超量添加甜蜜素、在饼干生产和大米加工中使用矿物油等。

（4）使用非法添加物。从1998年到2008年，从硼砂面条与肉丸、甲醛泡发海产品、硫黄熏白银耳、双氧水果仁、苏丹红辣椒到三聚氰胺奶粉等，均使用了非法添加物。

（5）应用未经食品安全评估的新技术、新工艺、新原料。如辐照、益生菌和酶制剂等新兴技术和现代生物技术等在食品加工中的应用，以及如“天绿香”等食品新资源、新添加剂的开发，由于这些新品种、新工艺与新技术可能产生的某些伤害对人体是长期和渐进的过程，存在隐蔽性和未知性，可带来新的食品安全隐患。

（三）流通领域的食品安全问题

流通领域是食品安全保障体系的薄弱环节，主要存在以下安全问题：

（1）储运不规范。仓储及储运过程的条件和操作不符合标准规范，使部分出厂合格的产品在流通过程中腐败变质成为不合格的食品。

（2）非法保鲜。储运过程为保鲜使用非法化学品，如用硫酸处理荔枝。

（3）销售管理不善。不严格执行采购索证制度，进货渠道混乱，过期变质和假冒伪劣食品堂而皇之地进入店堂柜台出售。

（四）餐饮加工的食品安全问题

作为整个食品链条的末端环节，餐饮加工除了存在与生产和流通环节类似的问题外，还有其本身特点的问题。如原料进货把关不严，采购“三无”（无证、无标签、无检验合格证明）食品和农药残留超标蔬菜及腐败变质原料；超范围超负荷经营，操作不规范，加工品种和数量超出自身加工条件与能力，生熟交叉污染，烹调加工温度与时间不足，保存不当，等等，所以餐饮加工是食物中毒等突发性食源性疾病的易发环节。

二、各国食品安全防控要点

内容详见第六章第二节。

三、我国食品安全事故的防控对策

针对上述问题，我国在应对食品安全事故上需采取多方面的防控对策：一是从法律层面强调基因改良技术应以充分考虑和重视对人体的危害性为前提，以深入的研究为基础；二是加强对食品与农药及兽药和化学品新品种、生产加工新工艺和新技术在投入使用前的安全性论证和审查，未经论证和审查通过的禁止投入使用，消除出现问题才进行的事后补救式纠正；三是根据国内外形势和发展动态，及时制定或修订食品安全法规与标准，消除法规标准滞后的现象；四是建立“从农田到餐桌”的食品安全全过程防控体系，建立食品安全事故调查处理制度和机制及应急处置体系；五是加强普法宣传，加大食品安全法律与规范要求的知识培训力度，提高食品生产经营者守法自律经营的意识，提高食品安全水平；六是创新监管方式，加强监测及生产过程与源头控制，加大监督执法力度，及时发现存在隐患，打击违法行为，规范食品生产经营市场秩序，确保食品安全。

四、我国食品安全防控的发展方向

随着食品生产加工工业化技术和贸易的迅猛发展，加之国际化程度越来越高，食品不再只是农业和手工业的产品，社会对加工食品需求的增加与环境的恶化及加工控制的随意性之间的矛盾也越来越突出，食品安全防控压力也渐趋增大，并成为全球共同面对的问题。传统的监管模式已无法起到有效控制的作用，只有通过体系控制与认证才能从根本上确保食品在生产加工、运输及销售等各个环节的安全性。国际食品法典委员会（CAC）1993 年发布了推行危害分析关键控制点（HACCP）七大原则，我国在 1998 年开始引入推广，经过多年的实践，HACCP 已被国际社会公认为是控制食品安全最经济、最有效的手段，应积极倡导食品生产企业建立 HACCP 管理体系，降低食品安全风险，不断提高食品安全信誉度，提高在国际市场的竞争力。在政府层面，应建立符合 CAC 要求的食品安全法律法规、标准和控制体系，结合我国国情，积极采用国际标准，特别是 CAC 标准；建立全国性的食品污染、食品危害监测网络和可追溯的食品安全数据库，建立食源性疾患的预警和控制体系，加强预测、预报和发布食品安全信息；整合食品安全科学技术资源和检验检测资源，加强食品安全的科学技术研究，尤其与 CAC、世界卫生组织（WHO）、联合国粮农组织（FAO）和国际动物流行病机构（OIE）等的交流与合作，提升食品安全的科学技术水平，按照国际惯例解决食品安全技术进步、食品污染和食品安全问题。

第三节　食品安全应急的分级响应与管辖

一、食品安全事故的分级

食用食品生产经营者提供的食品后发生食物中毒和食源性疾病的事故，或有证据证明食品或者食用农产品发生生物性、化学性或者其他有害因素的污染，危害或者可能危害公众生命健康的事故，应按《食品安全法》第七十二条和《食品安全事故调查处理办法》规定进行调查处理。经评估认为造成一定程度公众健康危害或对社会公共秩序产生严重影响的食品安全事故为重大食品安全事故，按性质、危害程度和涉及范围分为特别重大（Ⅰ级）、重大（Ⅱ级）、较大（Ⅲ级）和一般（Ⅳ级）四级事故（以下简称“Ⅰ级、Ⅱ级、Ⅲ级、Ⅳ级事故”）。

二、重大食品安全事故的分级响应

发生重大食品安全事故，按《食品安全法》第七十二条、《国家食品安全事故应急预案》和《食品安全事故调查处理办法》的规定，实行分级响应，确定应急响应级别，县级以上人民政府立即成立食品安全事故处置指挥机构，启动应急预案进行处置（见表10－1）。对导致传染病传播的食品安全事故，同时执行《中华人民共和国传染病防治法》的有关规定。其他未达到重大食品安全事故评估标准的非重大食品安全事故，由事发地县级以上卫生行政部门会同农业、质监、工商、食药监等监管部门，按照《食品安全法》第七十二条和《食品安全事故调查处理办法》的相关规定处理，不需启动应急预案进行处置，如图10－2所示。消费者投诉举报的尚未构成群体性食物中毒或食源性疾病的个案事件，以及尚未进入流通、消费环节的食品或食用农产品发生污染事件，由负责食品安全监管的部门按照监管职责分工，依法受理并查处。

表10－1　重大食品安全事故应急分级响应表

事故分级	评估指标	应急响应	启动级别
特别重大（Ⅰ级）	（1）受污染食品流入2个以上省份和地区（包括港、澳、台）或境外国家、地区，造成或经评估可能造成对社会公众健康产生严重损害的食物中毒或食源性疾病。 （2）国务院认为需要由国务院或国务院授权有关部门负责处置的。	Ⅰ级响应	国家级
重大（Ⅱ级）	（1）受污染食品流入省内2个以上设区市，造成或经评估可能造成对社会公众健康产生严重损害的食物中毒或食源性疾病。 （2）造成100人以上食物中毒或食源性疾病并出现2人以上死亡或造成10人以上死亡的。 （3）省级人民政府认定属重大食品安全事故的。	Ⅱ级响应	省/自治区/直辖市级

（续上表）

事故分级	评估指标	应急响应	启动级别
较大（Ⅲ级）	（1）受污染食品流入2个以上县（区），已经造成对社会公众健康产生严重损害的食物中毒或食源性疾病。 （2）造成100人以上食物中毒或食源性疾病，或者造成2～9人死亡的。 （3）地级以上市人民政府认定属重大食品安全事故的。	Ⅲ级响应	市/地级
一般（Ⅳ级）	（1）造成30～99人食物中毒或食源性疾病，或者出现死亡病例的。 （2）县（区）级人民政府认定属重大食品安全事故的。	Ⅳ级响应	县/区级

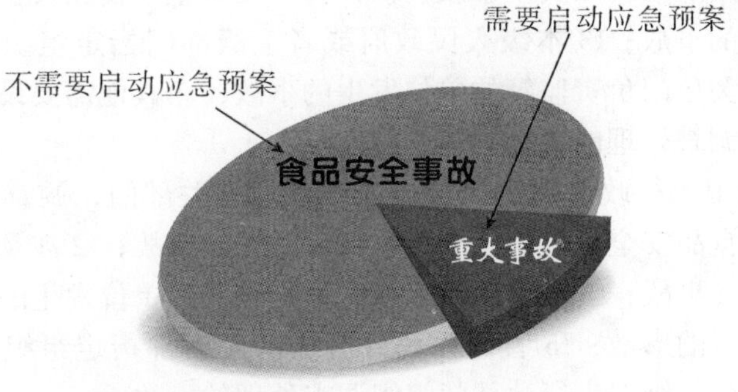

图10－2　食品安全事故与重大食品安全事故

Ⅱ级及以下食品安全事故由地方各级政府组织、启动相应级别应急预案进行处置。成立食品安全事故应急处置指挥机构，协调指挥应急处置工作，开展食品安全事故的医疗卫生应急、信息发布、宣传教育、科研攻关、国际交流与合作、应急物资与设备的调集、后勤保障以及督导检查等工作。

事故危害因素不能消除或事故不能有效控制引起严重社会危害，超出本级应急处置能力时，应及时报请上级人民政府和有关部门提供指导和支持，上级人民政府及时采取措施，统一领导应急处置工作。

Ⅰ级食品安全事故应急处理工作由国务院或国务院卫生行政部门和有关部门组织实施，国务院根据Ⅰ级事故应急处置工作需要，成立国家重大食品安全事故应急指挥部（简称“应急指挥部”），协调指挥应急处置工作。事发地省级人民政府按照国务院或国务院有关部门的统一部署，结合本地区实际情况，组织协调市、县人民政府开展食品安全事故的应急处理工作。

三、食品安全事故的管辖

（一）一般管辖

（1）县级卫生行政部门组织协调同级政府有关部门，调查处理发生在本行政区的食品安全事故，但有下列情形之一的应报请上级卫生行政部门组织调查处理或者决定管辖：①可能构成Ⅳ级及Ⅳ级以上的重大食品安全事故；②在由上级政府有关部门负责监管的单位发生的事故；③涉及其他行政区的事故；④其他需要上级卫生行政部门组织调查处理的事故。

（2）设区的市级卫生行政部门组织协调同级政府有关部门，调查处理发生在本行政区的下列食品安全事故：①Ⅳ级、Ⅲ级重大食品安全事故；②涉及两个以上县区的事故；③本级人民政府或者上级部门指定组织调查处理的事故；④本级有关部门负责监管的单位发生的事故；⑤其他需要设区的市级卫生行政部门组织调查处理的事故。

（3）省级卫生行政部门组织协调同级政府有关部门，调查处理发生在本行政区的下列食品安全事故：①Ⅱ级重大食品安全事故；②涉及两个以上设区的市级行政区的事故；③在本级有关部门负责监管的单位发生的事故；④涉及其他省级行政区的事故；⑤省级人民政府或者卫生部指定组织调查处理的事故；⑥其他需要省级卫生行政部门组织调查处理的事故。

省级卫生行政部门会同本级人民政府有关部门，可以对本行政区食品安全事故调查处理的管辖作出具体规定。

（4）卫生部组织协调国家有关部门调查处理下列食品安全事故：①Ⅰ级重大食品安全事故；②国务院指定或者卫生部认为需要卫生部组织调查处理的食品安全事故。

（二）特殊管辖

（1）上级卫生行政部门必要时可以组织调查处理由下级卫生行政部门负责组织调查的食品安全事故，也可根据事故情况，将在本级管辖范围内的但危害程度较轻的食品安全事故交由下级卫生行政部门组织调查处理。

（2）事故肇事单位与事故发生地不在同一省级行政区域的，肇事单位所在地的省级卫生行政部门组织协调本级政府有关部门进行事故调查处理，事故发生地的卫生行政部门和有关部门予以配合，提供涉及病人及事故现场情况的有关资料。

（3）食品安全事故的调查处理发生管辖争议的，由共同上级机关指定管辖。被指定的卫生行政部门应当组织协调本级政府有关部门，依照《食品安全事故调查处理办法》的规定履行事故调查处理职责。

第四节　食品安全应急处置原则

我国食品安全事故应急处置的原则是：

（1）目的。以人为本，减少危害。把保障公众健康和生命安全作为应急处置的首要任务，最大限度地减少食品安全事故对公众造成的健康危害。

（2）定位。居安思危，预防为主。“平战结合”，坚持应急与预防相结合，充分重视预防控制；坚持常态与非常态相结合，做到常抓不懈，开展食品安全风险监测与评估；做好应急准备，落实各项防范措施，提高防控能力，防患于未然。

（3）机制和职责。统一领导、分级负责。按照“统一领导、综合协调、分类管理、分级负责、属地管理为主”的应急管理体制，县级以上人民政府应当建立和实施本地区食品安全事故调查处理快速反应、协同应对的应急机制，坚持政府统一领导和组织协调，卫生行政、农业行政、质量监督、工商行政管理、食品药品监管、商务和公安、监察等部门及有关单位分工负责、共同参与，履行食品安全事故处置和调查处理职责的工作机制。

（4）方法。科学评估，依法处置。有效使用食品安全风险监测、评估和预警等科学手段；充分发挥专业队伍的作用，提高应对食品安全事故的水平和能力；重视事故防范和应急等的宣教培训。食品安全事故调查处理的原则是：边报告、边调查、边处置，尽快查明事故原因，最大限度地减轻事故危害后果；遵循预防为主、依法科学、迅速正确、综合治理的原则。

食品安全监管部门首先应对接报的食品安全事故（包括疑似事故）进行初步核实，经核实为食品安全事故的，立即通报同级卫生行政部门，提出调查处理建议并同时报告上级部门。接到报告的卫生行政部门应立即会同有关食品安全监管部门依法进行调查并采取相应措施。发生重大食品安全事故后，接到报告的卫生行政部门应按规定向本级人民政府和上级人民政府卫生行政部门报告。在政府的统一组织领导下，根据启动的食品安全事故应急响应级别和应急处置程序，卫生行政部门组织医疗和疾病预防控制机构、协调相关食品安全监管机构开展食品安全事故的查处和责任调查；有关部门做好事故情况与应急处置进展等信息的及时准确报告，并及时通报有关部门；政府授权有关部门公布事件情况并及时与公众及媒体充分交流。

本章学习要点

1. 食品安全事故的分级。
2. 食品安全应急的分级响应。
3. 食品安全事故的一般管辖和特殊管辖。
4. 食品安全应急处置原则。

关键术语

食品安全　应急响应　处置原则

思考与练习

1. 食品安全事故怎样分级?
2. 食品安全事故及其应急响应分为哪些级别?
3. 简述食品安全事故应急体系的组成。
4. 简述食品安全事故的一般管辖和特殊管辖。
5. 简述食品安全事故应急处置原则。

第十一章　食品安全事故应急处置的内容和程序

本章概述

本章重点介绍食品安全事故应急处置的内容和程序。要求了解和掌握食品安全应急处置的基本内容与要求，应急信息报告与发布的主体、原则与内容，在处置过程中做好信息报告、预警、发布与交流工作，通过有效的信息传达推进各项应急处置的进程。

食品安全事故应急处置的基本内容和程序包括食品安全信息的报告与评估、预警与响应、采取应急处置措施、信息发布与交流和善后处置等（有关善后处置的内容见第十三章），其中以监测与评估、预测与预警、应急响应和善后处理四大部分为核心内容。食品安全相关信息的及时、准确报告与交流通报、权威发布及与公众和媒体的充分交流，是食品安全事故应急处置的关键之一。食品安全事故应急处置应采取“边调查、边处理、边抢救、边核实”的方式，食品安全事故发生或接报疑似食品危害信息后，事发地政府及有关部门按相关法律法规规定上报的同时，应在第一时间介入，组织有关部门和食品安全事故专家咨询委员会专家进行综合评估，初步判断事故或信息的类型和性质，确定是否发布相应级别的预警、启动相应级别的应急响应与预案，成立应急处理指挥部，采取应急措施，以有效措施控制事态发展。及时的信息通报、正确的思想舆论导向是突发事件应急处置顺利进行的重要保证。突发事件发生后，信息发布关乎舆论的正面引导和群众的正确指引，面对公众媒体，“沉默是金”、“防火防盗防记者”是消极被动的做法，“主动面对、答疑解惑”才是上策。在食品安全信息发布上，政府影响控制全局；在引导公众理性面对食品安全风险上，专家的见解占主导地位（意见与建议被政府采纳变为决策），媒体是信息传播、汇总和交流的平台，公众是信息传播的接受者。而作为策划报道的依据，媒体信息来源的渠道较广泛，既有来自政府和专家（被动传播）的，也有通过及时捕捉（主动传播）获取的，此外，媒体还能够了解和掌握公众关心和期望得到解答的问题，公众的要求、困惑和心理都是政府及其有关部门和专家必须了解和掌握的重要信息。

第一节　食品安全信息的报告与评估

《食品安全法》第八十三条规定，县级以上地方卫生行政、农业行政、质量监督、工商行政管理、食品药品监督管理部门获知法律规定的需要统一公布的信息，应当向上级主管部门报告，由上级主管部门立即报告国务院卫生行政部门；必要时可以直接向国务院卫生行政部门报告。及时、准确的食品安全事故信息报告，有利于政府及相关职能部门准确判断形势，及时作出应对决策并迅速采取相应行动，适时调整应对策略和改进工作措施，有效控制事态的发展，化解食品安全事故风险，维护社会稳定。

一、报告及其内容

（1）有关监管部门在发现或接到食品安全事故报告或举报、相关技术机构监测和分析结果、媒体披露与报道以及国际机构、境外国家和地区通报等的食品安全事故信息，启动事故调查核实和相关信息收集工作，经核实属食品安全事故的，应立即通报同级卫生行政部门并提出调查处理建议。

（2）事发单位和接诊疑似食品安全事故患者的医疗机构，食品安全相关技术机构和有关单位发现疑似食品安全事故，应在2小时内向辖区卫生行政部门报告。

（3）医疗、技术机构和社会团体、个人向有关监管部门报告疑似食品安全事故信息时，应包括事故发生时间、地点和人数等基本情况。

（4）有关监管部门报告食品安全事故信息时，应包括事故发生时间、地点、单位、危害程度、伤亡人数，初步判断的事故原因、已采取的措施及事故控制情况等简要经过，事故报告单位的报告时间、联系人及联系方式等信息；根据事故具体情况和相关工作进程，还应包括初次报告、进程报告（事故的发展与变化、处置进程、事故原因等修正信息）与处理工作总结报告（事故鉴定结论总结出的原因和影响因素及今后对类似事故的防范和处置建议等）。

二、评估与事故级别核定

对经初步核实的食品安全事故报告或举报信息，有关监管部门应根据实际需要提出事故评估建议，并按有关规定向卫生行政部门提供相关信息和资料，由卫生行政部门统一组织协调开展食品安全事故评估。接到报告的卫生行政部门立即组织食品安全事故专家咨询委员会，根据污染食品已造成或可能导致的健康危害后果与严重程度，以及所涉及的范围、影响和发展蔓延趋势等具体情况，进行综合分析评估。

经初步核实认为需要启动应急响应的，卫生行政部门会同有关监管部门，根据事故评估结果和专家咨询委员会建议，按《国家食品安全事故应急预案》初步核定事故级别，立即报告同级人民政府应急办审定，为核定食品安全事故级别提供依据，为监测、检测、通报和预警提供指导，对应急响应的启动、调整和解除及采取应急措施等决策提出建议，并通报同级有关食品安全监管部门和公安、监察机关，同时按规定向上级卫生行政部门报告。

三、上报

卫生行政部门经初步调查核定为重大食品安全事故的，Ⅰ级、Ⅱ级重大食品安全事故，逐级上报至卫生部，每级上报的时间不得超过 1 小时；Ⅲ级、Ⅳ级重大食品安全事故，逐级上报至省级卫生行政部门，每级上报的时间不得超过 2 小时；必要时，可同时越级直接向省级卫生行政部门或者卫生部报告食品安全事故情况，并通报相关地区和部门。县级以上人民政府按规定时限向上级人民政府报告，接到通报的有关食品安全监管部门应按规定时限向上一级主管部门报告。应急处置过程中，根据应急处理进展及时准确地做好事故查处情况的初次报告和续报工作。

四、通报

国务院卫生行政部门及时向国务院各有关部门和各省、自治区、直辖市及军队有关部门通报重大食品安全事故情况，按相关规定或协议向有关国际组织、国家和地区通报情况。

第二节　食品安全事故的预警与响应

预警即预防警示，是指在事故可能发生或可能受事故影响但尚未产生影响的地区，向公众发布以警示为主的、起到预防事故发生作用的相应信息，提示有关部门要强化监测、加强戒备、做好防范和应急准备的一项工作。预警也实行分级，原则上与事故分级一致，根据事故风险评估及级别核定结果，对重大事故分为一级、二级、三级、四级预警，其中一级预警为最高级别预警。预警级别结合事故发生、发展的特点与趋势等实际情况确定。预警信息包括事故级别、预警级别、起始时间、可能影响范围、警示事项、应采取的措施和发布机关等。预警与响应均以事故级别核定且持续动态监测与评估为基础，在食品安全事故应急处置过程中分别起到预防和处置（控制）的作用，两者相辅相成，有机结合，贯通食品安全事故应急处置的始终。

一、一级预警

发布一级预警，宣布进入预警期后，国务院应急办根据事故特点和危害，启动国家应急处置相应工作，在事故发生地区采取下列措施：①组织有关部门成立应急处置队伍，做好现场调查、检验检测与应急处置的准备；②督促有关部门组织专业机构、监测网点和负有相关职责的人员及时收集、报告有关信息；组织加强对事故发展情况的动态监测，随时对事故信息进行分析评估，以及时调整预警级别；③组织卫生行政部门定时向社会公众发布事故相关信息和事故所涉及的食品的警示，宣传避免、减轻事故危害的常识，建立公众咨询渠道，并对信息报道工作进行管理；④督促有关部门之间预警信息的相互通报；可能影响到境外和可能涉及外国公民或港、澳、台地区人员的食品安全事故，应及时向境外国家或地区相关机构通报。在事故可能影响但尚未产生危害的地区采取下列措施：①组织地方有关食品安全监管部门强化食品安全日常监管，加强监测，防范事故发生；②督促地方人民政府加强戒备，做好食品安全事故应急处置的部门、人员及物资准备；③组织卫生行政部门向社会发布食品安全警示信息，宣传避免事故危害的常识，设立咨询电话；④督促有关部门间强化信息沟通，及时掌握食品安全事故信息，以指导本地相关工作的开展。

二、二级及以下预警

Ⅱ级及以下重大事故由地方人民政府组织评估、核定级别与发布预警，按预警级别并结合实际情况采取相应措施。地方发布相应级别预警后，除采取相应措施外，还应做好更高级别的应急响应准备。必要时可根据实际需要报请上一级政府发布高一级的预警。

三、分级启动响应

根据食品安全事故的级别启动相应级别的应急响应与预案，应急处置措施根据事故的级别选取和调整。启动全国范围内或者跨省、自治区、直辖市范围的全国食品安全事故应急预案，由国务院卫生行政部门报国务院批准后实施；启动省级食品安全事故应急预案，由省级人民政府决定并向国务院报告；启动省级以下食品安全事故应急预案，由相应的市、县级人民政府决定并向上级政府报告。

四、动态响应

在应急处置过程中，强调遵循食品安全事故发生发展的客观规律，通过持续密切监测，消除或控制食品安全事故中相关的危险因素，救治事故中的伤病人员，控制受污染食品，消除次生、衍生事故隐患等措施及采取措施后的有效性情况进行分析评估，根据评估结果结合实际情况和防控需要，及时调整预警和响应级别，并根据调整后的级别采取相应措施，以有效控制事态、减少危害和影响。

Ⅰ级事故由国家食品安全事故专家咨询委员会进行分析评估论证，经评估认为符合级别调整条件的，专家咨询委员会向国家应急指挥部提出调整预警与应急响应级别的建议，报国务院应急办批准后实施。Ⅱ级及以下食品安全事故由地方人民政府卫生行政部门组织专家咨询机构进行评估论证后提出预警和响应级别调整建议，经同级人民政府批准后实施。

上级人民政府应急管理机构应根据下级人民政府应急管理机构的请求，及时组织专家对重大食品安全事故预警和响应级别调整的分析论证提供技术支持和指导。

（1）级别提升。

当事故进一步加重，情况复杂难以控制，事态有进一步蔓延或恶化趋势、影响和危害不断扩大时，应及时提升预警与响应级别，采取进一步的紧急处置措施。如Ⅱ级事故经评估认为有进一步扩散趋势，并可能升级为Ⅰ级事故的，省级人民政府可向国务院卫生行政部门提出发布一级预警的建议，报由国务院应急办审定发布。对学校或托幼机构、全国性或区域性重要活动期间发生的食品安全事故应予高度重视，可相应提高预警与响应级别，加大应急处置力度，确保迅速、有效地控制食品安全事故，维护社会稳定。

（2）级别降低。

事故危害得到有效控制，且无进一步扩散趋势的，降低预警与应急响应级别。

对事故发生范围局限、事故隐患或相关危害因素已迅速消除并得到有效控制，经专家咨询委员会研判，认为事故危害降低到原级别评估标准以下，或无进一步扩散趋势的，可相应降低预警与响应级别直至解除预警和终止应急响应。

（3）预警解除，响应终止（详见第十三章）。

第三节　食品安全事故的应对

食品安全事故的应对包括应对处置、成立应急处理指挥部和采取应急处置措施。

一、应对处置

（1）先期处置。发生食品安全事故的单位应当立即送治病人，及时控制可控的相关危险因素，防止事故扩大，并保护好事故现场，配合卫生部门的调查。

县级以上卫生行政部门接到食品安全事故的报告后，在应急预案启动前，应立即会同有关食品安全监管部门根据事故的实际情况，做好应急处理准备，采取快速组织应急救援处理队伍及时赶赴事故现场先行开展医疗救治、控制现场、排除隐患等必要的先期应急处理措施，控制事态发展，减轻或防止事故的社会危害。

（2）紧急处置。食品安全事故情况急剧恶化时，应综合现场监测、专家与各方面评估意见制订紧急处置方案，依法采取紧急处置措施。跨地区或领域、影响重大的食品安全事故紧急处置方案，由省级应急指挥部提出并协调实施，事故危害和影响特别严重的应报国家应急指挥部决定。

（3）特殊处置。高度重视在学校、区域性范围内或在全国性重要活动期间等发生的食品安全事故，相应提高报告、预警和响应级别，确保迅速、有效地控制事故，维护社会稳定。根据事故可能造成的社会危害的性质、程度和范围，有多种措施可供选择时，尽量选择能够最大限度地保护公民、法人和其他组织权益的措施。

事发地之外的地方各级人民政府卫生行政部门在接到食品安全事故情况的通报后，应及时通知相应医疗卫生机构，做好应急处理所需人员与物资的准备；食品安全监管部门应采取必要的防控措施，防止食品安全事故在本行政区域内发生，服从政府或上级部门的统一指挥和调度，协助做好食品安全事故发生地的应急处理工作。

二、成立应急处理指挥部

发生重大食品安全事故，县级以上人民政府要成立食品安全事故处置指挥机构，启动应急预案进行处置。

发生Ⅰ级重大食品安全事故，国务院可根据应急处置工作的需要成立国家重大食品安全事故应急指挥部（简称“国家应急指挥部”），国家应急指挥部成员单位包括国务院有关部门及有关食品行业协会组织，根据事故性质和应急处置工作的实际需要确定。

发生Ⅱ级及以下重大食品安全事故，事发地人民政府根据应急工作需要成立地方食品安全事故应急指挥部，由政府主要领导人担任总指挥，负责领导、指挥本行政区域内食品安全事故应急处理工作；应急指挥部成员单位由地方人民政府根据食品安全事故的性质、部门设置及其“三定方案”情况，结合应急处置工作的实际需要确定，主要包括但不仅限卫生、农（林/渔/畜牧）业、质检（质监/检验检疫）、工商、食药监、工信、商务、教育、环保、公安、监察、民政、交通、海关、旅游、政府新闻办和民航等有关部门以及有关食品行业协会组织等。在本级政府的统一领导和上一级应急处置指挥机构的指导下，按启动的应急预案迅速动员、调集辖区内各类人员、物资、交通工具和相关设施、设备参加食品安全事故应急处置工作；组织、指挥和协调辖区有关部门开展事故查处、应急救援、采取相关控制措施等应对工作。

上级政府及相关部门在各自的职责范围内，还负责对下级政府及其相应部门的应急处置工作进行督促、指导和协助，防止出现多头指挥、调查不清等混乱局面，全力控制事态发展。

三、采取应急处置措施

应急预案启动后，事发地人民政府应针对食品安全事故的性质、特点和危害程度，组织相关职能部门按预案规定的职责要求，在应急处理指挥部的统一指挥下，立即调动应急救援队伍和社会力量到达规定岗位，依法采取有关控制措施，迅速开展食品安全事故应急查处与救援等各项应急处置工作，减轻社会危害。(详见第十二章)

第四节　食品安全事故信息的发布与交流

从危机管理的角度来看，保持信息的透明度，让权威的食品安全信息替代不可靠的传闻，能够让消费者更科学地理解实际的风险，从而作出更冷静、理性和恰当的选择。在食品安全事故发生后，及时向社会通报事故信息、适时发布食品安全的预警信息，准确、权威地宣传有关预防和控制食品安全事故的科普知识，有助于正确地引导舆论、满足公民的知情需求、增强群众的防病意识。国家有相关的法律法规已明确规范突发事件的信息传播和发布，政府及食品安全监管部门应当按照法律法规相关条文的要求，履行职责，建立起统一、规范、有效的食品安全事故信息发布机制，制定完善的信息传播预案，确保在食品安全事故发生后能够积极、正确地引导舆论，维护稳定、安全、良好的社会公共环境，促进社会和谐发展。

一、信息发布的主体

《食品安全法》第八十二条规定，“重大食品安全事故及其处理信息”由国务院卫生行政部门统一公布，影响限于特定区域的，也可以由有关省、自治区、直辖市人民政府卫生行政部门公布。《农产品质量安全法》第四十一条规定，发生重大农产品质量安全事故时，农业行政主管部门应当及时通报同级卫生行政部门。《突发公共卫生事件应急条例》、《突发公共卫生事件与传染病疫情监测信息报告管理办法》等都有关于信息互通的相关规定。

二、信息发布的原则与内容

食品安全事故发生后，应根据《食品安全法》和有关法律法规的规定，遵循“及时主动、准确引导、互通有无、善用媒体、切实有效”的原则，进行食品安全信息的发布和宣传。通过各种形式和渠道，及时、主动、客观、准确地向社会通报和发布食品安全事故的发生地点、性质、原因、发病和伤亡情况、波及范围，以及政府应对的决策和应急处置措施及事态进展等动态信息，对可能产生的危害加以权威解释和说明，宣传有关预防和控制食品安全事故的科普知识，向公众提供有针对性的科学建议，平息或避免引起民众恐慌，积极、正确地引导舆论，注重社会效果，满足公民的知情需求、增强群众的防病意识，利于食品安全突发事件的控制与事故的妥善处置，促进事件在和谐的环境下得以快速、有效处理，维护社会稳定。

（1）及时主动。争取在第一时间主动发布食品安全事故相关信息，避免或减少公众不必要的猜测和恐慌。

（2）准确引导。应当用清晰、明确、全面、专业而浅显通俗的语言发布与食品安全事故有关的核心信息，如事件真相、公众应持有的态度及应采取的措施等，必要时重复重点信息以引起重视。

（3）互通有无。食品安全事故发生后，除主动做好信息发布外，卫生行政部门还应及时与同级食品安全监管部门实现信息互联互通，建立统一、规范、有效的跨部门合作机制。

（4）善用媒体。媒体的力量在当今已成为社会文明发展的重要特点，也是加强监督的有效手段之一。媒体的呼声可能代表的是人民的呼声，媒体的疑虑可能正是群众的疑虑。及时收集、分析舆论情况，纠正歪曲报道，澄清谣言假象，摒弃“无可奉告”，做到“实事求是”，是正确引导舆论方向的重要手段。

（5）切实有效。在食品安全事故发生、发展和处置的不同阶段，应针对不同的人群采取不同的信息传播策略。公布事故信息的同时，还要注意对相关行业和普通群众分别提供建议，更要重视食品安全知识和法律知识的普及。

三、信息发布的方式

（1）I 级重大食品安全事故：由国家应急指挥部授权、卫生部组织，通过召开新闻发布会、散发新闻稿、接受媒体采访等多种形式进行食品安全事故的信息与新闻发布，并对中央新闻单位发布的重要新闻稿件进行审核。

（2）II 级及以下重大食品安全事故：由地方人民政府应急指挥部授权、

卫生行政部门组织，及时发布本辖区内食品安全事故信息，为群众释疑，做好食品安全的科普教育，并配合宣传主管部门做好舆论宣传和引导。

（3）其他食品安全事故：由县级以上卫生行政部门依法对事故及其处理情况进行发布。

四、信息的交流

根据事故进程和事态发展评估，充分做好与媒体的信息交流与互动，既能通过媒体及时发布政府的权威信息，同时也能通过媒体及时了解与掌握来自社会和公众的线索与信息，有利于政府根据存在的问题和社会公众的诉求，及时调整处置和信息传播策略，改进处置和信息传播的措施与方法，达到使公众能从媒体及时得到并信服来自政府和专家的食品安全信息、在化解食品安全危机中发挥重要作用的信息传播的最终目的。因此，信息交流至少应包括政府、专家、媒体和公众四方的互动，必要时与港澳台和国际组织互联互通，提供相应信息，缺少任何一环都是不完整的交流。交流中必须做到相互尊重、能力合作，确保既不缺位又不越位，充分发挥信息交流的积极作用。

本章学习要点

1. 食品安全应急处置的基本内容和程序。
2. 食品安全信息报告的原则及方式。
3. 重大食品安全事故报告的要求。
4. 食品安全信息发布主体、原则及内容。
5. 食品安全预警的概念与分级。
6. 食品安全信息交流的作用与方式。

关键术语

应急处置　内容　程序　应急信息　报告预警　发布交流

思考与练习

1. 简述食品安全应急处置的基本内容、程序与核心。
2. 简述重大食品安全事故信息报告的要求。
3. 食品安全事故应急处置包括哪几种情况？
4. 重大食品安全事故信息为何要由卫生行政部门统一发布？
5. 简述食品安全信息发布的原则与内容。

第十二章 食品安全应急处置措施与职责分工

本章概述

本章主要介绍了食品安全应急处置的职责分工与保障措施，目的是确保事故能得到快速处置，减少损失。要求了解食品安全应急处置的组织框架，熟悉食品安全应急措施、处置内容与要求，以及各部门的职责分工，做到各司其职、分工合作，全方位迅速开展应急处置工作。

食品安全应急处置措施主要包括：组织开展应急救援工作，全力救治和筛查事故受害病患者；开展病因的临床和实验室诊断；组织开展事故原因的现场卫生学与流行病学调查，排查、确定并控制造成事故的食品或可疑食品；根据危险评估结论确定是否召回不安全食品及召回级别，实施召回措施；对不安全食品进行追踪溯源，排查、确定造成事故的原因；进行进一步的危险性评估，必要时采取进一步的召回措施；向社会公布事故及处理的相关信息。

第一节 食品安全应急处置行动的组织

根据启动的响应级别与应急预案，由政府或应急处置指挥部组织，分别成立由食品安全监管与检验检测、医疗与疾控及其他相关部门专家组成的信息报告、医疗救治、现场卫生学和流行病学调查、检验及咨询和后勤保障等事故应急处置工作组，在应急指挥部的统一部署和卫生行政部门的组织协调下，各工作组具体落实应急处置措施，并迅速开展各项应急查处与救援工作。医疗机构迅速开展医疗救护工作；有关部门开展监管职责范围内食品安全事故的调查处理，依法采取控制措施、查处违法行为；疾病预防控制及其他食品安全事故应急处理专业技术机构配合卫生行政部门及有关食品安全监管部门，开展事故的技术调查、确证、处置、控制和评价等应急处置工作。医疗卫生、监测检验和科学研究等专业技术机构在应急指挥部的统一指挥下，相互配合、协作，集中力量开展相关的应急科研工作（见表12－1）。

表12－1　食品安全应急处置组织框架表

工作组	组成	职责
信息报告组	农业、质监、工商、食药监及工信、环保、商务、教育、公安等相关部门	负责接报食品安全事故或疑似食品安全事故，提出查处的方式方法并报请负责领导决定，及时准确报告应急处理进展并向相关职能部门通报和进行信息交流。
调查处理组	根据事故发生原因和环节，由卫生部门组织与协调，农业、质监、工商、食药监等食品安全监管部门及工信、商务等部门负责，教育、环保、公安等相关部门配合，必要时监察部门可全程参与	深入现场对事故发生原因开展卫生学和流行病学的调查和检验，并作出调查结论，组织协调事发地政府职能部门实施救援工作，督促有关措施的落实，评估事故影响和发展趋势，提出控制措施和防范意见；依法实施行政监督、行政控制和行政处罚，监督召回有毒有害食品，严格控制流通渠道；查明事故单位和责任人责任，及时移送相关案件。
医疗救治组	卫生部门	迅速开展医疗救护工作，尽快查明致病原因，提出救治方案和措施。
综合信息组	政府新闻办、卫生部门	制订信息及新闻发布方案，及时采用适当方式向国家有关部门上报信息并组织信息发布；负责受理事发地现场的记者采访申请和管理工作。
专家咨询组	食品安全事故专家咨询委员会专家及其他特邀专家	负责分析事故原因，评估事故造成的危害及发展趋势，预测事故后果，为事故处置和应急方案的制订提供技术咨询和指导。
后勤保障组	财政、商务、物价等部门	负责保障重大食品安全事故应急处理所需的经费、设施、设备和物资。
安全保卫组	公安部门、武警	负责维护现场秩序，确保执法人员人身安全，防止和处置群体性治安事件。

第二节　应急医疗救护和事故调查处理措施

食品安全事故发生地卫生行政部门立即调动医疗资源，开展医疗救护工作，组织医疗专家制订治疗原则和方法等方案，对事故病患者或疑似病人采取就地观察、就地筛查、就地治疗的措施，确定有条件的医疗机构收治危重病人。医疗机构迅速开展对受害病患者的接诊、抢救、筛查、诊断、收治和转运等医疗救治工作，实行重症和普通病人分开管理，及时排除或确诊疑似病例；协助疾控机构开展标本的采集、流行病学调查；完成受害病人的报告，并书写详细、完整的病历记录；对重大食品安全事故，按照现场救援、病人转运、后续治疗相结合的医疗救护原则进行处置；开展病因临床和实验室诊断，开展与食品安全事故相关的诊断试剂、诊疗方法和治疗药品等的科学研究与国际合作，加快病源查寻和病因诊断。任何医疗机构不得拒绝接诊因食品安全事故而引起身体伤害的病人。

在开展医疗救治的同时，县级以上卫生行政部门组织协调有关食品安全监管部门与有关食品安全应急处置专业技术机构，依照各自职责对食品安全事故进行调查处理。

一、采取应急控制措施

封存可能导致食品安全事故的食品及其原料，并立即对其进行检验；对确认已被污染的食品及其原料，责令食品生产经营者依照《食品安全法》第五十三条的规定予以召回、停止经营并销毁；封存被污染的食品用工具及用具，并责令负责人对其进行清洗消毒。

二、开展危害溯源调查

食品安全事故危害调查的主要内容包括：

（1）是否符合食品安全法律、法规或标准的要求；

（2）是否含有非食品用原辅料、添加非食品用化学物质或者将非食品当作食品；

（3）主要消费人群的构成及比例；

（4）可能存在安全危害的食品的来源、数量、批次/类别及其流通区域和范围。

各食品安全监管职能部门按职责分工开展相应监管环节的现场卫生学等食品安全危害调查与现场控制工作；责令不安全食品生产经营单位停止生产经营；查明有关产品流向的信息并及时通报给卫生行政部门和相关职能部门。公安部门对涉嫌刑事犯罪的事故立案侦查，必要时对涉案人员采取控制措施，并根据涉案人员提供的情况配合有关部门追查有毒、有害食品的来源与流向。

三、开展流行病学调查，排查、确定事故原因

县级以上疾病预防控制机构配合卫生行政部门和有关食品安全监管部门对事故现场进行卫生处理，并按流行病学调查计划和方案，根据卫生行政部门要求和有关部门的委托，进入现场根据食品安全事故患者和相关人群的发病情况、分布特点和影响因素等进行流行病学调查；对生产经营可疑食品的场所和人员进行卫生学调查，采集相关样本进行检验检测并出具检验报告，对生产和加工可疑食品的现场提出卫生学处理措施的建议，并对采取措施的效果进行评估；提出包括食品安全事故的发病人数、发生场所，致病因素、病因食品、污染源及污染途径等相关内容的流行病学调查报告；通过溯源追查病因，尽快查明事故原因，提出并实施有针对性的预防控制措施；研究制定新发现或不明原因重大食品安全事故的检验与判断技术标准、规范和控制措施，开展国际合作，加快病源查寻和病因诊断。

有关食品安全检验技术机构根据工作需要配合现场调查，按有关技术规范采集足量可疑食品及其原料标本，由省级和国家应急处理功能网络实验室以最快速度进行理化、微生物、毒理和临床等针对性的检验检测，分析、排查、确定造成事故的食品及致病原因。

参加食品安全事故应急处理的人员及专业技术机构工作人员，按相关预案规定采取必要的卫生防护措施，并在专业人员的指导下开展相关工作。

四、实施食品召回和督导

（一）召回评估与实施

根据危害调查情况，对引起事故的食品可能对消费者造成或可能造成不同健康危害的危险程度进行综合分析和判断评估。根据评估结论确定是否召回不安全食品及召回级别、环节与层次；根据召回评估结论，依照相关法律法规的

规定，责令生产者实施不安全食品召回措施，立即停止生产和销售该食品；向社会发布食品召回的有关信息，通知有关销售者和消费者停止销售、消费；责令销售者做好流通与消费环节的登记与退货；监督检查各项召回措施的落实（详见第十四章）。

（二）督导检查

国家食品安全事故应急处置指挥部或国务院卫生行政部门组织对全国或重点地区的食品安全事故应急处理工作的督导和检查，必要时派出工作组指导相关工作。省级食品安全事故应急处置指挥部或卫生行政部门对本行政区域内食品安全监管部门和应急处置专业技术机构开展各项食品安全应急处置措施落实情况的督查和指导。

五、查明事故责任

《食品安全法》第七十三条规定，发生重大食品安全事故，设区的市级以上人民政府卫生行政部门立即会同有关部门进行事故责任调查，督促有关部门履行职责，向本级人民政府提出事故责任调查处理报告；重大食品安全事故涉及两个以上省、自治区、直辖市的，由国务院卫生行政部门组织事故责任调查，向国务院提出事故责任调查处理报告。第七十五条规定，除查明事故单位的责任外，同时还应查明负有监督管理和认证职责的监督管理部门及其工作人员的失职、渎职情况。（详见第十五章）

第三节　食品安全应急保障措施

一、社会治安秩序保障措施

针对事故的性质、特点和现场情况，事发地政府组织有关部门做好事故现场的安全保卫工作，维护现场秩序；采取必要的强制性措施，防止并严惩哄抢物品、干扰破坏应急处置工作等扰乱社会秩序的行为，确保国家机关等重点单位和执法人员的人身安全，防止和处置群体性治安事件等次生、衍生社会安全事件，维护正常的社会治安秩序；对重大食品安全事故，必要时关闭或限制使用相关的食品生产经营场所和设备、设施，并根据不安全食品扩散的范围划定控制区域，封闭或者封存被污染的公共饮用水源、食品以及相关物品；对拒绝配合调查的有关嫌疑人员必要时依法强制协助执行，采取限制或中止可能导致危害扩大的生产经营活动等紧急措施及其他保护措施。

二、应急与生活物资保障措施

保障食品和饮用水等基本生活必需品的正常供应，平抑物价，保障民众的基本生活需要；严厉打击造谣传谣、囤积居奇、哄抬物价、制假售假等扰乱市场秩序的行为，稳定市场价格，维护市场秩序，最大限度地减轻事故的影响；启用当地储备的应急救援物资、设备和专项资金，以保障因事故致病、致残的人员得到及时、有效救治所需的费用和其他应急处理工作所需的经费，协调、保障应急处理过程中所需的医疗救护器械和设备、特殊和紧缺救治药品及检验过程所需的试剂等物资的生产、运送与供应；启动应急通信系统，确保事故应急处理工作的通信畅通；必要时临时征用房屋、交通与通信工具及其他急需的相关物资、设施或设备。

三、信息保障措施

建立统一管理、信息共享的包含食品安全监测、事故报告与通报、食品安全事故隐患预警等功能的食品安全信息网络体系和健全的医疗救治信息网络。设立信息报告和举报电话，建立多条畅通的信息报告渠道，确保食品安全事故的及时报告与相关信息的及时收集。搭建信息沟通平台，加强食品安全信息管理和综合利用。

四、医疗救治与应急队伍保障

医疗救治体系功能完善、反应灵敏、运转协调，确保在食品安全事故造成人员伤害时能够第一时间启动医疗救治。有一支具备快速应对能力和技术水平的专家队伍，为食品安全事故核实、级别核定、隐患预警及应急响应等应急处置提供技术与人才保障。

五、应急资金与物资设备储备保障措施

政府年度财政预算必须有应急处置和医疗救护等所需的专项资金，必要时

应追加，保障应急需要。应急处置所需设施、设备和物资的储备与调用有保障，在必要时能动员和组织社会力量，调用社会力量或企业及个人物资，协助参与应急处置。

六、演练与宣教培训措施

定期或不定期组织和指导有关部门开展重大食品安全事故应急演练，检验和强化应急准备和应急响应能力，总结评估演练结果，完善应急预案。加强对食品安全专业人员、生产经营者及消费者的食品安全知识的教育与培训，促进专业人员掌握与食品安全工作相关的技巧，提高生产经营者及消费者的风险和责任意识。

第四节　职责分工

县级以上人民政府应急管理办公室（以下简称“应急办”）是食品安全事故的应急管理机构。县级以上人民政府重大食品安全事故应急指挥部（以下简称“应急指挥部”）是重大食品安全事故应急指挥机构，负责应急处置过程中重大事项的决策，授权发布事故重要信息，审议批准应急处置工作报告等。政府各有关部门或行业组织按照法定职责，负责制定部门或行业食品安全事故应急预案，实施食品安全事故处理与重大事故应急处置，同时有责任配合和协助其他部门做好相关工作。

县级以上卫生行政部门在同级人民政府的统一领导下，会同有关部门建立本地区食品安全事故调查处理制度和机制；组织协调有关部门开展食品安全事故的调查处理，督促指导有关部门和单位落实食品安全事故调查处理职责；组织指导医疗卫生机构开展救治病人、现场卫生处理和流行病学调查等工作；组织起草总体调查报告、发布食品安全事故信息；负责应急指挥部应急期间的组织协调工作；组织各有关部门查处重大食品安全事故；组织医疗救治、指导和协调现场处置及有关技术调查；组织信息发布与媒体沟通；组织开展应急应对的宣教培训工作。县级以上疾病预防控制机构根据卫生行政部门要求和有关部门的委托，进入现场对患者和相关人群进行流行病学调查，对生产经营可疑食品的场所和人员进行卫生学调查；采集相关样本进行检验检测，并出具检验报告；对生产和加工可疑食品的现场提出卫生学处理措施的建议，并对采取措施的效果进行评估；提出包括食品安全事故的发病人数、发生场所、致病因素、病因食品、污染源及污染途径等相关内容的流行病学调查报告。卫生监督机构执行同级卫生行政部门组织协调食品安全事故调查处理职能，承办卫生行政部门交付的事故调查处理工作任务。

县级以上有关食品安全监管部门在同级卫生行政部门的组织协调下，开展职责范围内食品安全事故的调查处理，依法采取控制措施，查处违法行为，起草调查报告，提出处理意见。农业部门负责发生在食用农产品种植与养殖环节和其他涉及农产品种植养殖环节问题的食品安全事故及违法行为的具体调查处理与应急处置，依法封存可能导致食品安全事故的食用农产品，组织开展检验检测；监督农产品生产企业和农民专业合作经济组织对确认导致食品安全事故的食用农产品实施召回并进行无害化处理或销毁，责令停止销售。质监部门负责发生在食品生产、加工环节和其他涉及食品生产环节问题的食品安全事故及违法行为的具体调查处理与应急处置；组织开展检验和生产加工环节污染食品的召回与处理。出入境检验检疫机构负责发生在国境口岸、食品进出口环节和其他涉及食品进出口环节的食品安全事故及违法行为的具体调查处理与应急处置；组织开展检验和进出口环节问题食品的召回与处理。工商部门负责发生在食品流通环节和其他涉及食品流通环节问题的食品安全事故及违法行为的具体调查处理与应急处置；封存可能导致食品安全事故的食品及其原料；对确认属于被污染的食品及其原料，责令食品经营者予以召回、停止经营并销毁。食药监部门负责发生在餐饮、食堂等消费环节和其他涉及餐饮服务的食品安全事故，以及保健食品造成的和其他涉及保健食品的食品安全事故及违法行为的具体调查处理与应急处置；封存被污染的食品及其原料、食品用工具及用具，责令经营者停止经营并销毁污染食品及原料，责令责任人清洗消毒污染食品用工具及用具。商务部门负责发生在牲畜屠宰环节和其他涉及牲畜屠宰环节的食品安全事故及违法行为的具体调查处理与应急处置；协助流通、餐饮服务及出口环节食品安全事故的调查处理；负责组织食品安全事故应急救援所需的重要生活必需品的调配供应。铁路部门负责发生在铁路客运餐饮服务环节和其他涉及铁路客运餐饮服务环节的食品安全事故及违法行为的具体调查处理与应急处置；封存被污染的食品及其原料、食品用工具及用具，责令经营者停止经营并销毁污染食品及原料，责令责任人清洗消毒污染食品用工具及用具；协助有关部门做好铁路运输环节食品安全监管与隐患排查，负责组织指导铁路运输过程中食品安全事故的应急处置；负责提供食品安全事故应急处置过程中的铁路运输保障。

县级以上其他有关行业主管部门，根据职责协助、配合卫生行政部门和有关食品安全监管部门开展事故调查处理，提出有关处理意见和建议。工信部门负责督促食品生产企业提高食品安全保障的能力，推进企业诚信体系建设，协助相关部门对食品生产加工环节造成的食品安全事故进行调查处理。教育部门负责组织制定和实施教育系统的食品安全事故应急预案；协助有关监管部门对学校食堂、学生在校集体用餐造成的食品安全事故进行调查及组织应急处理；负责对学校开展公共卫生事件相关教育与培训进行指导与监督。海关部门负责进出口食品监管，向有关部门通报造成食品安全事故食品的进出口情况；依法对该类食品采取扣留、实施退运或移交相关部门处置的措施。公安机关负责部署加强食品安全事故发生地区的治安管理工作，有效维护社会治安秩序；及时立案侦查涉嫌犯罪的食品安全案件。监察部门负责对食品安全事故涉及的食品安全监管部门、有关认证机构及其工作人员的失职、渎职等违纪行为进行调查，对事故调查处理与应急处置工作中各有关部门及其工作人员履行职责情况进行监察，依法追究相关责任人的责任，根据需要可全程参加食品安全事故调查处理。民政部门负责食品安全事故应急救援物资的筹集、准备、保障及管理；负责组织指导受食品安全事故危害人员的生活救助工作。财政部负责食品安全事故救护、处置等应急工作所需资金的保障和管理。环保部门负责组织指导造成食品安全事故的环境污染事件的调查处置工作；指导、协调地方人民政府的污染处置；对造成食品安全事故的环境违法行为追究相应责任。交通部门协助储运环节食品污染的应急处置；负责提供事故应急处置过程中的道路、水路交通运力保障。民航部门负责提供食品安全事故应急处置过程中的民用航空运输保障。旅游部门负责指导旅行社制定食品安全事故应急预案，协助有关食品安全监管部门对涉及旅游的食品安全事故进行应急处理。政府新闻办负责制订信息发布方案及对外口径，组织、协调重大食品安全事故的信息发布，管理互联网信息及其他有关信息。食品行业协会指导食品生产经营企业制定和实施食品安全事故应急预案以及开展食品安全相关教育；协助政府有关部门及企业开展事故调查。

本章学习要点

1. 食品安全应急处置的措施与内容。
2. 相关职能部门在处理食品安全事故中的职责分工。
3. 医疗救治原则及方式。
4. 事故调查处理程序及方法。
5. 后勤供给保障要求。

关键术语

应急措施　职责分工　医疗救护　调查处理　后勤保障

思考与练习

1. 简述食品安全应急处置措施的主要内容。
2. 简述在食品安全事故中，医疗机构的职责和对病患者应采取的措施。
3. 简述食品安全事故调查处理的主要内容。

第十三章　食品安全应急响应的解除与后期处置

本章概述

本章主要介绍食品安全事故应急响应的解除依据及其后期处置原则与内容。要求理解、掌握及时解除食品安全事故应急响应的意义和条件，熟悉应急响应善后处置的内容、要求及方式，妥善解决食品安全事故带来的相关问题。

在食品安全事故隐患或相关危险因素消除后需解除预警，食品安全事故应急救援终结后应急响应要终止，现场监测与评估结论是解除预警和终止响应的依据。应急处置结束后，由事发地政府负责对应急措施的落实效果进行评估和事故的后期处置，尽快消除事故影响和恢复正常社会秩序，保证社会稳定，采取或者继续实施必要措施，防止发生公共卫生事件的次生、衍生事件或者重新引发其他社会安全事件。重大食品安全事故的后期处置由省级人民政府有关部门会同事发地政府组织进行，省级卫生行政部门对后期处置工作进行监督。

第一节　食品安全事故应急响应的终止与措施评估

一、预警解除和响应终止的条件

当导致发生食品安全事故的相关危险因素和隐患得到有效控制或消除，经评估符合相应条件时，应及时解除预警、终止响应。食品安全事故预警解除和响应终止的条件是：伤病员全部得到救治，原患者病情稳定 24 小时以上且无新的急性病症患者出现，食源性感染性疾病在末例患者后经过最长潜伏期无新病例出现；现场和受污染食品等相关危害因素得到有效控制，食品与环境污染得到有效清理并符合相关标准，次生、衍生事故隐患消除；经专家咨询委员会分析评估认为可解除预警和终止响应。

二、预警解除和响应终止的程序

根据食品安全事故分级响应的原则，不同级别食品安全事故的应急响应也按照分级原则进行解除。Ⅰ级事故由国家食品安全事故专家咨询委员会进行分析评估论证。经评估认为符合预警解除和响应终止条件时，专家咨询委员会向国家应急指挥部提出解除预警与终止响应的建议，报国务院应急办批准后实施。Ⅱ级及以下食品安全事故由地方人民政府卫生行政部门组织专家咨询机构进行评估论证后提出预警和响应级别调整或终止建议，经同级人民政府批准，宣布解除应急响应。

上级人民政府应急管理机构应根据下级人民政府应急管理机构的请求，及时组织专家对重大食品安全事故预警解除和响应终止的分析论证提供技术支持和指导。

三、应急措施评估

由事发地政府组织专家对食品安全事故的危害控制、医疗救治、信息传播等应急措施的落实效果进行综合评估。

（1）危害控制的评估。调查部署是否周密，计划与方案是否科学可行，调查内容是否全面，引发事故的食品是否得到确认，病因、病源是否已查明，现场控制与召回措施是否得力、有效，部门配合是否密切等。

（2）医疗救治的评估。救治工作开展是否迅速及时，救治方案是否合理，治疗原则和方法等是否有助于及时救治，治疗措施是否有效；病例报告是否符合规定，报告制度是否落实等。

（3）信息传播的评估。收集公众对媒体报道的反应，评估现有宣传是否可以满足公众对信息的需求、公众是否能正确理解信息、对事故处置有无促进作用、信息发布后的效果和存在的问题等经验教训。

第二节　食品安全事故的后期处置

《中华人民共和国突发事件应对法》（以下简称《突发事件应对法》）第五十八条规定，突发事件的威胁和危害得到控制或消除后，履行统一领导职责或组织处置突发事件职责的人民政府应当停止执行法律规定的处置措施，同时采取或者继续实施必要措施，防止次生、衍生事件或重新影响社会安全的其他事件的发生；第五十九条规定，突发事件应急处置工作结束后，履行统一领导职责的人民政府应当立即组织对突发事件造成的损失进行评估，组织受影响地区尽快恢复生产、生活、工作和社会秩序，制订恢复重建计划并向上一级人民政府报告。

食品安全事故应急处置结束后，各有关部门在政府组织下开展善后处置、奖励与责任追究和总结研究等后期处置工作。按《突发事件应对法》和《国家食品安全事故应急预案》规定以及分级处置的原则，省级人民政府负责组织Ⅱ级以上重大食品安全事故的后期处置，市、县人民政府负责组织Ⅲ级及以下食品安全事故的后期处置，处置原则是尽快消除影响，尽快恢复正常的生产、生活秩序，保证社会稳定。

一、常规处置

（一）监督生产经营场所处理、销毁不安全食品

对被控制的造成或可疑造成食品安全事故的食品及其原料、引发食品安全事故的生产经营场所及其相关工用具，进行卫生学检验评价。评价表明其被污染或含有毒有害物质的，依法予以销毁或监督企业自行销毁，做好污染物的收集与清洁处理等；对未被污染、不含有毒有害物质的食品和已消除危害的食品生产经营场所及其相关工用具解除控制；对被召回的不安全食品进行监督销毁。

（二）整治食品生产经营过程

根据查明的造成事故的原因，事故单位应当认真吸取事故教训，落实防范和整改措施；有关监管部门应对事故单位落实防范和整改措施的情况进行监督检查，并结合行业存在的深层次问题，吸取教训、举一反三，制定一系列有针

对性的举措，开展整治规范食品生产经营秩序行动，消除食品生产经营过程中的安全隐患，防止类似事件再次发生。监督检查结果和整改措施的落实情况应及时通报同级人民政府卫生行政部门，事故调查的有关资料应当由组织调查工作的卫生行政部门归档保存。

二、善后处置

善后处置包括人员安置、补偿，征用物资补偿，应急及医疗机构垫付费用的及时拨付，污染物收集、清理与处理等。

民政部门根据本地区遭受损失的情况，制订救助、补偿、抚慰、抚恤、安置等善后工作计划并组织实施。尽快妥善安置并慰问和补偿受害与受影响人员，抚恤应急救援工作中的伤亡人员；及时返还并补偿事故应急处置过程中征用的个人或集体单位物资，从应急资金中返拨应急和医疗等机构在应急处理和医疗救治过程中垫付的费用；支持食品安全事故受害人依法获得事故责任单位和责任人对医疗救治等费用的民事赔偿以及后续治疗所需全部费用的保障；做好应急救援人员和受灾人员的保险理赔等相关事宜。妥善解决因处置食品安全事故引发的矛盾和纠纷，消除事故影响，恢复正常秩序。

三、奖励与责任追究

依法表彰和奖励在食品安全事故应急管理和处置工作中作出突出贡献、表现突出的先进集体和个人。有关食品安全监管部门依法对在农作物种植养殖、食品生产经营各环节中造成食品安全事故单位的违法行为给予行政处罚，涉嫌犯罪的及时移送司法机关依法追究其刑事责任。监察部门对有关监管部门、检验与认证机构的工作人员在食品安全事故的预防控制和调查处理过程中迟报、谎报、瞒报、漏报食品安全事故重要情况，或在应急管理工作中其他的失职、渎职等行为，依法追究有关责任单位和责任人的行政和民事责任；对涉嫌犯罪的，由司法机关依法追究刑事责任。

以“三鹿奶粉”事件为例，相关责任人分别被依法追究以下的行政、民事和刑事责任：

（1）行政责任。国家质量监督检验检疫总局局长李长江引咎辞职；河北省省委常委、石家庄市市委书记吴显国、石家庄市分管农业生产的副市长张发旺和石家庄市畜牧水产局局长孙任虎、食品药品监督管理局局长张毅被免职；石家庄市市委副书记兼市长冀纯堂、石家庄市质量技术监督局局长李志国和三鹿集团党委书记兼董事长田文华被免去党内外职务。

（2）刑事责任。原三鹿集团董事长田文华因犯生产、销售伪劣产品罪，于2009年1月22日被石家庄市中级人民法院判处无期徒刑，并处罚金2 000多万元；奶贩、奶源基地负责人、劣质奶生产者、化工试剂店店主等分别因以危险行为危害公共安全罪及生产、销售有毒食品罪等罪名，被判处死刑、死缓或无期徒刑；其余数名涉案人员获刑5～15年不等。三鹿集团股份有限公司因犯生产、销售伪劣产品，被判处罚金4 937万余元。

（3）民事责任。2009年1月16日，三聚氰胺奶粉受害者法律援助团代表213名受害者通过邮寄的方式向最高人民法院提起了共同诉讼，被告是生产、销售的奶粉中被查出含三聚氰胺的22家奶粉企业，而此次诉讼索赔金额总计达36 004 600元，其中死亡病例索赔高达50万元。而在当时三聚氰胺奶粉事件整体赔偿方案中死亡患儿的赔偿金额为20万元。2008年底，三鹿集团股份有限公司等22家责任企业提出向患儿主动赔偿，对近30万名确诊患儿给予一次性现金赔偿。据医学专家介绍，患儿治愈后发生后遗症的可能性极小，但本着对患儿高度负责的精神，22家责任企业还是共同出资建立了医疗赔偿基金，患儿今后一旦出现相关后遗症，产生的医疗费由该基金给予报销。22家责任企业愿通过主动承担赔偿责任，以取得患儿家庭和社会的谅解。至2009年1月23日，三聚氰胺奶粉事件患儿赔偿工作接近尾声，绝大多数患儿家长接受了责任企业的主动赔偿。全国已有262 662名患儿家长领取了赔偿金并与责任企业签订了赔偿协议。

第三节　总结报告与防范机制研究

食品安全事故应急处置工作结束后，履行统一领导职责的人民政府应及时组织对事故造成的损失进行评估，尽快恢复社会秩序；进行分析总结，探索防范机制等。

一、评估损失，恢复常态

组织对事故造成的政治和经济等直接或间接损失进行科学、客观的评估，制定相关政策、采取有关措施促使受影响地区尽快恢复社会和生活秩序的常态，必要时制订恢复重建计划报上级人民政府。上级人民政府应根据受食品安全事故影响的地区遭受的损失和实际情况，制定扶持该地区相关行业发展的优惠政策，必要时提供资金、物资支持和技术指导。

二、总结报告

食品安全事故调查结束后，事故调查组应当及时将调查报告呈报本级人民政府，有关食品安全监管部门应提出职责范围内的调查报告和处理意见。重大食品安全事故应急处置工作结束后，卫生行政部门组织有关部门及时对食品安全事故和应急处置工作经验教训进行总结，对事故的种类和性质，事件对社会、经济和公众心理的影响，应急处置的响应过程、调查的步骤和方法、对患者采取的救治措施等进行科学客观的评估，做出调查结论；总结有关经验和教训，分析事故原因与影响因素和应急处置工作开展情况及效果，提出今后对类似事故的防范及改进应急处置工作的措施与建议等。在规定时限内，将事故的经过和原因、背景、后果及当地相关要求、医疗救治与现场调查等应急处理措施、事态进展和处理结果，以及针对事故原因、应急处理过程存在问题的经验教训和改进措施与建议等，形成全面的分析总结报告及时上报本级人民政府和上级卫生行政部门。

三、研究防范机制

针对造成食品安全事故的深层次原因和经验教训，以及应急处置过程中存在的问题，开展改进食品安全相关技术和政策的探索研究。

（1）制定技术标准和规范。组织力量制定相关食品检测技术标准、检验与生产规范，开展相应的培训工作。

（2）构建长效监管机制。加快监管体系建设，改进监管方式方法，落实监管责任追究制；制定相应的监管法规规范，探索建立科学有效的监管制度。

（3）普及卫生知识。针对事故性质开展食品安全法制知识宣传教育，提高食品生产经营者的守法意识、公众的食品安全意识及自我防护能力；开展心理危机干预工作。

“三鹿奶粉”事件发生后，针对事件暴露出的我国乳制品行业存在的一系列问题，国务院迅速组织研究制定并于 2008 年 10 月 9 日发布实施《乳品质量安全监督管理条例》，从法规高度加强了从奶畜养殖、生鲜乳收购到乳制品生产、乳制品销售等全过程的质量安全管理要求，加大了对违法生产经营行为的处罚力度，加重了监督管理部门不依法履行职责的法律责任。

四、开展合作与交流

开展食品安全事故的预防、监测与预警、应急处置与救援、善后处理等方面的国际合作与交流。

本章学习要点

1. 食品安全事故应急响应解除的条件与应急措施评估内容。
2. 食品安全事故善后处置的内容。
3. 总结报告的要求与防范机制研究的内容。

关键术语

应急响应　解除　善后处置

思考与练习

1. 食品安全事故应急响应在何种情况下应予解除？
2. 食品安全应急措施效果评估包括哪些方面？
3. 简述食品安全事故善后处置工作。
4. 简述食品安全事故应急处置工作总结报告的主要内容。

第十四章　食品召回

本章概述

本章主要介绍食品召回制度的内涵、意义与要求。要求了解缺陷食品的定义与分类及食品召回的相关内容，掌握食品召回的原则和程序，确保不安全食品能快速有效地召回，避免食品安全事故的发生或降低其危害。

在现代社会，食品的大规模工业化生产和日益扩大的贸易流通，使人们能遍尝国内外美食，但由于“从农田到餐桌”的食物链越来越长，食品供应网络也日趋复杂，从而加大了发生大范围食品安全事故的风险，给食品安全管理带来了严峻的挑战。食品召回是为避免消费者受到缺陷食品伤害、减少食品安全事故发生，或控制、减轻食品安全事故的危害与影响而采取的收回食品的纠正行为。建立健全食品召回制度是世界各国面对新挑战、为保障食品安全及应对各类食品安全事件而采取的积极和重要的措施之一。有效实施食品召回的关键：一是及时准确地发现不安全食品；二是以食品安全危险评估为基础确定召回级别；三是重视食品生产销售的可追溯性。食品召回一般包括五个阶段工作：一是进行危害调查与确认；二是风险管理和战略决策；三是执行并监督召回；四是检查、评估执行效果；五是监督销毁不安全食品与赔偿等善后处理。目前我国食品召回工作与欧美国家相比尚存在较大差距。

第一节　食品召回制度概述

一、缺陷食品的定义与分类

缺陷食品包括不安全食品和违法/不适合消费的食品。不安全食品是指含有有毒有害物质，有证据证明在正常食用后对人体健康造成损害或可能带来危害的食品，包括：①已经造成食品污染、诱发食源性疾病或对人体健康造成危害甚至导致死亡的食品；②可能造成食品污染、引发食源性疾病或对人体健康造成危害的食品；③含有对特定人群可能引发健康危害的成分而在食品标签和说明书上未予以标识，或标识不全、不明确的食品。违法/不适合消费的食品是指在生产、流通、销售及包装等过程违反国家有关法律、法规或规章规定，以及存在标签与说明内容不全或虚假等其他问题的食品。缺陷食品根据存在问题的性质和程度可分为三类：

一类缺陷食品：食品在生产过程中被人为添加有毒有害物质或受到有毒有害物质的严重污染，消费者食用该类产品后已经或极有可能导致食源性疾病，引起对人体健康的严重损害甚至导致死亡，是情形最严重的缺陷食品。如使用含甲醇的工业酒精、添加三聚氰胺或污染李斯特杆菌、肉毒杆菌、大肠杆菌O157: H7、即食食品的沙门氏菌和含有某些未标注的过敏源等。

二类缺陷食品：食品在生产过程中被人为添加有毒有害物质或受到一定程度的有毒有害物质的污染，或滥用食品添加剂，消费者食用该类产品后可能对人体造成暂时性或可逆性的潜在健康损害，但引起严重健康损害的可能性较小，是危害程度较轻的缺陷食品。如超范围超量使用或未标注食品添加剂、污染物轻微超标等。

三类缺陷食品：食品在生产、流通、销售过程中及包装标签等违反国家相关法律法规规定，或标签说明存在内容不全或虚假等其他问题，未能充分反映产品的真实属性，消费者食用该类产品一般不会对健康造成损害，但不适合消费，是危害程度最轻的缺陷食品。如未获得相应许可或认证，净含量不足，标签贴错、标识不全或错漏，或产品含有对特定人群可能引发健康危害的成分而未予明确标示等。

缺陷食品的情形包括：①微生物污染——由于腐败变质或生产过程受到包括带菌工人在内的致病菌的污染；②化学物污染——受杀虫剂、农药、兽药等有毒有害物质污染或残留超标，或被违法掺入；③异物污染——原料携带或生产过程中混进沙石、玻璃、塑料或金属等异物；④包装缺陷——由于包裹不严或野蛮运输装卸，产品包装破损或封口松裂等；⑤成分过失——产品中含有未标明的、可能为过敏性物质的成分，或某种成分不达标，或含未经批准的违规成分；⑥标签过失——标签错贴、标签标识和说明书错漏或内容虚假不实等；⑦被人为破坏——生产过程被人为故意加入有毒有害物质或异物，或贮运、装卸和销售过程遭人为外力破坏；⑧被投诉举报——未经核实的针对产品问题的真实或恶意的投诉举报。

二、食品召回的概念、特点与分级

食品召回是为避免消费者受到缺陷食品的伤害，最大限度地降低存在或可能存在安全问题的食品对公众的健康危害，维护消费者利益，食品生产（或进口、经销）商在获悉其生产或进口、经销的食品存在或可能存在危害消费者健康安全的问题时，按照规定程序依法向政府部门报告，及时通知消费者并从食品生产、流通到消费等环节采取撤回或收回由其生产经营原因造成的某一批次或类别的缺陷食品，同时通过退货、更换、补充或修正消费说明和赔偿等方式，及时消除或减少缺陷食品对消费者的危害风险等所采取的一系列改正行为和补救措施。

食品召回按性质可分为主动召回和责令召回。主动召回是由企业管理层做出的、自愿召回缺陷食品的行为，即自愿召回；责令召回又称强制召回，是政府食品安全监管部门依法责令企业召回存在潜在危害的缺陷食品，并制裁违法者的行为，通常针对不安全食品。按召回方式可分为公开召回和沉默召回以及要求召回和指令召回（美国）。公开召回指通过公开的途径向社会发出召回信息，从市场和消费者手中全面收回不安全食品，适用于主动召回和责令召回；沉默召回指通过非公开的途径，从运输、批发和零售等环节收回缺陷食品，一般仅适用于对不适合消费食品的主动召回。要求召回指企业没有主动进行召回，政府直接要求对生产或销售不安全食品负有主要责任的公司实施召回并承担主要责任；指令召回是针对婴儿配方食品及国际贸易食品如出现不安全因素，政府发布强制命令要求该食品生产和销售商实施召回。按召回水平可分为商业召回和消费者召回（澳新）。商业召回指从分销中心和批发商及医院、餐馆、食品经销店层面收回；消费者召回指从消费者手中收回受影响的食品，是最为昂贵的召回类型。按召回环节有召回和撤回（英国）。召回指从食品的销售、配送链或在已销售的范围内收回不安全食品，并告知消费者；撤回指收回已进入配送链，但未出售给消费者的不安全食品。

食品召回以主动召回为主、责令召回为辅。食品生产经营者是缺陷食品召回的主体和第一责任人，主动召回缺陷食品是食品生产经营者诚信自律的体现。主动召回的特点是在政府主导下实施，体现政府对市场的管理而非代替企业决策，鼓励企业自律，发挥企业主动召回的积极性。根据食品安全危害的轻重程度，食品召回一般分为以下三个级别：

一级召回（最严重的情形）：消费者食用这类食品已经或肯定会造成食源性疾病，严重危害人体健康甚至导致死亡，或流通范围广、社会影响大。一般需发布预警。

二级召回（危害程度较轻）：消费者食用这类产品后可能会造成食源性疾病，对人体健康造成危害但属可逆可治愈，造成短期内严重危害身体健康后果的可能性较小，危害程度一般或流通范围、社会影响较小。可发布预警。

三级召回（程度最轻）：食品含有对特定人群可能引发健康危害的成分而在标签和说明书上未予以标识，或标识不全、不明确，已经或可能引发食源性疾病而对人体健康造成危害，但程度轻微。一般不需发布预警。

根据不安全食品可能对人体造成的健康危害程度对不安全食品实施分级召回的意义在于，对不同召回级别采用不同的管理体制，并使公众知道被召回食品的危害程度，从而采取不同的处理方法和处理态度；这也有利于政府职能部门对食品召回进行分类管理，增强工作的针对性，提高行政效率。

三、食品召回的危害评估与召回步骤

（一）危害评估与评估原则

食品召回的危害评估是根据缺陷食品存在问题的性质和程度，结合缺陷食品上市时间的长短、进入市场数量的多少、流通的方式及消费群体等情况，对其可能对消费者造成的不同健康危害的危险程度进行综合分析和判断评估。危害评估结论将为确定召回的级别及召回的启动和实施提供科学依据和技术支持，以控制食品安全风险。

危害评估的主要内容包括：缺陷食品引发食源性疾病，或对人体健康造成危害的可能性；不安全食品对主要消费人群的危害影响、危害发生的严重和紧急程度及其短期、长期的后果。

食品召回危害评估包括危害识别、危害特性描述、暴露评估和风险特性描述四个步骤。食品召回危害评估遵循的一般性原则是：①从一般到特殊；②同时适用于一种食品中一种或多种危害物及多种食品中一种危害物的风险评估；③广覆盖，包括食品中对人体存在危害的微生物、化学（包括农药残留、兽药残留、食品添加剂、天然毒素和其他化学性危害物等）和物理性三大危害物，根据可疑性、危害性的深度与广度、社会关注程度、政治或政策因素等，充分考虑特殊人群与之食用量，不同区域、不同环节、不同指标及不同程度等食品的不安全情形。

危害评估的技术路线遵循一般性原则，结合检测检验数据、文献资料、产品标准与重要程度等信息，综合分析形成评估结论。

（二）食品召回的步骤、程序与方式

食品召回步骤与程序可概括为：根据消费者投诉或举报信息/政府监管部门或生产经营单位监督检查和监测检验信息发现缺陷食品或可疑缺陷食品→上报政府/监管部门/上级→企业或政府监管部门进行针对性自检或检测和溯源追查→确认缺陷食品的存在，判定食品是否属不安全食品→根据相关法律法规规定或危害评估作出结论→确定召回等级→制订召回计划与措施并启动实施不同环节与层次的主动/责令召回→监控、审核、评估召回措施的有效性→决定终止或采取进一步的召回措施。

四、食品召回的实施与监督

根据《食品安全法》第五十三条，食品生产经营者发现其生产经营的食品不符合食品安全标准，应当立即停止生产经营，召回已经上市销售的食品，通知相关生产经营者和消费者，并记录停止生产经营、召回和通知情况。食品生产者应当对召回的食品采取补救、无害化处理、销毁等措施，并将食品召回和处理情况向县级以上相关食品安全监管部门报告。食品生产经营者未依照本条规定召回或者停止经营不符合食品安全标准的食品的，县级以上相关食品安全监管部门可以责令其召回或者停止经营。

（一）主动召回

自食品被确认属应当召回的不安全食品之日起，食品生产经营者应做好如下工作：

（1）立即停止生产和销售该食品，并在规定期限内，向社会发布食品召回的有关信息，通知相关销售者和消费者停止销售、消费，并向有关监管部门报告。

（2）在规定期限内，向有关监管部门提交包括以下内容的召回计划：

①停止生产经营不安全食品的情况；

②通知销售者和消费者停止销售、消费不安全食品的情况；

③食品安全危害的种类、产生的原因、可能受影响的人群及其严重和紧急的程度；

④实施召回的组织管理、联系方式及召回的具体措施、范围和时限等内容；

⑤召回的预期效果及召回后的处理措施。

（二）责令召回

经确认有下列情况之一的，由县级以上食品安全监管部门责令食品生产经营者召回不安全食品，同时发布有关食品安全信息和消费警示信息，必要时采取其他避免危害发生的措施。

（1）食品生产者故意隐瞒食品安全危害，或食品生产经营者应当主动召回而不采取召回行动的；

（2）由于食品生产经营者的过错造成食品安全危害扩大或再度发生的；

（3）国家监督抽查发现食品存在安全隐患，可能对人体健康和生命安全造成损害的。

食品生产经营者在接到责令召回通知书后，应立即停止生产和销售不安全食品，向销售者和消费者发出停止销售和消费的通知；制订并提交召回计划，及时跟进总结，提交食品召回阶段性进展报告。召回计划经县级以上食品安全监管部门核准后按要求立即实施。生产经营者所在地有关监管部门应对食品召回阶段性进展报告提出处理意见，并将有关情况逐级上报国家食品安全监管部门。

（三）召回监督

食品安全监管部门依法监督检查被责令召回缺陷食品的生产经营企业的召回情况，评估召回效果，纠正不适当的行为；对主动召回缺陷食品的生产经营企业进行检查、指导和评估；对应实施而拒不实施召回或者不停止经营不符合食品安全标准的食品生产经营企业依法进行行政控制和处罚，情节严重的移交司法机关追究刑事责任。

生产经营者所在地的省级食品安全监管部门组织专家审查召回总结报告，评估召回效果，评估结论书面通知食品生产者；责令召回的报国家食品安全监管部门备案。评估结论认为召回未达到预期效果的，通知食品生产经营者继续或再次实施食品召回。县级以上食品安全监管部门在规定的职权范围内对食品生产经营者的召回进展情况和召回食品的处理过程进行监督。

第二节 国际食品召回制度概况

为预防和控制食品安全事故，20 世纪 80 年代以来，世界各国尤其是发达国家和地区先后根据各自的国情建立了各种类型的食品安全管理体制，并在应对一系列食品安全事件的实践过程中不断完善，逐步在食品安全管理体系中建立健全了食品召回制度或相应的管理内容。总体上健全的法律制度与强有力的监督执法、雄厚的科研与检验技术力量、科学完善的标准化与可追溯体系、畅通的信息渠道与讲诚信的社会环境等综合因素，促使企业严格自律，使自动召回成为当前主旋律。当今欧美等发达国家或地区的食品监管部门网站每天都有各类缺陷食品召回的公告，据 FSIS 记录，美国在 1982—1998 年召回肉和禽产品 479 起 5 924 吨，有史以来最大的一起肉制品召回事件是 2002 年一家禽类制品加工厂的肉制品污染李斯特杆菌，造成 120 人中毒 20 人死亡的事件，厂商宣布召回2 740 万磅三明治熟肉饼和 29. 5 万磅火鸡和鸡肉制品。食品召回制度已成为这些国家或地区食品安全保障体系的重要部分和处理食品安全事件的重要措施之一，取得了成功的经验。

一、食品召回的法律基础

总体来看，各国在国家层次上的食品召回制度的专门法律或行政法规并不多，有的也大多数只是为政府部门制定的管理规定和指南。缺陷食品召回在法律性质上一般可分为企业的自愿行为和执法机构的强制性行为。美国、英国和中国香港的执法机构根据法律无权强制召回缺陷食品，但有监督管理食品召回工作的权利与职责。加拿大、澳大利亚及新西兰的食品召回则分为强制和自愿两种，政府鼓励企业主动召回其缺陷产品，在多数情况下都是企业主动发起召回行动，主管部门的任务是关注事态发展，监督召回行动，必要时给予方法或技术上的指导，确保缺陷食品被切实有效地召回。食品召回的法律法规及执行机构归纳起来大致可分为美国（自愿召回/多部门共同负责）、英国（自愿召回/专门的独立机构负责）和加拿大（强制和自愿召回/农业部门统一负责）三种模式，均以实现“从农田到餐桌”全程管理与控制为目标（见表 14 –1）。

表 14－1　食品召回的法律法规及执行机构

国家/地区	召回的法律法规规章	监督或执行机构
美国	《联邦法规》（CFR）、《联邦肉产品检验法》（FMIA）、《禽产品检验法》（PPIA）、《食品药品和化妆品法》（FDCA）、《消费者产品安全法》（CPSA）、《反生物恐怖法》（BTA）；《FDA 法规程序手册》、《FDA 召回工业指南》，FSIS 指令 8080.1《肉和禽产品的召回》、8091.1《健康危害评估委员会规程》	美国食品与药品监督管理局（FDA） 农业部食品安全与监督局（FSIS）
英国	《食品安全法（1990）》、《食品标准法》	英国食品标准局
欧盟	《欧盟食品安全法（2002）》、《食品和饲料法（2004）》、《食品安全白皮书》、欧洲议会和理事会第 178 号/2002 章程	欧洲食品安全局（EFSA） 欧盟理事会危机处置小组
加拿大	《加拿大食品监督法》、《加拿大食品检验署法》《食品召回制造商/进口商/分销商/消费者指南》	加拿大食品监督局（CFIA）
德国	欧共体 RL89/ 397/ EWG 号《官方食品监督条例》、RL93/99/EWG 号《官方食品监督补充措施》、85/ 591EWG 号《关于共同取样的程序和分析方法》和 93/ 43/ EWG 号《食品卫生条例》	食品召回委员会
澳—新	《澳大利亚—新西兰食品安全法》、《澳大利亚—新西兰食品标准法典》、《澳新食品标准署法案》（1991）、《贸易实践法案》（1974）；《澳新食品企业召回规范》（2002 第 5 版）	卫生部的澳大利亚—新西兰食品安全局（ANZFA）
中国香港	《公共卫生市政条例》第 59 条有关食品安全的规定、食环署制定的食品召回指南及召回程序	卫生服务及食物局的食物环境卫生署

二、食品召回运行模式

（一）美国和日本模式

为使召回制度行之有效，FDA 和 FSIS 分别设有由科研人员、技术专家、现场检验人员和执法人员组成的“食品召回辩论委员会”和“食品召回委员会”，对所提出的健康危害问题进行评估，并确定召回级别，与涉案企业一起协调召回事宜，同时，主管部门通过媒体向社会发布召回信息，并派出检查人员对召回的有效性进行实地监督。自愿召回方式有主管部门要求召回和企业主动召回两种。要求召回遵循以下法律程序与主要步骤：①企业报告——企业发现缺陷食品和根据 FSIS 或 FDA 的要求，在掌握情况后 24 小时内向 FSIS 或 FDA 提交书面问题报告；②FSIS 或 FDA 评估报告——FSIS 或 FDA 收到报告后迅速组织专家委员会对是否存在明显或潜在的安全问题进行判断，根据食品上市时间的长短、进入市场数量的多少、流通的方式以及消费群体等资料评估不安全问题可能造成危害的程度，形成评估意见；③制订召回计划——FSIS 或 FDA 评估意见认定应当召回时，企业立即停止该食品的生产、进口或销售，通知零售商将该食品下架，同时根据该食品的缺陷与召回级别以及销售范围与规模等情况制订召回计划；④实施召回计划——召回计划经 FSIS 或 FDA 认可后，FSIS 或 FDA 发布召回新闻，企业公布召回公告，在 FSIS 或 FDA 监督下召回并销毁缺陷食品、补偿消费者，FSIS 或 FDA 认为措施积极有效、危害已消除后发布公告宣布召回行动结束。主动召回程序：如果企业发现存在尚未造成严重危害的潜在缺陷后，主动向 FSIS 或 FDA 报告并制订切实有效的召回计划，FSIS 或 FDA 实行不进行评估、不发布召回新闻的简化程序，这种鼓励性的做法使食品企业在召回行动中更愿意将自己视为监管部门的伙伴而非对立者。

日本的《食品卫生法》和《食品安全基本法》均无食品召回的强制性条款，与美国一样实行自愿召回制度，运行管理模式也与美国相似。东京等一些地方政府制定了主动回收报告制度。

（二）英国模式

英国在食品召回行动中遵循欧洲议会和欧盟理事会章程（EC）第 178/2002 号的规定，提倡食品企业主动召回不安全产品，政府主管部门有责任向食品企业提供有关风险评估的建议，并向欧盟成员国通报情况，将不安全食品带来的风险降到最低水平。《食品安全法（1990）》详细规定了召回制度作为食品安全防控的补救措施。为有效地召回缺陷食品，《食品规章 1502 号（批号标注）》第 2 部分（食品标签和标记）要求建立可在整个欧盟中使用的食品辨认系统，以便在产品对消费者产生健康风险时能够快速地沿食物传输链将产品召回。贸易与工业部（DIT）、英国工业联盟（CBI）、英国零售协会（BRC）联合制定了《消费产品召回实践指南》，帮助企业在一旦出现不安全食品问题时能迅速采取纠正行动，保护消费者的生命安全。

（三）欧盟模式

欧盟虽然没有明确划分产品召回等级，但在欧洲议会和欧盟理事会章程

(EC) 第178/2002号中详细规定了如何确定食品是否安全或对健康有危害以及食品企业在召回行动中的责任。如果食品企业认为或有理由相信其所生产经营的食品不符合食品安全要求，应立即启动召回程序，并通过发布追溯缺陷产品的信息，从市场上召回这些缺陷产品。如果这些食品尚未到消费者手中，应报告监管部门；如已进入消费领域应准确有效地告知消费者召回的理由，必要时直接向消费者召回产品。为防止、降低或消除食品风险，还建立了食品危害快速预警系统，制定了阻断缺陷食品对人体健康产生危害的一系列相应措施和程序，将危害减小到最低程度。

（四）加拿大和德国模式

加拿大CFIA的食品安全与召回办公室（OFSR）实行24小时工作制，随时对各级别的食品召回作出反应，分别制定了食品制造、进口、批发及零售商召回指南，指导从食品生产到销售各环节企业制订完善有效的召回计划。CFIA网站发布有食源性疾病的产生、食品召回与过敏警示、食品安全告示与事例、餐饮业监督等许多相关的参考资料，供企业和消费者参考。德国的食品召回制度由食品召回委员会监督实施，召回执行程序与美国相似，通常先由相关企业在24小时之内向该委员会提交报告，该委员会对报告进行评估后才实施召回计划：企业发布召回新闻—通过媒体向消费者和各级经销商发布召回公告—在监管部门监督下召回缺陷食品、采取补救措施并进行补偿—委员会认为措施有效、缺陷食品的危害风险已降到最低时召回才结束。

（五）澳大利亚和新西兰模式

食品召回也是食品安全的一项重要补救措施，《食品安全标准——食品安全事件与一般要求》明确规定了缺陷食品的召回行为，ANZFA是《澳新食品安全法》授权的执法机构。ANZFA制定了食品工业召回草案，澳新食品标准法典规定除餐馆和超市等饮食服务或零售商外，所有从事食品生产经营的企业都必须建立符合主管部门要求的不安全食品召回保障体系并见诸文字，饮食服务或零售商在其他企业的召回行动中，必须协助确认、储存和处理被召回及消费者退回的食品。召回通知由ANZFA签署，通过报纸发出的召回公告除必须说明召回的规模、区域及产品的性状外，还必须告知消费者谁在召回、召回哪种产品、出何问题、可在何处发现、危害等级和应采取的应对措施及咨询联系方式等相关信息。《澳新食品安全法》还规定召回的食品必须贴上“召回”标签并与其他产品分开存放直至得到妥善处理。

（六）中国香港模式

香港特区目前还没有有关食品召回的特别法规，但在《公共卫生及市政条例》第五十九条中明确规定获授权的管理人员可对认为不适宜食用的食品进行查验或没收。为使召回行动有章可循，食环署制定了食品召回指南及召回程序，规定了政府、食品经营者各自应承担的职责，对决定召回的登记、范围、方式和召回产品的处理及召回效果的评估等都作了明文规定。

三、发达国家食品召回制度的特点

（1）通过健全的法律法规形式确立，监管部门职责明确，执法力度强大；在监管部门主导下实施，充分发挥企业积极性，以主动召回为主、责令召回为辅。

加拿大、澳大利亚和新西兰三国的相关法律赋予了食品安全执法部门强制召回不安全食品的权力，对违反强制召回命令的行为有相应的处罚规定，食品企业若不执行召回命令，将受到罚款或监禁甚至两罚并举的处罚和刑事制裁，还要承担对受害者的民事赔偿责任。除美国的婴幼儿配方食品外，在法律上，美国、英国和中国香港的食品安全监管机构无强制召回权，食品召回是企业的自愿行为且由企业承担全部费用，但实际上，由于受到法律法规和市场的制约，食品召回是在监管机构监督下实施的强制行为：食品召回的范围、公告的内容都是按监管机构的要求进行的；监管机构在食品召回的实际运作过程中起着关键性的作用，有权从市场上抽检食品，对缺陷产品加上标记、印记或销毁，发布相关规章、指南和召回信息，告知相关人为何、何时、如何采取召回行动；如果企业不愿或拖延启动召回程序，监管机构可行使法律赋予的权力，命令其召回不安全产品，有权扣押或没收生产经营者拒绝召回的问题食品；如因拒不召回缺陷食品导致严重食品安全后果，监管机构将诉诸法律手段，企业不但会被曝光丧失信誉和市场，还可能面对巨额罚款，负责人还会被追究刑事责任。由于从事食品生产经营的多是大企业，在完善的法律体系与强大的执法力度的威慑下，一般不愿也不敢冒这个险。实际上，企业在处理食品安全问题时的唯一选择就是实施自愿召回，并在其自身的食品安全保障体系中制订召回方案，作为应对万一的措施。欧美诸国高度重视立法，通过不断补充完善现行法律体系同时采取严厉的执法措施，确保有关法令标准得到严格遵守，并体现职能部门的主导作用。

（2）以完善的标准化体系和严格的检验检测体系为技术支撑，通过完善的食品生产销售追溯系统与先进、公开、透明的信息系统，能准确及时地发现和追回不安全产品。

欧美等国高度重视食品标准化和检验检测体系等技术支撑系统的建设，投入巨资支持从各种化学污染物限量、掺假掺杂和加工操作规程到产品本身等食品安全标准的不断制定与完善，以及大型精密检测仪器的研制与关键检测技术和快速检测方法的开发。美国 FDA 拥有两千多名具有很高专业技术水准的医生、律师、药理学家、化学家及相关学科的专家和八千多名检测人员，在全国有 40 个食品实验室，建立了先进、完善的食品监测网络和档案，积累了大量的技术资料；通过严密的组织机构、丰富的人力资源和先进的技术手段，在食品危险性评估控制技术与新产品安全性评估等方面取得领先地位，为食品安全防控、快速应对和召回级别认定打下了坚实的科学基础。欧盟的 EFSA 有 8 个食品科学委员会，覆盖食品领域各个方面的学科小组成员均为欧洲各地食品安全领域的顶级科学家，在科学委员会的协调下，各学科小组按职责分工开展专题研究和科学评估，为 EFSA 提供必要的科学和技术建议。加拿大的 CFIA 下设 10 个部门，有四千多名兽医、监督员、系统专家等各类专家和财政官员、科研与实验技术人员及后勤供给等工作人员，有 22 个新技术研究实验室和检测研究机构。对各国普遍关注的农药残留，美国的多残留方法可检测 360 多种，德国可检测 325 种，加拿大可检测 251 种；这些国家均拥有对二噁英及其类似物的超痕量分析技术及对瘦肉精、激素、氯丙醇的痕量检测技术和大型精密仪器。

监管部门通过生产经营者自身检查检验、监管部门日常监督检查与大规模的市场抽样检测、消费者投诉等方面的信息，以及其他政府部门的通力合作与信息共享等畅通的渠道获得全面的食品安全信息，能准确及时地发现不安全食品。欧美等国的食品经营者在监管部门的指导要求下，“从农田到餐桌”的食品生产、配送、批发及分销各环节均建立了较完善的记录制度与严密的监测体系，食品的生产与销售具有较强的可追溯性，一旦发现食品安全问题，便可根据食品原料来源、质量记录、投料种类和数量、配方、中间产品及成品的检验记录、成品出入库记录及发送去向、数量、批号及联系人等信息，准确快捷地召回不安全食品。美国食品安全监管机构每年都要以风险分析为基础开展合作，制订食品中药品和化学物质残留的综合年度采样抽查计划。FDA 每年检测国产和进口食品 8 万份，检查食品用设备 1.5 万个；FSIS 对禽、肉屠宰及加工厂进行屠宰前后和产品检验，与农业部市场服务局合作对蛋制品进行微生物和化学污染物、感染物和毒素的监测检验。加拿大 CFIA 每年要分析 50 万份样品，以确认是否达标。美国 FDA 与 CDC 密切合作，各在对方有常驻官员，互通食源性疾病方面的信息，共同及时应对；FDA 与 FSIS 合作监控兽药使用，准确有效地审批新兽药，减少了兽药残留带来的食品安全风险。欧盟建立由欧盟委员会、欧盟食品安全管理局和各成员国组成的食品危害快速预警网络系统，委员会和主管部门通过该网络可第一时间掌握各成员国存在的食品安全危害信息，以尽早将这些信息通知各成员国，同时向各成员国提供科学或技术信息，以助其采取迅速、适当的风险管理行动。

（3）召回分级建立在科学的风险评估基础上，建立企业信用档案，宽严结合，鼓励企业诚信自律。

对一些目前对人体的危害程度尚不明确的食品安全问题，如经动物试验证实会引起动物健康危害，但目前对人体的危害程度尚未明确的丙烯酰胺以及苏丹红Ⅰ号等非食品用物质，美国、加拿大及欧盟的食品安全监管部门通过专家委员会，组织专家对所收集的各种信息进行风险分析评估，依据风险评价结论来确定被污染食品是否应召回及召回级别，避免由于危害程度未明确而延误决策时间，增大食品安全风险。

由企业从市场上召回缺陷产品是最快和最有效的维护食品安全与公众利益的方法。食品召回的目的是及时纠正过错，避免或减少缺陷食品对公众的伤害，而非单纯追究相应人的责任。因此，监管部门引入食品安全信用管理，将食品召回纳入企业信用档案，采取宽严结合方法，鼓励企业主动自愿对其缺陷食品进行召回，既能达到召回目的，又可减少行政成本与维护企业信誉。

第三节　我国食品召回的现状与发展方向

与世界各国一样，我国于 1983 年颁布了《食品卫生法（试行）》，在此基础上于 1995 年修改颁布了《食品卫生法》，均明确国家实行食品卫生监督制度，规定了涉及食品召回的内容，食品与营养的卫生安全逐步走上了法制化的管理轨道，经过 20 多年的实践和努力，逐渐建立起了较为完善的食品卫生法规与标准体系和监督监测体系。2009 年更是根据此前积累的实践经验，结合国内外食品安全的形势发展需要，颁布了取代《食品卫生法》的《食品安全法》，规定国家对食品生产经营实行许可制度，明确国家建立食品召回制度，食品召回被正式纳入了法制管理内容。但食品召回从配套法规规章、监督执法力度、检验技术力量到标准化和风险评估与追溯技术应用程度、信息共享等方面，与欧美等发达国家和地区相比尚存在较大差距，有待进一步加强。

一、我国食品召回的现状与特点

（一）国家和部门已有相关规定，但尚未形成完整的召回体系

（1）国家法律法规。《食品卫生法（试行）》第三十七条规定，违反本法情节较重的，“责令追回已售出的禁止生产经营的产品；没收或销毁禁止生产经营的食品、食品添加剂；责令停业改进”。《食品卫生法》第四十二条和四十三条规定，违反本法规定，生产经营禁止生产经营的食品和不符合营养、卫生标准的专供婴幼儿的主、辅食品的，责令停止生产经营，立即公告收回已售出的食品，并销毁该食品。上述两部法律的相关规定，从立法和执法实践上可以说是强制性食品召回的“前身”或“雏形”。《国务院关于进一步加强食品安全工作的决定》（国发〔2004〕23 号）要求：“严格实行不合格食品的退市、召回、销毁、公布制度。”《国务院关于加强食品等产品安全监督管理的特别规定》（国务院令 2007 年第 503 号）第九条规定，生产企业发现其生产的产品存在安全隐患，可能对人体健康和生命安全造成损害的，应当向社会公布有关信息，通知销售者停止销售，告知消费者停止使用，主动召回产品。《食品安全法》第五十三条、七十二条和八十五条分别规定了国家建立食品召回制度，以及需要采取食品召回行动的情形、召回责任人和不履行召回责任的法律责任等内容。至此，食品召回制度通过法律形式得到正式确立。

（2）部门规章与地方法规。《食品生产加工企业质量安全监督管理实施细则（试行）》（国家质检总局令 2005 年第 79 号）第七十一条规定，对不安全食品实行召回制度：食品生产加工企业发现其产品存在严重质量安全问题的，应当主动召回已出厂销售的不安全食品；企业不召回的，由企业所在地质监部门责令召回；拒不执行的，由省级以上质监部门公告召回。《食品召回管理规定》（国家质检总局令 2007 年第 98 号）明确了不安全食品和召回的定义，较详细地规定了食品生产企业的召回责任、食品召回的组织协调与监督机构及其职责、召回的危害调查与评估、召回级别确认与实施、召回的方式方法与程序及要求、召回效果的评估与监督。上海市也于 2006 年出台了《缺陷食品召回管理规定（试行）》。

（3）完整的召回体系尚未形成。多年来，在处理 2002 年惠氏奶粉、2004 年阜阳奶粉、2005 年苏丹红和 2008 年三鹿奶粉等食品安全事件过程中，从国家到地方各部门一直都在对食品召回制度进行积极的探索，采取了一系列卓有成效的行动与措施，但与发达国家相比，工作基础较薄弱，配套法规规章有待

健全，缺乏对召回过程的具体操作程序与要求等指导企业进行召回行动的指南，尚未形成涵盖从农田到餐桌全过程与进出口贸易的科学完整的召回体系和促使企业诚信自律的社会环境，食品召回制度有待在贯彻实施过程中不断充实完善。而《食品安全法》确定的多部门分段监管模式，使监管机构和职能交叉较多且协调难度大，要建立完善信息渠道通畅共享、形成监管合力的食品安全管理体系（包括召回体系），还有待各级政府和部门的共同努力。

（二）食品标准与检验检测体系跟不上形势发展需要

新中国成立以来，我国在食品标准、实验室数量与规模、技术装备与检测项目等方面都取得了举世瞩目的发展，在提高食品卫生水平上发挥了巨大的作用。截至2005年，已制定发布各类食品国家、行业和地方标准3 680项（其中卫生标准为484项、质量标准为1 298项，基础、检验和管理标准各为170、1 418和30项），食品标准体系已初步建立，但食品标准的制定与更新滞后，技术上与相关国际标准的等同或等效性低（如2002年惠氏药厂因其某些批次的奶粉被检出阪崎肠杆菌而被召回时，我国奶制品国家标准尚未列入该项目），而且多年形成的多部门多套标准并存的历史，造成对同一产品存在不同标准的相互矛盾的现象，影响标准的科学性、严肃性和可操作性，也影响到食品召回与否及召回级别的及时确定。建立了以国家级为中心、省级为主体、市县级为基础的较为完整的检验检测体系，检测机构与检验设备数量虽多，却是分散于众多部门的低水平重复建设，检测项目类同，检验检测能力与效率不高，尤其是缺乏对人体健康危害较大的敏感污染物的关键检测技术，例如残留农药的多残留分析技术、二噁英等环境污染物的准确快速的检测方法与技术设备、食品中疯牛病朊蛋白和禽流感病毒监督检测用的实用方法和技术。河豚鱼中毒死亡人数位居我国食物中毒死亡人数之首（约1/3），但至今仍没有河豚毒素TTX的快速检测方法，而由于政府的投入明显不足，广大基层检测机构的检验能力与效率更是低下。不健全的食品标准与检验检测体系制约着不安全食品的准确及时发现和追回，远远不能满足食品安全形势发展和建立食品召回制度的需要。

（三）风险评估尚未广泛应用，溯源体系正在建立

风险评估是制定食品安全法律、法规和标准的必要技术措施，是评估食品安全技术措施有效性的重要手段，也是分析食品安全问题和确定召回级别的重要科学依据。我国现行食品安全防控技术与监管措施尚未以广泛应用风险评估技术为基础，如对沙门氏菌、大肠杆菌O157：H7、疯牛病朊蛋白等的化学性

和生物性危害均未进行暴露评估和定量风险评估。虽然近20年从农业到食品药品工业已陆续引进并逐步实施了一系列良好作业规范（GAP、GVP、GMP），推广应用HACCP等先进的食品安全控制管理体系，但由于缺少完整的基础数据资料，缺乏覆盖全行业的实施指导原则和评价标准，这些理念与技术基本仍停留在法规文件上。在采用食品新技术、新工艺、新资源的安全性研究与评估方面与发达国家也存在较大差距。如美国已投入巨资对批准登记的农药进行内分泌干扰活性的筛选，根据筛选结果重新确定农药的最高残留限量，但我国对目前大量使用的农药还未进行这方面的工作，对广泛使用的植物生长调节剂也未进行安全性研究与评估；欧美国家对食品工业用菌种的使用历史、分类鉴定、耐药性、遗传稳定性、有效性等，都有明确的要求并建立了数据库及完善的菌种安全性评价档案和检验方法，管理和审批非常严格，而我国传统食品的发酵一直是使用大量未经检验和安全性评价的菌种；对一些食品添加剂、包装材料、酶制剂以及转基因食品的安全性问题也欠缺研究与评估。这些问题均影响到不安全产品的准确与及时追回。

2002年以来，我国开始探索研究食品溯源体系并进行试点和逐步推广，先后制定了建立和实施食品溯源制度的相应配套法规以及一些相关的追溯指南和评价标准，初步建立部分农产品和食品的溯源制度、溯源信息系统和网络交换平台。质检总局出台《出入境水产品追溯规程（试行）》，中国物品编码中心和陕西标准化研究院分别编制《牛肉追溯指南》和《牛肉质量跟踪与溯源系统实用方案》，指导牛肉制品生产企业解决溯源问题，以适应国际贸易的要求；农业部门推广农产品包装标识管理、市场准入机制和商品条码技术，完善农产品的生产和储运溯源；各地陆续推行农产品市场准入机制，逐步实行分级包装上市和标识制度，建立农产品生产记录档案；上海市颁布《上海市食用农产品安全监管暂行办法》，建立“市场档案可溯源制”；北京市商委制定食品信息可追踪制度，经营者要建立购销档案，如发现食品安全问题能迅速追查源头。但由于各种溯源系统的溯源链条长短不同，各环节间溯源信息的传递还未能实现，各个溯源系统还存在信息内容不统一、信息流程不一致、软件不兼容等问题，使得溯源系统间信息不能交换和共享，因而，溯源系统在食品召回行动中发挥的作用受到较强的制约。

二、我国食品召回的发展方向

《食品安全法》明确国家建立食品安全风险监测、食品安全风险评估和食品召回制度，规定了食品召回管理的原则性要求，明确在风险评估基础上建立食品召回体系。我国应充分学习借鉴国际先进经验，尽快建立健全配套的食品召回法规规章体系，整合食品安全标准、技术支撑体系，建立从消费者、待业协会、企业到政府及部门间相互沟通、信息共享、协调行动的综合机制，提高监督执法力度，从而建立覆盖“从农田到餐桌”全过程、能准确迅速地行动的科学、高效和强有力的食品召回体系。

（一）出台食品召回配套法规规章

依法制定食品生产经营各环节的部门规章，进一步明确政府、企业、消费者及其他相关组织在食品召回过程中的权利与责任、召回的组织协调办法、召回的监督管理机构及其权利与职责、召回的危害调查与评估、召回级别确认与实施、召回的方式方法与程序及要求、召回效果的评估与监督等详细规定；制定指导企业进行召回行动的召回过程具体操作程序与要求等指南；并在此基础上针对食品召回的关键环节、关键领域及确保肉、水产品等某类食品安全需要，制定更加适合本地实际的单一地方法规或细则。

（二）加大投入，建立完善坚实的技术支撑体系

加大投入，建立一批不同于一般产品检验的重点专科实验室，建立以重点实验室为主、一般实验室为辅的覆盖整个食品链条的、系统的食品安全监测网，主要开展有针对性的食品污染物及食源性疾病监测，而一般的产品检验可通过购买服务形式交给独立的消费者权益保障组织、行业协会和其他技术服务机构完成，这样能把资金用到刀刃上，更符合政府的成本效益。加快食品安全标准整合与制修订及检验技术研发的步伐，制定食品包装材料和添加剂中的有害化学物质、功效成分和过敏与有毒物质、转基因食品等检验方法的标准；加快建立和健全食品安全风险监测与评估体系，提高风险评估技术水平并广泛应用于食品召回工作中；重点研发或引进河豚毒素 TTX 等毒物快速检测方法，农药的多残留分析、食品中疯牛病朊蛋白和禽流感病毒及二噁英类敏感污染物等高精尖检测方法与先进技术设备，提高关键检测技术水平，以满足及时发现不安全食品的需要。

（三）建立完善信息渠道通畅共享、监管形成合力的食品安全管理体系

在多部门分段监管模式下，各级政府要加大协调力度，理顺各监管部门职能，创造齐抓共管的基础条件；各监管部门要站在国家和人民利益高度，从食品安全大局出发，共同研究解决食品和农产品溯源制度存在的问题，建立完善

“从农田到餐桌”全过程与进出口贸易的科学高效和行动有力的食品召回体系；建立从消费者、行业协会、企业到政府及部门间相互沟通、信息共享、协调行动、形成合力的食品安全管理体系，齐心协力提高监督管理水平，缩小我国在控制食品污染、减少食源性疾病、保障消费者健康等方面与先进国家的差距。

第四节　“苏丹红”事件应对处理实践的启示

一、英国是在FSA指导下进行污染食品自动召回

英国在苏丹红事件发生后，受污染食品的发现和召回工作是在FSA的指导下、由行业协会和各食品公司自行组织开展的，而行业协会和各食品公司并不需要被动监督和查处，只需将自行处理结果报告FSA。因此，在FSA公布的受污染食品清单不断增加新产品的同时，实际的影响面却在不断地缩小。可能某些产品上了FSA公布名单的同时，其生产商已经通过其销售网络将该食品召回，消费者看到清单上产品名称的时候，市场上已经无该产品了。从FSA的网站提供的事件表中，我们发现FSA到了事件后期才对相关食品公司开展调查，但目的并不是为了发现和清理受污染食品，而是为了调查为什么在良好生产规范指导下的食品工厂会有严重的食品污染事件发生。在苏丹红事件中，英国各食品企业对自己的食品进行检验，发现问题自动召回，并向监管部门报告进展；如果不自主检验和召回不合格食品，将受到法律的严惩，同时失去消费者的信任。而英国食品安全监管当局在保持对食品企业采取法律行动的震慑力的同时，只需要对市场进行适当的监测监督，就可以确认整个不合格食品召回过程是否达到目的；而在完成召回行动后，监管当局则对食品企业是否依法履行法定义务进行调查，进一步发挥政府的监督职能，维护法律尊严。

二、我国是多部门开展污染食品清理

我国苏丹红事件的应急处置与英国正好相反，受污染食品的发现和清理工作由政府各职能部门开展，各部门耗费大量资源进行采样、检验、调查、溯源等工作，甚至不同部门之间重复相同的工作。政府部门公布含“苏丹红”食品及食品原料名单后，企业在迫不得已的情况下才消极、被动地配合相关工作，但这些原料还流到了哪里？造成了多少食品受污染？消费者未能得到进一

步的答案。事件似乎已随着田洋公司一案的判决落下帷幕，但是新的“苏丹红”污染食品事件随着“红心鸭蛋”和“红毒唇膏”又很快被披露出来。苏丹红事件还暴露了“分段监管”模式的弊端：一是行政资源浪费严重，食药监、质检、工商、卫生等部门动用各自资源分别从生产、流通和餐饮环节进行清查，而实际上这是一个完整的食品链，通过溯源往下就可以查清流向，往上就可以回收产品。二是行政效率低下，不同环节由不同部门分别和重复管理，各部门之间要相互交换很多信息资料和文件，导致行政效率更低。三是各自为政，重复检验。各部门各自在不同环节对相同产品进行抽检，给政府及合法企业增加了成本负担，而且给企业的正常合法经营活动造成极大不便。目前的产品检验具有较浓的部门利益色彩，各部门都在争取政府更多的财政投入以不断提高自身的检验能力，但建立覆盖整个食品链条、统一的食品安全监测网，显然比重复建设分散于各部门的检验技术机构更符合成本效益，而且一般的产品检验可交给其他社会技术服务机构进行，政府的食品安全监测网应主要开展有针对性的食品污染物及食源性疾病监测。

三、政府与企业的角色定位

单纯依靠政府的食品安全监管机制是十分脆弱的机制，分清政府与企业在食品安全中的角色定位，是正确制定和实施食品安全政策的关键，低成本、高效率的食品安全长效监管机制，是保障食品安全的必要条件。食品生产经营企业是食品安全的第一责任人，也只有企业才能最快发现问题。政府的角色是监督企业履行法定职责，在法制和市场经济条件下，政府依法保护企业进行经济活动的合法权益，不能强行干预企业的技术开发和生产活动，更不能替代企业对食品生产过程进行全程的监控。企业掌握国家法律、标准的相关规定和要求而自律，生产符合市场准入条件的食品，是食品安全的根本保障。企业自律需要来自市场竞争压力和法律责任两种力量的支持。企业生存的基础是市场，而获得市场就是要获得消费者的认可，只有通过积极研究应用新工艺、新技术，而不是通过投机取巧甚至添加非法物质来逐利，才不会受到法律惩处和被竞争激烈的市场淘汰。发挥好食品行业协会的作用，建立食品安全信用体系，正确引导消费者的消费行为，进而影响企业的生存和发展，是督促企业保障食品安全的直接经济动力。政府的职责在于监督企业履行法定义务，落实执法责任制，对于企业行为既不能听之任之，也不能越俎代庖，即应做到依法行政，确保企业遵守法律规定，承担相应法律责任，从而维护法律尊严和食品市场秩序，发挥政府和市场的双重作用，强化企业责任，促进企业自律。

四、风险管理是食品安全的科学保障

关注食品安全的本质，其实是关注生命安全和身体健康。食品安全的核心理念并非着眼于食品生产，而是预防和控制食源性疾病。食品安全监管体系更深层次的意义，在于能够揭示隐藏的甚至是潜在或未知的、通常不会反映在食品标准上的食源性危害因素。因此，建立以预防食源性疾病为目标的食品安全管理体系，最基础的部分就是食品污染物的研究、监测和风险评估体系。食品中的污染物具有不确定性，有化学性、生物性的，有人为故意或客观导致的，而食品安全监管资源是有限的，因此对污染物的研究不可能全面进行，只能有目的、有依据、有针对性地进行。所以在污染物研究、监测和监督管理各环节中，必须建立一个适当的食品安全信息情报系统，相互之间提供信息情报支持。风险信息传递也是食品安全风险管理中的重要环节，食品安全事件发生后，一方面会严重影响企业的信誉，更严重的会影响一个地区甚至整个国家的信誉，对政府形象、经济贸易造成负面影响；另一方面，会影响消费者的消费信心，进而对社会稳定和经济发展造成冲击。苏丹红“染红”了食品，更暴露了长期以来食品生产和畜牧业中存在的随意添加违禁品、滥用食品和饲料添加剂及违禁兽药等现象，给政府带来了警示：必须科学理性地看待食品安全问题，采用风险管理；规范“从农田到餐桌”的食品安全刻不容缓，要“从农田到餐桌”建立科学的风险监测评估体系，根据不同风险评估结果采取不同的应对措施；加强风险信息传递的透明度，树立信息权威，增强消费者对食品安全的信心，维护社会和经济稳定发展。

本章学习要点

1. 缺陷食品的分类及情形。
2. 食品召回的概念、特点与分级。
3. 食品召回的类别、危害评估的原则方式与召回步骤、程序。
4. 实施召回的情形。
5. 先进国家食品召回的特点。

关键术语

不安全食品　召回

思考与练习

1．简述食品召回的概念、分类与特点。
2．食品召回可分为哪几级？实施分级召回有什么意义？
3．简述食品召回危害评估的步骤及要遵循的一般性原则。
4．发达国家食品召回制度有哪些特点？
5．简述我国食品召回的现状与发展方向。

第十五章　食品安全事故的法律责任

本章概述

本章主要介绍食品安全突发事件的法律责任追究制度，重点介绍食品经营者和政府监管部门应该承担的法律责任。要求了解和掌握食品生产经营者与政府部门在食品安全的保障中扮演的角色和应当承担的责任及法律对不履行相应职责规定的惩罚措施，确保责任追究有章可循、有法可依。

从速增瘦肉猪引起盐酸克伦特罗中毒，假酒致死致残，苏丹红辣酱、快餐连锁店烤翅和“红心鸭蛋”带来恶劣影响，到劣质奶粉“喂肥”大头婴，福寿螺带去广州管圆线虫病，直至三鹿奶粉吃出“结石宝宝”掀起轩然大波，近年来频频曝光的食品安全问题引发人们的忧患和疑虑，在一个“民以食为天”的社会里，公众不禁要问：“明天，我们还能吃什么?”

食品安全事故频发的现状，向我国政府提出了极大的挑战。在三聚氰胺污染事件发生和处理期间，国务院总理温家宝曾指出，我国食品在生产监管环节上还存在很多的问题，企业道德建设、职业道德建设和社会公德建设不能得到足够的重视。监测与控制能力有限、执法不严、市场诚信危机、食品宣传教育落后，是食品安全面临的症结。要最大限度地减少食品安全事故的发生，政府必须改变监管思路，从被动的注重“亡羊补牢”式的“妥善处置食品安全事故”转向主动的“未雨绸缪，防患于未然”式的“有效预防食品安全事故”。归根结底，这一转变的实现是要建立在食品安全责任共担的社会治理格局基础之上的。世界卫生组织针对食品安全现状提出促进全球食品安全的基础在于涵盖从生产到消费的整个食品链，建立食品安全责任共担的格局。食品安全责任共担，即食品生产经营者在食品链中作为第一责任人保障食品安全；政府以其行政权力承担食品安全的监管职责；消费者通过合理、充分地运用其权利，加强和推动食品安全。我国现有的《食品安全法》、《中华人民共和国产品质量法》（以下简称《产品质量法》）、《农产品质量安全法》等法律法规，已覆盖"从农田到餐桌"的全过程，明确"一个地区的食品安全，当地政府要负总责；一个品种的食品安全，其生产经营者是第一责任人"。中国社会现在的残酷事实是市场运营中的诚信危机和"依法治国"仍处于初级阶段，公众不可避免地会认为，自觉的守法、严格的执法必须靠严厉的责任追究来培育和维持，这就解释了为什么中国政府近年在食品安全事故发生时，会采取比以往，甚至比其他国家更严厉的责任追究措施，如广州假酒中毒致死致残事件，首犯被判处死刑；三鹿奶粉事件，三鹿集团有限公司董事长被判处无期徒刑，就是最好的例证。但风暴执法式并不利于建立一个长效的食品安全监督机制，应强化政府部门对食品生产经营者和企业的监管，并充分调动在食品安全事故中合法权益受到损害的消费者维护自身权益的积极性，配合《食品安全法》等有关的法律法规，建立和完善最有效的食品生产经营监督机制。

本章将阐述生产经营者在食品安全事故中承担的法律责任，其中包括行政责任、刑事责任及民事责任；地方政府及食品安全监管部门失职或渎职的责任追究则主要包括行政处分及刑事责任。

第一节　食品生产经营者和政府部门的职责

一、食品生产经营者的职责

《产品质量法》第三章明确了产品生产者和销售者关于产品质量的责任和义务：

（1）生产者应当对其生产的产品质量负责。产品质量应当符合不存在危及人身、财产安全的不合理的危险；生产者不得生产国家明令淘汰的产品；生产产品，不得掺杂、掺假，不得以假充真、以次充好，不得以不合格产品冒充合格产品。

（2）销售者应当建立并执行进货检查验收制度；应采取措施，保持销售产品的质量；不得销售国家明令淘汰并停止销售的产品和失效、变质的产品；销售产品，不得掺杂、掺假，不得以假充真、以次充好，不得以不合格产品冒充合格产品。

2009 年 2 月 28 日通过的新《食品安全法》对食品安全明确定义为食品无

毒、无害，符合应当有的营养要求，对人体健康不造成任何急性、亚急性或者慢性危害，并以此为标准，对食品生产经营及食品安全事故处置作出相应规定：

（1）食品生产经营。《食品安全法》第二条规定，从事食品生产和加工、食品流通、餐饮服务均应遵守法律的相关规定；第三条规定，食品生产经营者应当依照法律、法规和食品安全标准从事生产经营活动，对社会和公众负责，保证食品安全，接受社会监督，承担社会责任。

对于食品生产经营，《食品安全法》第四章作出了相应规定，食品生产经营应当符合食品安全标准，并符合环境卫生要求，卫生设施要求，食品安全专业技术、管理人员和规章制度要求，设备布局和工艺流程的卫生要求，餐具等的消毒要求，食品贮存、运输与装卸中的卫生要求，包装的卫生要求，生产经营人员的卫生要求，食品用水、洗涤剂与消毒剂的卫生要求。

第三十五条规定，食用农产品生产者应当依照食品安全标准和国家有关规定使用农药、肥料、生长调节剂、兽药、饲料和饲料添加剂等农业投入品。

此外，第三十二条规定，食品生产经营企业应当建立健全本单位的食品安全管理制度，加强对职工食品安全知识的培训，配备专职或者兼职食品安全管理人员，做好对所生产经营食品的检验工作，依法从事食品生产经营活动。第三十三条明确国家鼓励食品生产经营企业符合良好生产规范要求，实施危害分析与关键控制点体系，提高食品安全管理水平。第三十四条规定，食品生产经营者应当建立并执行从业人员健康管理制度；食品生产经营人员每年应当进行健康检查，取得健康证明后方可参加工作。第三十六至四十一条则规定了食品生产企业进货查验记录，食品出厂检验记录，食品、食品添加剂和食品相关产品生产者检验义务，食品经营者建立并执行食品进货查验记录制度义务，食品经营者贮存、销售散装食品的要求与标准。

（2）食品安全事故处置。《食品安全法》第七十条规定，食品生产经营企业应当制订食品安全事故处置方案，定期检查本企业各项食品安全防范措施的落实情况，及时消除食品安全事故隐患；第七十一条明确发生食品安全事故的单位的职责：应当立即予以处置，防止事故扩大。事故发生单位和接收病人进行治疗的单位应当及时向事故发生地县级卫生行政部门报告。任何单位或者个人不得对食品安全事故隐瞒、谎报、缓报，不得毁灭有关证据。

（3）食品安全事故中的食品召回。《食品安全法》第五十三条明确国家建立食品召回制度。食品生产者发现其生产的食品不符合食品安全标准，应当立即停止生产，召回已经上市销售的食品，通知相关生产经营者和消费者，并记录召回情况。

食品经营者发现其经营的食品不符合食品安全标准，应当立即停止经营，通知相关生产经营者和消费者，并记录停止经营和通知情况。食品生产者认为应当召回的，应当立即召回。对于召回的食品，食品生产者应当采取补救、无害化处理、销毁等措施，并将食品召回和处理情况向县级以上质量监督部门报告。

二、政府及相关部门的职责

（一）监管职责

除食品生产经营者所具有的责权外，《食品安全法》、《农产品质量安全法》和《消费者权益保护法》等相关法律法规还规定了政府及食品卫生综合监管部门监管和处理食品安全事故的职责。

（1）《食品安全法》第八章“监督管理”规定了相关部门的相应职责：一是对食品安全年度监督管理计划的规定；二是对食品安全监督管理措施的规定；三是对监督检查记录的规定；四是对食品安全信用档案的规定；五是食品安全监督管理部门对咨询、投诉、举报处理的规定。

（2）《农产品质量安全法》确立政府统一领导、农业主管部门依法监管、其他有关部门分工负责的农产品质量安全管理体制，强制实施农产品质量安全标准，政府有关部门应当按照保障农产品质量安全的要求，依法制定和发布农产品质量安全标准并监督实施。

（3）《中华人民共和国消费者权益保护法》（以下简称《消费者权益保护法》）第二十八条规定，各级人民政府工商行政管理部门和其他有关行政部门应当依照法律、法规规定，在各自职责范围内，采取措施保护消费者合法权益。有关行政部门应当听取消费者及其社会团体对经营者交易行为、商品和服务质量问题的意见，及时调查处理。

（二）食品安全事故处置职责

《食品安全法》第七章“食品安全事故处置”明确了政府与相关部门在食品安全事故中的职责：

一是县级以上地方人民政府应当根据有关法律法规的规定和上级人民政府的食品安全事故应急预案以及本地区的实际情况，制定本行政区域的食品安全事故应急预案，并报上一级人民政府备案。

二是农业行政、质量监督、工商行政管理、食品药品监督管理部门在日常监督管理中发现食品安全事故，或者接到有关食品安全事故的举报，应当立即向卫生行政部门通报；发生重大食品安全事故的，接到报告的县级卫生行政部门应当按照规定向本级人民政府和上级人民政府卫生行政部门报告；县级人民政府和上级人民政府卫生行政部门应当按照规定上报；任何单位或者个人不得对食品安全事故隐瞒、谎报、缓报，不得毁灭有关证据。

三是县级以上卫生行政部门接到食品安全事故的报告后，应当立即会同农业行政、质量监督、工商行政管理、食品药品监督管理部门进行调查处理，并采取包括应急救援、控制食品及其原料、控制食品用工具及用具和发布信息在内的应急措施。

四是发生重大食品安全事故，设区的市级以上人民政府卫生行政部门应当立即会同有关部门进行事故责任调查，督促有关部门履行职责，向本级人民政府提出事故责任调查处理报告；重大食品安全事故涉及两个以上省、自治区、直辖市的，由国务院卫生行政部门依照相关规定组织事故责任调查。

五是发生食品安全事故，县级以上疾病预防控制机构应当协助卫生行政部门和有关部门对事故现场进行卫生处理，并对与食品安全事故有关的因素开展流行病学调查。

三、法律责任

法律责任，是指法律关系主体由于违反法律规定的义务，所应承担的带有强制性的法律后果。法律责任的特点包括：是违反法律规范的后果，是客观上违反法律、法规的行为。

第二节　食品生产经营者的行政责任

行政责任即行政法律责任，是指法律关系主体违反法律法规所确立的卫生行政管理秩序，尚未构成犯罪，所应承担的具有惩戒性的法律后果，包括行政处罚和行政处分两种形式。

一、食品生产经营者的行政责任

食品安全追究行政责任的事由包括：

（1）食品生产经营环境（场所、设施）、餐饮具（容器）、个人卫生、食品用水不符合卫生要求，违反健康管理原则；

（2）生产经营经检验不合格的食品、病死（毒死、死因不明）的禽（畜、兽、水产动物）类及其制品、掺假（掺杂、伪造）或用非食品原料加工的食品、超过保质期的食品、加药的食品、违反新资源管理的食品；

（3）违反索证管理规定，生产经营无许可证者生产的食品，造成食物中毒；

（4）生产经营不符合营养（卫生）标准的婴幼儿主辅食品；

（5）违反食品添加剂、食品容器、包装材料（食品用工具、设备、洗涤剂、消毒剂）管理；

（6）生产经营腐败变质、有毒有害和其他不符合卫生标准/要求的食品。

二、食品生产经营者行政责任追究的法规依据

（1）《突发事件应对法》第六十四条规定，有关单位存在未按规定采取预防措施，导致发生严重突发事件；未及时消除已发现的可能引发突发事件的隐患，导致发生严重突发事件；未做好应急设备、设施日常维护、检测工作，导致发生严重突发事件或者突发事件危害扩大；突发事件发生后，不及时组织开展应急救援工作，造成严重后果的情形之一，由所在地履行统一领导职责的人民政府责令停产停业，暂扣或者吊销许可证或者营业执照，并处 5 万元以上 20 万元以下的罚款；构成违反治安管理行为的，由公安机关依法给予处罚。

（2）《食品安全法》对违反相关规定进行食品生产、经营者，规定有相应的罚款、责令停产停业整顿，甚至吊销食品生产、流通或者餐饮服务许可证的行政处罚。

《食品安全法》第二十八条对禁止生产经营的食品作出明确规定，存在生产违禁或不符合卫生标准食品等情况者，有关主管部门按照各自职责分工，没收其违法所得、违法生产经营的食品和用于违法生产经营的工具、设备、原料等物品；违法生产经营的食品货值金额不足 1 万元的，并处 2 000 元以上 5 万元以下罚款；货值金额 1 万元以上的，并处货值金额 5 倍以上 10 倍以下罚款；情节严重的，吊销许可证。

第五十三条规定，食品生产经营者未依照规定召回或者停止经营不符合食品安全标准的食品的，县级以上质量监督、工商行政管理、食品药品监督管理部门可以责令其召回或者停止经营。

（3）《农产品质量安全法》第五十条规定，农产品生产企业、农民专业合作经济组织生产销售不符合农产品质量安全标准的农产品，责令停止销售，追

回已经销售的农产品，对违法销售的农产品进行无害化处理或者予以监督销毁；没收违法所得，并处2 000元以上2万元以下罚款。

（4）《产品质量法》第四十九条规定，生产、销售不符合保障人体健康和人身、财产安全的国家标准、行业标准的产品的，责令停止生产、销售，没收违法生产、销售的产品，并处违法生产、销售产品（包括已售出和未售出的产品）货值金额等值以上3倍以下的罚款；有违法所得的，并处没收违法所得；情节严重的，吊销营业执照。

第五十条规定，在产品中掺杂、掺假，以假充真，以次充好，或者以不合格产品冒充合格产品的，责令停止生产、销售，没收违法生产、销售的产品，并处违法生产、销售产品货值金额50%以上3倍以下的罚款；有违法所得的，并处没收违法所得；情节严重的，吊销营业执照。

（5）《消费者权益保护法》第五十条规定，经营者存在生产、销售的商品不符合保障人身、财产安全要求，在商品中掺杂、掺假，以假充真，以次充好，或者以不合格商品冒充合格商品，生产国家明令淘汰的商品或者销售失效、变质的商品等损害消费者利益的情形，有关法律、法规未作规定，由工商行政管理部门责令改正，可以根据情节单处或者并处警告、没收违法所得、处以违法所得1倍以上5倍以下的罚款，没收违法所得的，处以1万元以下的罚款；情节严重的，责令停业整顿、吊销营业执照。

三、食品生产经营者食品安全行政责任追究

2001年11月7日，广东省河源市发生食用宰前喂养了含盐酸克伦特罗（“瘦肉精”）饲料的猪肉引发的特大食物中毒事件。相关部门通过步步调查、层层溯源，从市场、肉联厂到养猪场；从猪饲料检获盐酸克伦特罗阳性，到个体养猪户非法使用含“瘦肉精”的饲料喂猪；最终查获饲料毒源广东中洋饲料有限公司，因其非法生产含“瘦肉精”的饲猪用复合预混料，导致了此次特大食品安全事故的发生。在此次重大食品安全事故处置中，涉案人员均遭逮捕，其中饲料经销部和猪场负责人未承担安全生产和经营食品的责任和义务，最终被定性为严重违反行政法规规定，被追究行政责任。

2006年8~9月，北京出现数例在蜀国演义餐厅食用凉拌福寿螺肉后患上广州管圆线虫病的病例，随后发病人数渐增，最终整个事件造成临床诊断160人患上广州管圆线虫病。因肇事餐馆生产经营不符合卫生标准的食品，违反了《食品安全法》的相关规定，被北京市卫生局依法追究行政责任，做出相应行政处罚，共计罚款41万元。

2007 年 5 月 31 日，南昌市食品安全监管相关部门曝光了该市 2006—2007 年间典型食品安全监管处置案例，其中不乏受到行政处罚的情况：

（1）南昌市某大型超市在加工熟食时使用化学分析试剂亚硝酸钠，用于熟食表面着色，相关部门执法人员在调查时，现场发现亚硝酸钠 8 瓶，正在使用 1 瓶，构成生产、销售有毒、有害食品行为，被有关部门处以罚款人民币 4 000元，同时责令立即对其违法行为进行纠正。

（2）南昌市某市场一副食品批发部销售某蔬菜食品厂生产的八宝菜经抽样检测，发现苯甲酸不符合酱腌菜卫生标准和食品添加剂卫生标准，该副食品批发部因销售不符合卫生标准食品，被责令销毁不合格食品，并处罚款人民币 4 000元，同时责令该批发部停止销售该批八宝菜。

第三节　食品生产经营者的刑事责任

刑事责任指法律关系主体违反法律规范行为，分割了刑法所保护的社会关系而构成犯罪所应承担的法律后果。刑事责任具有强制性、严厉性、专属性和准据性的特征。

一、食品生产经营者的刑事责任

食品生产者生产、销售不符合安全标准的食品，损害消费者人身和财产安全时，就构成侵权行为，当这种侵权行为严重到触犯刑律时，食品生产经营者将被追究刑事责任。

食品生产经营者被追究刑事责任的事由包括：生产、销售不符合卫生标准食品罪，生产、销售有毒、有害食品罪，非法经营罪等。

《食品安全法》对禁止生产经营的食品明确为：用非食品原料生产食品或者在食品中添加食品添加剂以外的化学物质和其他可能危害人体健康的物质，或者用回收的食品作为原料生产食品；生产经营致病性微生物、农药残留、兽药残留、重金属、污染物质以及其他危害人体健康的物质含量超过食品安全标准限量的食品；生产经营营养成分不符合食品安全标准的专供婴幼儿和其他特定人群的主辅食品；经营腐败变质、油脂酸败、霉变生虫、污秽不洁、混有异物、掺假掺杂或者感官性状异常的食品；经营病死、毒死或者死因不明的禽、畜、兽、水产动物肉类，或者生产经营病死、毒死或者死因不明的禽、畜、兽、水产动物肉类的制品；经营未经动物卫生监督机构检疫或者检疫不合格的肉类，或者生产经营未经检验或者检验不合格的肉类制品；经营超过保质期的食品；生产经营国家为防病等特殊需要明令禁止生产经营的食品；利用新的食品原料从事食品生产或者从事食品添加剂新品种、食品相关产品新品种生产，未经过安全性评估；食品生产经营者在有关主管部门责令其召回或者停止经营不符合食品安全标准的食品后，仍拒不召回或者停止经营，情节严重构成犯罪的，将依法追究刑事责任。

二、食品生产经营者刑事责任追究的法规依据

《刑法》第一百四十三条规定，生产、销售不符合卫生标准的食品，足以造成严重食物中毒事故或者其他严重食源性疾患的，处三年以下有期徒刑或者拘役，并处或者单处销售金额百分之五十以上两倍以下罚金；对人体健康造成严重危害的，处三年以上七年以下有期徒刑，并处销售金额百分之五十以上两倍以下罚金；后果特别严重的，处七年以上有期徒刑或者无期徒刑，并处销售金额百分之五十以上两倍以下罚金或者没收财产。

第一百四十四条规定，生产、销售有毒、有害食品罪，处五年以上有期徒刑或者拘役，并处或者单处销售金额百分之五十以上两倍以下罚金；造成严重食物中毒事故或者其他严重食源性疾患，对人体健康造成严重危害的，处五年以上十年以下有期徒刑，并处销售金额百分之五十以上两倍以下罚金；致人死亡或者对人体健康造成特别严重危害的，处十年以上有期徒刑、无期徒刑或者死刑，并处销售金额百分之五十以上两倍以下罚金或者没收财产。

第二百二十五条规定，犯非法经营罪，情节严重的，处五年以下有期徒刑或拘役，并处或者单处违法所得一倍以上五倍以下罚金；情节特别严重的，处五年以上有期徒刑，并处违法所得一倍以上五倍以下罚金或者没收财产。

《产品质量法》第四十九条规定，生产、销售不符合保障人体健康和人身、财产安全的国家标准、行业标准的产品，构成犯罪的，依法追究刑事责任。《农产品质量安全法》规定，违反农产品质量安全法规定，构成犯罪者，依法追究刑事责任。

《消费者权益保护法》第四十二条规定，经营者提供商品或者服务，造成消费者或者其他受害人人身伤害，构成犯罪的，依法追究刑事责任；造成消费者或者其他受害人死亡，构成犯罪的，依法追究刑事责任。

三、食品生产经营者食品安全刑事责任追究

1998年江西出现千余名消费者因食用工业用猪油而中毒的恶性食品安全事件，源头起自猪油经销商将被有机锡污染的工业用猪油作为食用猪油批发销售。分销商未查验产品进货单、食品卫生检验合格证等，无视猪油盛装桶无食品卫生要求的相关标识，为牟利而予以销售，造成严重后果。该事件的责任人分别构成销售有毒食品罪，经销商被判处死刑、缓期两年执行，其余分销商被判处有期徒刑15年，并处罚金5万元到50万元不等；受害消费者经济损失逾300万元，由事故相关责任人全数赔偿。

在2001年11月广东省河源市的“瘦肉精”中毒事件中，484人因食用宰前喂养了含“瘦肉精”饲料的猪肉中毒入院。调查发现广东中洋饲料有限公司非法生产含“瘦肉精”猪用复合预混料，并将其用于猪饲料中。随后，该公司将含“瘦肉精”的饲料销售给个体养猪户。食用了含“瘦肉精”饲料的带“毒”猪从个体养猪户到肉联厂，流入市场，直至摆上普通人群的饭桌，看似普通的食物链却产生了严重的后果。

饲料生产公司置国家法律于不顾，在饲料预混料中添加国家明令禁止、禁用的盐酸克伦特罗激素，触犯法律法规规定，构成生产、销售有毒、有害食品罪。2002年，广东省河源市源城区法院对造成该起食物中毒事件的责任人进行审判，一审以非法经营罪判处饲料生产公司罚金15万元，判处该公司经理有期徒刑4年，并处罚金10万元。

2004年5月，广州市出现农民和农民工饮用散装白酒中毒身亡和致残事件，造成14人死亡、10人重伤的严重后果。经相关部门调查，发现有关责任人将工业酒精贴上食用酒精的标签作为食用酒精出售；假食用酒精用于勾兑散装白酒出售，最终造成饮酒者甲醇中毒。这起重大食品安全事故严重破坏了社会和市场经济秩序，相关责任人的行为构成了生产、销售有毒、有害食品罪，损害了消费者人身安全甚至造成受害人死亡。在2005年的判决中，毒酒案首犯被判处死刑，同案其余14名责任人分别被判处13年到1年零6个月不等的有期徒刑。

2005年引发国内“苏丹红”事件的源头广州市田洋食品有限公司两名相关负责人因生产、销售伪劣产品罪分别被判处有期徒刑10年和15年，并处罚金人民币100万元和230万元。在2006年河北发现含苏丹红的“红心鸭蛋”事件中，主要责任人也因生产假冒伪劣产品被刑事拘留。

在2008年轰动国内外、造成国内乳业大动荡的“三鹿奶粉”特别重大食

品安全事故中，涉案人员和部门分别因生产、销售有毒食品和伪劣产品等罪行被依法追究刑事责任。原三鹿集团董事长田文华被判处无期徒刑，两名供货商因销售含有三聚氰胺的原奶添加物和销售含有三聚氰胺的原牛奶被判处死刑；三鹿集团股份有限公司因犯生产、销售伪劣产品罪，被判处罚金人民币4 937.4822万元。2009年2月12日，法院依法宣布三鹿集团股份有限公司破产清算案件的破产裁定，至此，三鹿集团正式破产。

第四节　食品生产经营者的民事责任

民事责任指法律关系主体违反法律、法规的行为给他人造成损害所应承担的法律后果。构成民事责任必须符合有损害事实存在、行为具有违法性、行为人有过错、损害事实与行为人的过错有直接因果关系。民事责任是与刑事责任、行政责任相并立的一种法律责任，是指违反民事法律所规定的义务，或违反民事合同约定的义务，或根据民事法律的规定需要承担的法律后果。

一、食品生产经营民事责任追究的法规依据

关于食品生产经营民事责任的规定分散在很多法律法规当中。而食品生产经营涉及的民事责任追究，主要由民法来规定。

《民法通则》第一百零六条规定，公民、法人违反合同或者不履行其他义务的，应当承担民事责任。公民、法人由于过错侵害国家、集体的财产，侵害他人财产、人身的，应当承担民事责任。

《食品安全法》明确指出食品生产经营者违反其规定，存在生产违禁、不符合食品卫生标准的食品，或食品生产流通过程中不实行查验制度，或发生食品安全事故未及时处置导致事故影响扩大等情况，造成人身、财产或者其他损害的，应依法承担赔偿责任。

《突发事件应对法》第六十七条规定，单位或者个人违反法律规定，导致突发事件发生或者危害扩大，给他人人身、财产造成损害的，应当依法承担民事责任。

《农产品质量安全法》第五十四条规定，生产、销售不符合农产品质量安全标准的农产品，给消费者造成损害的，依法承担赔偿责任。

《国家重大食品安全事故应急预案》规定，造成重大食品安全事故的责任单位和责任人应按照有关规定对受害人给予赔偿。

《消费者权益保护法》第四十条规定，经营者提供商品或者服务，有商品存在缺陷，不具备商品应当具备的使用性能而出售时未作说明，不符合在商品或者其包装上注明采用的商品标准，不符合商品说明、实物样品等方式表明的质量状况，生产国家明令淘汰的商品或者销售失效、变质的商品，服务的内容和费用违反约定的，法律、法规规定的其他损害消费者权益情况之一的，应当依照《产品质量法》和其他有关法律、法规的规定，承担民事责任。

二、食品生产经营者承担民事责任的形式

（一）更换或退回货物，退还货款或服务费用

《食品安全法》第五十三条规定，国家建立食品召回制度，食品生产者发现其生产的食品不符合食品安全标准，应当立即停止生产，召回已经上市销售的食品，通知相关生产经营者和消费者；食品经营者发现其经营的食品不符合食品安全标准，应当立即停止经营，通知相关生产经营者和消费者，并记录停止经营和通知情况；食品生产者认为应当召回的，应当立即召回。

《产品质量法》第四十条规定，销售者售出的产品不具备产品应当具备的使用性能而事先未作说明的，不符合在产品或者其包装上注明采用的产品标准的，不符合以产品说明、实物样品等方式表明的质量状况的，销售者应当负责修理、更换、退货。

《消费者权益保护法》第四十四条规定，经营者提供商品或者服务，造成消费者财产损害的，应当按照消费者的要求，以修理、重做、更换、退货、补足商品数量、退还货款和服务费用或者赔偿损失等方式承担民事责任；第四十八条规定，依法经有关行政部门认定为不合格的商品，消费者要求退货的，经营者应当负责退货；第四十九条规定，经营者提供商品或者服务，按照国家规定或者与消费者的约定，承担包修、包换、包退或者其他责任的，应当按照国家的规定或者约定履行，不得故意拖延或者无理拒绝。

2007 年，浙江省有关部门公布了一份儿童食品质量抽检报告，其中某知名奶粉公司的一个产品经检测奶粉中碘含量超标，被列入不合格食品目录。在质量抽检报告公布初期，该奶粉公司矢口否认其产品存在质量安全问题，一再声明自己的产品安全可靠。但受质量抽检报告的影响，部分超市开始逐渐下架该品牌该种类奶粉。迫于压力，奶粉企业就此事向消费者道歉。同时表示，可凭单据到购买点换货，却声明不退货。奶粉公司这一行为激怒了消费者，也引起了有关部门的重视。在巨大的舆论和管制压力下，该奶粉公司最终承诺可以

换货，也可以退货、退款。该起奶粉风波历时一月有余，在该奶粉公司承担更换或退回货物、退还货款或服务费用责任后落下了帷幕。

（二）人身伤害的赔偿责任

《产品质量法》第四十至四十四条对因食品不安全造成人身伤害的赔偿责任作出规定：

销售者售出的产品不具备产品应当具备的使用性能而事先未作说明的，不符合在产品或者其包装上注明采用的产品标准的，不符合以产品说明、实物样品等方式表明的质量状况，而给购买产品的消费者造成损失的，销售者应当赔偿损失。而因产品存在缺陷造成人身、缺陷产品以外的其他财产损害的，生产者应当承担赔偿责任。由于销售者的过错使产品存在缺陷，造成人身、他人财产损害的，销售者应当承担赔偿责任。销售者不能指明缺陷产品的生产者也不能指明缺陷产品的供货者的，销售者应当承担赔偿责任。因产品存在缺陷造成受害人人身伤害的，侵害人应当赔偿医疗费、治疗期间的护理费、因误工减少的收入等费用；造成残疾的，还应当支付残疾者生活自助费、生活补助费、残疾赔偿金以及由其扶养的人所必需的生活费等费用；造成受害人死亡的，应当支付丧葬费、死亡赔偿金以及由死者生前扶养的人所必需的生活费等费用。因产品存在缺陷造成受害人财产损失的，侵害人应当恢复原状或者折价赔偿。受害人因此遭受其他重大损失的，侵害人应当赔偿损失。

《农产品质量安全法》第五十四条规定，生产、销售不符合农产品质量安全标准的农产品，给消费者造成损害的，依法承担赔偿责任。

《消费者权益保护法》第四十一条规定，经营者提供商品或者服务，造成消费者或者其他受害人人身伤害的，应当支付医疗费、治疗期间的护理费、因误工减少的收入等费用，造成残疾的，还应当支付残疾者生活自助费、生活补助费、残疾赔偿金以及由其扶养的人所必需的生活费等费用；第四十二条规定，经营者提供商品或者服务，造成消费者或者其他受害人死亡的，应当支付丧葬费、死亡赔偿金以及由死者生前扶养的人所必需的生活费等费用。

这一类赔偿责任属于侵权损害赔偿，其基本原则是侵权造成他人人身、财产损失，损失多少则赔偿多少，属于填补性赔偿。在这种情况下，只弥补受害人遭受的损失，恢复没有受到损害时的原状，但并未让受害人获得额外利益。

2004 年 7 月，宁夏银川市出现食用织纹螺导致中毒的事件，发病病人达 55 例，其中 1 人经抢救无效死亡。调查确定造成多人中毒的织纹螺由银川市某农贸市场两个摊位售出。2005 年 5 月，法院判决销售者一次性赔偿死者家属丧葬费 6 528 元、死亡赔偿金 261 120 元、抚养费 34 645 元，共计 302 293 元。

2006 年北京的福寿螺事件，北京蜀国演义餐饮文化发展有限公司作为责任单位，被判处给因在其属下酒楼食用福寿螺患广州管圆线虫病的受害者赔付医疗费及精神抚慰金总额达 1 000 万元。

(三) 损害消费者合法权益的惩罚性赔偿

在某些特殊的领域，出于特定的政策目的，法律也会规定惩罚性赔偿，通过提高赔偿金额来制裁违法行为，防止侵权行为的发生，同时抚慰受害人。

《食品安全法》第九十六条明确指出，生产不符合食品安全标准的食品或者销售明知不符合食品安全标准的食品，消费者除要求赔偿损失外，还可以向生产者或者销售者要求支付价款 10 倍的赔偿金。

《消费者权益保护法》第三十五条规定，消费者在接受服务时，其合法权益受到损害的，可以向服务者要求赔偿。第四十九条规定，经营者提供商品或者服务有欺诈行为的，应按照消费者要求增加赔偿其受到的损失，增加赔偿的金额为消费者购买商品的价款或者接受的服务费用的 1 倍。

2008 年引发大范围食品安全事故的三鹿集团等企业所应承担的民事赔偿责任方案指出，三鹿集团等 22 家责任乳制品企业应给予在事件中受害的近 30 万名患儿一次性现金赔偿，同时建立医疗赔偿基金用于患儿今后可能出现的相关后遗症所发生的医疗费用。

新颁布的《食品安全法》规定，除了赔偿消费者损失外，消费者还可以要求其支付价款 10 倍的赔偿金。三鹿奶粉事件中的奶粉可能不算是贵重东西，价款的 10 倍看起来似乎并不能起到惩罚惩戒的作用。但在三鹿奶粉事件中，万余婴儿受害。这样的大范围食品安全事故，相关责任单位除支付相应的费用外，还将被处缴纳惩罚性赔偿金，在受害者达到上万人的情况下，惩罚性赔偿金动辄数千万。

三、食品安全事故中消费者的维权索偿方式

从《民法通则》到《食品安全法》，从《产品质量法》到《消费者权益保护法》都对食品生产经营者所应承担的民事责任有详尽的规定，食品生产者对产品的责任，还需要消费者通过维权和索赔来明确和落实。食品消费者在合法权益受到侵害时，维护自身权益和获取赔偿可通过与食品生产经营者协调解决、向消费者协会投诉、向政府有关部门申诉和通过诉讼进行索赔几种方式。

(一) 消费者与食品生产经营者协调解决

消费者和食品生产经营者双方，通过直接面对面地谈判解决食品安全事故

中的争议，是最快捷、成本最低、社会影响最小的方式，从降低成本、减少负面影响的角度考虑，食品生产经营者应充分把握自主协商谈判的契机，及时化解纠纷，避免引发更大的争议。

（二）消费者向消费者协会投诉

在自主协调谈判不能够解决当下争议、不能够落实责任的情况下，消费者可求助于消费者协会。《中国消费者协会受理消费者投诉规定》的有关条款，明确消费者协会对消费者的投诉应按不同情形进行区别处理：

（1）根据《消费者权益保护法》的有关规定，对相关人员进行调解，消费者协会可先将消费者递交的投诉信或投诉情况转给被投诉方，即食品生产经营者，要求被投诉方在一定期限内答复；超过期限，若食品生产经营者未给予答复，消费者协会应催促或采取其他办法，直到食品生产经营者给予答复并使事件有相应的处理结果。

（2）对内容复杂、争议较大的消费者投诉，消费者协会应直接或会同有关部门进行共同处理；需要鉴定的投诉情况，应及时提请法定的有关鉴定部门鉴定。

（3）对涉及面广，危及广大消费者的权益，或者损害消费者权益情节严重却久拖不决的重要投诉，消费者协会应及时向政府或有关部门反映，提请采取制止和查处等强制措施。

（三）消费者向政府有关部门申诉

政府的食品安全监管部门包括农业、卫生、质量技术监督、工商、食品药品监督等部门都在相应的领域内拥有执法权，消费者可以将涉及食品安全事故的争议向有关政府部门申诉，请求依法处理；政府有关部门可以受理消费者的申诉，并依法进行处理。

（四）消费者通过诉讼进行索赔

消费者与食品生产经营者协商解决不成、消费者协会调解无果、政府部门又不能让食品生产经营者承担和履行对消费者的赔偿责任的情况并不鲜见。这是因为消费者协会只能做到调解，或支持、配合有关部门做工作，却没有强制生产经营者履行赔偿责任的权利；拥有行政执法权的政府部门，可以对食品生产经营者处以罚款、吊销食品生产企业生产许可证营业执照等行政处罚，可以对企业所应承担的赔偿责任进行督促、协调，却不能最终决定食品安全事故中的民事责任，即是否应该赔偿和究竟赔偿多少的问题，因已涉及企业基本民事权利的问题，只有法院才有判决权，并可依法强制执行。

因此，当通过前三种方式都不能解决民事责任中的争议时，消费者应当向法院起诉有相关责任的食品生产经营者来获取损害赔偿。

当前在国际上，类似于三鹿奶粉三聚氰胺污染事件这样的重大食品安全事故，诉讼都是解决民事责任部分争议的主要方式；而在我国，由于多方原因，往往是由政府全面负责，以行政方式解决为主。政府处理效率高，且免去了复杂的诉讼程序和比较困难的证据收集难题，消费者需要支付的维权成本低，但政府买单式并不是长期有效的做法。因此，从长远来看，政府的行政协调和国家救助有效运作，再加上最有效的司法的自主和集体诉讼促进的监管机制，才是解决大范围食品安全事故民事责任争议的三驾马车。

四、食品安全事故中的民事责任共担与分配

一种食品经历“从农田到餐桌”的食物链，通常会涉及许多环节的利益关系人，包括：原材料生产者，比如假酒事件中的工业酒精提供者、瘦肉精中毒事件中的饲料生产公司、三鹿奶粉事件中的奶农；原料收集者，如假酒事件中的工业酒精购买者、瘦肉精中毒事件中的养猪场、苏丹红事件中化工原料“油溶黄”（苏丹红Ⅰ号含量为98%）的采购者、三鹿奶粉事件中向奶农收集原奶提供给乳制品加工企业的奶站；成品加工者，如假酒事件中的散装白酒勾兑者、瘦肉精中毒事件中的养猪场和肉联厂、苏丹红事件中含有苏丹红Ⅰ号的辣椒红一号的生产者、三鹿奶粉事件中的奶粉生产商三鹿集团股份有限公司；以及销售者、市场、集市、批发店和零售店等。相关的法律法规对发生食品安全事故后，食品生产、销售过程的利益关系人的相互联系与所应承担的责任作出了相应规定。

《产品质量法》中第四十三条明确了产品生产经营者对消费者应负的责任，也明确了生产者和经营者之间应互相承担的责任：因产品存在缺陷造成人身、他人财产损害的，受害人可以向产品生产者要求赔偿，也可以向产品销售者要求赔偿。属于产品生产者的责任，产品销售者赔偿的，产品的销售者有权向产品生产者追偿。属于产品销售者的责任，产品生产者赔偿的，产品生产者有权向产品销售者追偿。

《农产品质量安全法》第五十四条规定，生产、销售不符合农产品质量安全标准的农产品，给消费者造成损害的，依法承担赔偿责任。农产品批发市场中销售不符合安全标准的农产品，消费者可以向农产品批发市场要求赔偿；属于生产者、销售者责任的，农产品批发市场有权追偿。消费者也可以直接向农

产品生产者、销售者要求赔偿。

《消费者权益保护法》第三十五条也明确了食品生产和经营者相互之间合理合法的追偿行为：消费者在购买、使用商品时，其合法权益受到损害的，可以向销售者要求赔偿。销售者赔偿后，属于生产者的责任或者属于向销售者提供商品的其他销售者的责任的，销售者有权向生产者或者其他销售者追偿。消费者或者其他受害人因商品缺陷造成人身、财产损害的，可以向销售者要求赔偿，也可以向生产者要求赔偿。属于生产者责任的，销售者赔偿后，有权向生产者追偿。属于销售者责任的，生产者赔偿后，有权向销售者追偿。

相关法律通过加大生产经营者的民事责任，最大限度地保护了受害人。食品安全造成当事人人身、财产损害，受害人既可以向生产者也可以向销售者要求赔偿，实现就近诉讼、及时索赔；若出现食品生产经营环节中任何一方破产倒闭的情况，此举可解除受害人无处索赔的困境。有关规定的立法导向，是通过加大生产经营者的民事责任负担，促进生产经营者重视自身的食品安全职责。

《产品质量法》、《农产品质量安全法》及《消费者权益保护法》等法律都规定了食品产、供、销者需要对消费者承担无过错连带责任，即不管是否有过错，只要发生了食品安全事故，只要消费者能够找到食品生产经营链任一环关系人，其必须无条件进行赔偿。

食品产、供、销者之间的责任分配以过错责任为原则，即有过错者最终承担责任；都有过错则根据过错大小承担相应责任。现实中部分消费者为减少诉讼成本、加大获偿机遇，可能会把食品生产经营链中的所有关系人，包括原料提供者、原料收集者、生产者、销售者一起起诉，哪一关系人有钱则哪一方赔偿；而无事故责任但被要求承担且已承担了赔偿责任的，根据法律的规定，其可以向真正有责任的另一方追偿。

在三鹿奶粉事件中，若消费者是在超市买的奶粉，由于奶粉中三聚氰胺超标，造成食用奶粉的婴儿患上肾结石，人身安全受到损害，消费者可以起诉超市，也可以起诉奶粉生产企业；若超市的奶粉来源于另一奶粉批发商，消费者还可起诉该奶粉批发商。消费者还可同时起诉以上三者，三者都有责任向消费者承担赔偿责任。各环节关系人对消费者作出赔偿以后，再分清和查明哪一方应该是最终的法律责任承担者。

就三鹿奶粉事件而言，作为销售者的批发商和超市，只要确认所售商品是国家许可生产、食品生产企业检验合格的，即可免除被追究责任，责任可能会从奶粉生产企业追究到奶站甚至奶农。而奶站对所收购的原奶、奶粉生产企业对奶站提供的原奶是具有检测其是否符合食品安全标准的义务的，若奶站和奶粉生产企业明知所收购原材料存在安全隐患，却仍进行收购，那么两者都有过错，应当分别承担相应责任。

现实中还可能出现几个品牌的同一类食品都可能是造成消费者人身损害的元凶的情况。若不能确认到底是哪一个品牌的该类食品对消费者造成人身损害，最终可能会根据所有生产该类食品的企业所占的市场份额来确定这些企业所应承担的赔偿责任。

第五节　政府和食品安全监管部门的法律责任

无论从技术角度还是从现实角度，无论从监督角度还是从执法角度，现有的相关法律法规对食品安全事故的预防和对食品危害因素的控制，已基本覆盖食品生产经营消费的全过程。对于食品生产经营者，有详尽的法律条文明确其对食品安全应承担的责任和应尽的义务。保障食品安全，政府部门的力量更不容忽视。

目前，要求政府是有限政府、责任政府、法治政府。政府依法行政，除了必须依法打击违法犯罪行为外，还必须依法保护社会稳定、经济发展，保护守法的食品生产经营者的合法权益，建立“权责一致”的行政执法体系。食品生产经营从初级农产品的生产，到食品加工、食品销售、食品企业的监管涉及多个政府部门，根据目前的食品安全法律法规，一种食品的监管可能达到七个环节，由包括食药、工商、农业、商务、质检和卫生在内的六个部门进行分段管理，对食品安全共同负责。在 2001 年瘦肉精中毒事件发生后，我国对食品安全的监管模式自 2005 年 1 月 1 日起作了重大调整。各级政府的职责为“地方各级人民政府对当地食品安全负总责，统一领导、协调本地区的食品安全监管和整治工作”；各监管部门的职责为“按照一个监管环节由一个部门监管的原则，采取分段监管为主、品种监管为辅的方式，进一步理顺食品安全监管职能，明确责任”。其中规定农业部门负责初级农产品生产环节的监管；质检部门负责食品生产加工环节的监管；工商部门负责食品流通环节的监管；卫生部门负责餐饮业和食堂等消费环节的监管；食品药品监管部门负责对食品安全的综合监督、组织协调和依法组织查处重大事故。食品安全的分段管理，尽管加强了对食品生产经营各个环节的监管，却往往会导致食品链当中的漏洞和监管真空的出现。

一、政府及相关部门的行政责任

（一）政府及相关部门行政责任追究类别

1. 不履行日常监督管理职责责任追究

《食品安全法》明确了县级以上地方人民政府在食品安全监督管理中未履行职责，本行政区域出现重大食品安全事故、造成严重社会影响的，依法对直接负责的主管人员和其他直接责任人员给予记大过、降级、撤职或者开除的处分；违反其规定，县级以上卫生行政、农业行政、质量监督、工商行政管理、食品药品监督管理部门或者其他有关行政部门不履行本法规定的职责或者滥用职权、玩忽职守、徇私舞弊的，依法对直接负责的主管人员和其他直接责任人员给予记大过或者降级的处分；造成严重后果的，给予撤职或者开除的处分；其主要负责人应当引咎辞职。

《农产品质量安全法》第四十三条明确规定，农产品质量安全监督管理人员不依法履行监督职责，或者滥用职权的，将依法给予行政处分。

《产品质量法》第六十五条规定，各级人民政府工作人员和其他国家机关工作人员存在包庇、放纵产品生产、销售中违反本法规定的行为；向从事违反产品质量法规定的生产、销售活动的当事人通风报信，帮助其逃避查处；阻挠、干预产品质量监督部门或者工商行政管理部门依法对产品生产、销售中违反本法规定的行为进行查处，造成严重后果者，依法给予行政处分。

《消费者权益保护法》第五十三条规定，国家机关工作人员玩忽职守或者包庇经营者侵害消费者合法权益的行为的，由其所在单位或者上级机关给予行政处分。

2. 不履行食品安全事故预防和处置职责责任追究

（1）食品安全事故的预防处置原则。

在食品安全事故的处理过程中，政府和食品安全监管部门应坚持保护人体健康，预防为主；保障社会稳定与发展；行政性与技术性相结合的应急处置原则。违反关于食品安全事故的预防处置原则，政府和食品安全监管部门必须承担行政责任，主要行为包括：事实错误，适用法律、法规错误，违反法定程序，超越职权，滥用职权，不履行或拖延履行法定职责以及行政不当。

（2）不履行食品安全事故预防和处置职责责任追究依据。

《食品安全法》第七十五条规定，调查食品安全事故，除了查明事故单位的责任，还应当查明负有监督管理和认证职责的监督管理部门、认证机构的工作人员失职、渎职情况。

《突发事件应对法》第六十三条规定，地方各级人民政府和县级以上各级人民政府违反法律规定，不履行法定职责的，由其上级行政机关或者监察机关责令改正；有下列情形之一的，根据情节对直接负责的主管人员和其他直接责任人员依法给予处分：未按规定采取预防措施，导致发生突发事件，或者未采取必要的防范措施，导致发生次生、衍生事件的；迟报、谎报、瞒报、漏报有关突发事件的信息，或者通报、报送、公布虚假信息，造成不良后果的；未按规定及时发布突发事件警报、采取预警期的措施，导致损害发生的；未按规定及时采取措施处置突发事件或者处置不当，造成不良后果的；不服从上级人民政府对突发事件应急处置工作的统一领导、指挥和协调的；未及时组织开展生产自救、恢复重建等善后工作的；截留、挪用、私分或者变相私分应急救援资金、物资的；不及时归还征用的单位和个人的财产，或者对被征用财产的单位和个人不按规定给予补偿的。

（二）追究行政责任的原则

政府和食品安全监管部门存在违反法律法规规定的失职、渎职情况，但尚不足以追究刑事责任时，理应追究行政责任，须坚持行政责任追究的原则，包括责任法定原则，公正原则，补救、惩罚与教育相结合原则。

（三）承担行政责任的主要方式

承担行政责任的方式有通报批评、行政赔偿和行政处分。

行政赔偿是指行政主体及其人员在执行职务过程中因违法或不当的具体行政行为侵害相对人的合法权益并造成损害时，由国家行政机关依法予以赔偿的制度。

行政处分指行政主体对行政人员违法行为给予的惩戒。应受行政处分的违法行为包括：引起行政赔偿的行为和行政处罚中的违法行为。行政处分的种类包括警告、记过、记大过、降级、撤职和开除六种形式。行政处分必须严格遵循法定程序，一般要经过立案、调查、审理、批准、执行等阶段，做到事实清楚、证据确凿、定性准确、处理恰当、手续完备。

（四）政府和食品安全监管部门行政责任追究

在2003—2004年的“劣质奶粉”事件中，结合相关调查情况，根据权责一致的原则，阜阳市1名市长、2名副市长、1名市政府副秘书长、5名处级干部因对事件处置不力受处理，3名领导干部也因此事件被责令辞职。2004年5月，浙江省温州市也陆续出现“劣质奶粉”害婴事件，在追逃涉案人员的同时，温州市更深入调查有关部门负责人和有关县（市）政府分管领导在奶粉审批、监督、管理环节的失职、失察、腐败等问题。根据调查情况，温州市食品安全综合监管相关部门负责人共 21 人被分别给予不同程度的行政处分。2004 年 11 月，监察部牵头、质检总局等部门组成奶粉案件督查组，在查清事实、分清责任的基础上，依据有关法律法规和程序对有关地方政府和监管部门的 97 名责任人作出处理。

近几年，行政问责制越来越严厉，2008 年三鹿奶粉事件有如政坛地震，让大批官员应声倒地。其中，河北省省委常委、石家庄市市委书记因未将三鹿牌奶粉事件及时上报且处置事故不力，被免去其河北省省委常委、石家庄市市委书记职务；石家庄市分管农业生产的副市长、石家庄市畜牧水产局局长、石家庄市食品药品监督管理局局长、石家庄市质量技术监督局局长因对三鹿奶粉的奶源生产、收购和销售环节监管不力，均被免职。而由于国家质量监督检验检疫总局监管缺失，多家奶制品企业部分产品都不同程度含有三聚氰胺，局长李长江因负有领导责任而引咎辞去局长职务。其他有关监管部门相关负责人也被追究相应责任。

事实上，在 2003 年安徽阜阳“大头奶粉”事件发生不久，三鹿奶粉即被列入有关媒体公布的伪劣奶粉“黑名单”，并遭全国各地执法部门封杀。此后，三鹿集团火速展开危机公关，经多方斡旋，终于将三鹿奶粉撤出“黑名单”。不料 4 年后，三鹿奶粉却因质量问题再次引起轩然大波。“三鹿”商标曾被国家认定为“中国驰名商标”，其产品属免检产品，在免检的有效期内，消费者及政府部门均不得对其进行质量监督检查，但两起事件的发生也对国家质量监督敲响警钟。

在我国的食品安全事件中，事前监督严重缺位，部门之间职能交叉、食品标准不齐、法规不全、监测手段落后、地方保护主义严重、执法者贪赃枉法；事后问责更是乏力，对受害者权益保护不足，对肇事者处罚力度小、刑责轻，无法形成足够的震慑力。这些痼疾集中在一起，便放大了食品安全问题。

二、政府和食品安全监管部门的刑事责任

按照“权责一致”的原则，政府和食品安全监管部门，未能履行法律法规赋予的权力，导致食品安全事故发生或影响食品安全事故处置，属于失职和渎职，情节尚轻的，对相关责任人追究行政责任；后果严重的，则须对相关责任人追究刑事责任。

（一）政府和食品安全监管部门行政责任的法规依据

《食品安全法》规定，违反其规定，县级以上卫生行政、农业行政、质量监督、工商行政管理、食品药品监督管理部门或者其他有关行政部门不履行本法规定的职责或者滥用职权、玩忽职守、徇私舞弊，造成严重后果，构成犯罪的，依法追究刑事责任。

《突发事件应对法》第六十八条规定，违反法律规定，构成犯罪的，依法追究刑事责任。

《产品质量法》第六十五条规定，各级人民政府工作人员和其他国家机关工作人员存在包庇、放纵产品生产、销售中违反本法规定行为；向从事违反产品质量法规定的生产、销售活动的当事人通风报信，帮助其逃避查处；阻挠、干预产品质量监督部门或者工商行政管理部门依法对产品生产、销售中违反产品质量法规定的行为进行查处，造成严重后果者，构成犯罪的，依法追究刑事责任。

《消费者权益保护法》第五十三条规定，国家机关工作人员玩忽职守或者包庇经营者侵害消费者合法权益的行为，情节严重，构成犯罪的，依法追究刑事责任。

（二）政府和食品安全监管部门的刑事责任追究

2004 年，浙江省泰顺县质量技术监督局负责人在监管辖区内奶粉企业产品质量期间，发现奶粉企业所生产的奶粉质量不合格，该负责人并未对奶粉企业生产的奶粉进行合理限制，仍违反有关法律法规及标准对生产婴幼儿主、辅食品营养卫生标准的强制规定，自行降低婴幼儿奶粉中蛋白质含量标准，使不符合营养卫生标准的婴幼儿奶粉流入市场，严重危害婴幼儿身体健康，被以玩忽职守罪追究刑事责任。

2003 年 5 月以来，一些营养成分严重不足的伪劣奶粉充斥阜阳农村市场，该事件导致 171 名儿童因食用劣质奶粉出现营养不良综合征，其中 12 名儿童病发死亡。有报道指出，阜阳市工商、卫生等部门曾经对劣质奶粉进行过清查，也向消费者发布过警示；市政府也曾在 2004 年初部署过对奶粉市场的专项整治，但总体上阜阳市政府和工商、卫生等部门存在对劣质奶粉充斥市场及婴儿受害问题重视不够、清查不彻底、督查不到位、执法不严的问题，导致一直未能有效遏制劣质奶粉充斥市场的状况；而信息不公开、信息渠道不畅也严重损害了消费者的知情权。在国务院调查组的统一组织下，阜阳市对制售劣质奶粉违法犯罪行为进行严厉打击，立案查处涉嫌销售不合格奶粉案件 39 起，刑事拘留 47 人，正式逮捕 31 人。阜阳市工商局公平交易局局长涉嫌徇私枉法被移送检察机关，阜阳市两个工商所副所长因包庇、瞒报、谎报劣质奶粉相关情况构成徇私舞弊罪被送审，分别被判处有期徒刑两年和两年零六个月。

本章学习要点

1. 食品生产经营者及政府部门对食品安全的责任。
2. 食品生产经营者与政府部门在食品安全事故中的法律责任。

关键术语

食品　生产经营　监管责任　法律责任

思考与练习

1. 简述食品安全生产经营者及政府监管部门承担的食品安全职责。
2. 简述食品安全事故法律责任的追究对象及形式。
3. 结合食品安全法及有关食品安全案例，阐述食品安全法中规定民事赔偿优先于行政处罚与刑事罚金的重要意义。

拓展阅读

[1] 李援，宋森，汪建荣，刘沛．中华人民共和国食品安全法释解与应用［M］．北京：人民出版社，2009.

[2] Canadian Food Inspection Agency. Food Safety Emergency Preparedness, http://www. inspection. gc. ca/english/fssa/concen/tipcon/emurge. shtml.

[3] Canadian Food Inspection Agency. Food Safety Assessment-the Food Emergency Response System of the Canadian Food Inspection Agency, http://www. hc-sc. gc. ca/fn-an/securit/eval/reports-rapports/fers-siua_01-eng. php.

[4] Health Canada. Canada Food Borne Illness Outbreak Response Protocol to Guide a Multi-jurisdictional Response, http://www. hc-sc. gc. ca/ed-ud/respond/food-aliment/index-eng. php.

[5] Agriculture and Agri-Food Canada. Canada's Action Plan for Food Security, http://www. agr. gc. ca/AAFC-AAC/display-afficher. do? id = 1204751160633&lang = eng.

[6] ANZFA (Australia New Zealand Food Authority) Food Industry Recall Protocol [2001 - 10].

[7] Canadian Food Inspection Agency (CFIA). Food Recall Resource Centre Allergy Alerts and Food Recalls, http://www. insection. gc. ca/english/corpaffr/

educ/alerte. shtml.

[8] National Food Service Management Institute. Food Recall Action Plan Questions and Answers about Food Product Recall (USA), http://www. nfsmi. org/Information/recallbrochure. Pdf.

[9] Department of Health. South Australia Food Recall, http://www. dh. sa. gov. au/pehs/Food/food-recalls. html.

[10] U. S. Food and Drug Administration. Food Recall's Background and Definitions, http://www. fda. gov/oc/po/firmrecalls/rdcall_defin. html.

[11] 香港特别行政区政府食物环境卫生署食品收回指引，http://sc. info. gov. hk/gb/www. fehd. gov. hk/safefood/safe-recallc. html.

附 录 缩略语表

ADI（Acceptable Daily Intake）日允许摄入量

ALARA（as Low as Reasonably Achievable）合理地达到最低剂量水平的原则

AOAC（Association of Official Agricultural Chemists）官方农业化学家协会

CAC（Codex Alimentarius Commission）国际食品法典委员会

CCFAC（Codex Committee on Food Additives and Contaminations）食品添加剂及污染物法典委员会

CCFH（Codex Committee on Food Hygiene）食品卫生法典委员会

CCFICS（Codex Committee on Import and Export Food Inspection and Certification System）进出口食品检验及认可系统法典委员会

EMDI（Estimated Maximum Daily Intake）估计日最大摄入量

EMRL（Estimated Maximum Residue Limit）估计最大残留限量

EPA（U. S. Environmental Protection Agency）美国环境保护署

FAO（Food and Agriculture Organization of the United Nations）联合国粮食及农业组织

FDA（U. S. Food and Drug Administration）美国食品与药品监督管理局

GMO（Genetically Modified Organism）转基因生物

ISO（International Organization for Standardization）国际标准化组织

JECFA（Joint FAO/WHO Expert Committee on Food Additives）FAQ/WHO 食品添加剂专家委员会常委会

LOD（Limit of Determination）最低检测限

MRL（Maximum Residue Limit）最大残留限量

NRC（U. S. National Research Council）美国国家研究理事会

OIE［Office International des Epizooties（法语名），World Organization for Animal Health（英语名）］世界动物卫生组织

PMTDI（Provisional Maximum Tolerable Daily Intake）暂定每日最大耐受摄入量

PTDI（Provisional Tolerated Daily Intake）暂定每日耐受摄入量

PTWI（Provisional Tolerated Weekly Intake）暂定每周耐受摄入量

RDA（Recommended Daily Allowance）推荐每日允许摄入量

RDI（Recommended Daily Intake）推荐每日摄入量

RfD（Reference Dose）参考剂量

SPS agreement（Agreement on the Application of Sanitary and Phytosanitary Measures）实施卫生与植物卫生措施协定

SSOP（Sanitation Standard Operation Procedures）卫生标准操作规程

TBT agreement（Agreement on Technical Barriers to Trade）贸易技术壁垒协议

TDI（Tolerated Daily Intake）每日耐受摄入量

TMDI（Theoretical Maximum Daily Intake）理论每日最大摄入量

WHO（World Health Organization）世界卫生组织

参考文献

一、国家相关法律文件

1.《中华人民共和国食品安全法》，2009年2月28日第十一届全国人民代表大会常务委员会第七次会议通过，2009年6月1日起实施。

2.《刑法》，1979年7月1日第五届全国人民代表大会第二次会议通过，1997年3月14日第八届全国人民代表大会第五次会议修订，随后六次修正。

3.《民法通则》，1986年4月12日第六届全国人民代表大会第四次会议通过。

4.《中华人民共和国传染病防治法》，1989年2月21日第七届全国人民代表大会常务委员会第六次会议通过，2004年8月28日第十届全国人民代表大会常务委员会第十一次会议修订。

5.《中华人民共和国产品质量法》，1993年2月22日第七届全国人民代表大会常务委员会第三十次会议通过，2000年7月8日第九届全国人民代表大会常务委员会第十六次会议修正。

6.《中华人民共和国消费者权益保护法》，1993年10月31日第八届全国人民代表大会常务委员会第四次会议通过。

7.《中华人民共和国广告法》，1994年10月27日第八届全国人民代表大会常务委员会第十次会议通过，1995年2月1日起施行。

8.《中华人民共和国进出口商品检验法》，1989年2月21日第七届全国人民代表大会常务委员会第六次会议通过，1989年2月21日中华人民共和国主席令第14号公布，1989年8月1日起施行。

9.《中华人民共和国农产品质量安全法》，2006年4月29日第十届全国人民代表大会常务委员会第二十一次会议通过。

10.《中华人民共和国突发事件应对法》，2007年8月30日第十届全国人民代表大会常务委员会第二十九次会议通过。

11.《中华人民共和国动物防疫法》，2007年8月30日第十届全国人民代表大会常务委员会第二十九次会议修订通过，2008年1月1日起施行。

12.《中华人民共和国国境卫生检疫法》，2007年12月29日第十届全国人民代表大会常务委员会第三十一次会议公布，自公布之日起施行。

13.《突发公共卫生事件应急条例》，国务院令第376号，2003年5月9

日发布。

14.《突发公共卫生事件与传染病疫情监测信息报告管理办法》，卫生部令第37号，2003年11月7日发布。

15.《国家突发公共卫生事件相关信息报告管理工作规范》，卫生部卫办应急发〔2005〕288号，2005年12月27日发布。

16.《乳品质量安全监督管理条例》，国务院令第536号，2008年10月9日发布。

17.《国家突发公共事件总体应急预案》，国务院2006年1月8日发布。

18.《国家突发公共卫生事件应急预案》，国务院2006年2月28日发布。

19.《国家食品安全事故应急预案》，国务院2010年1月8日发布。

20.《国家突发公共事件医疗卫生救援应急预案》，国务院2006年1月8日发布。

21.《政府信息公开条例》，国务院令第492号，2008年4月5日发布。

22.《广东省食物中毒事故处理暂行规定》，粤卫〔2002〕274号，广东省卫生厅2002年12月17日发布。

23.《食品召回管理规定》，国家质量监督检验检疫总局2007年8月27日发布。

24.《广东省突发公共事件总体应急预案》，广东省人民政府2006年12月29日发布。

25.《广东省突发公共卫生事件应急办法》，广东省第十届人民代表大会常务委员会第七次会议通过，2003年11月27日颁布实施。

26.《广东省重大食品安全事故应急预案》，广东省食品药品监督管理局2007年12月2日发布。

二、参考文献

1. 达庆东，戴金增．卫生监督［M］．上海：复旦大学出版社，2003.

2. 董关鹏．如何面对媒体与公众——突发事件应对与媒体关系管理讲义［Z］．北京：清华大学（未刊），2008.

3. 杨明亮，赵亢．发达国家和地区食品召回制度概要及思考［J］．中国卫生监督，2006，13（5）.

4. 香港卫生福利及食物局食物环境卫生署．在香港设立强制回收食物架构的需要［Z］．立法会CB（2）362/04－05（08）号文件附件B，2004－12－14.

5. 金海水，刘俊华．农产品质量快速溯源系统的现状、问题及对策［J］．商业时代，2009（25）.

6. 耿献辉，周应恒．食品安全与可追溯系统［J］．世界农业，2002(6).

7. 程言清，黄祖辉．美国食品召回制度及对我国食品安全的启示［J］．经济纵横，2003（1）.

8. 王陇德．卫生应急工作手册［M］．北京：人民卫生出版社，2005.

9. 中国工程院医药卫生学部．中国食品安全——挑战、问题、认识和办法［M］．北京：中国协和医科大学出版社，2008.

10. 药害事件频发，中国药监稽查处在转折关头［N］．南方都市报（A21版·时局)，2009－02－13.

11. 赵同刚．卫生监督员手册——食品卫生监督［M］．北京：人民卫生出版社，2007.

12. 中国法院网—法治论坛．食品安全事故中的法律责任［Z］．食品生产企业产品法律责任培训班讲义，2008.

13. 莱斯特．栅栏技术在食品开发中的应用［J］．王卫译．肉类研究，1996（1).

14. 关楠，马海乐．栅栏技术在食品保藏中的应用［J］．食品研究与开发，2006，27（8).

15. 赵志峰，雷鸣，卢晓黎，闫志农．栅栏技术及其在食品加工中的应用［J］. 食品工业科技，2002（8).

16. 王卫．栅栏技术在中国传统肉制品加工中的应用研究［D］．四川大学硕士学位论文，2002.

17. 姜涛，张晓峰．桶装鲜啤酒的质量控制［J］．啤酒科技，2003（7).

18. 刘为军，魏益民，韩俊，罗丹，潘家荣．我国食品安全控制体系及其发展方向分析［J］．中国农业科技导报，2005，7（5).

19. 张剑，凌天珊．速冻食品质量控制方法［J］．食品安全，2005，26（1).

20. 魏益民．论国家食品安全控制体系及其相互关系［J］．中国食物与营养，2008（9）.

21. 李聪，黄逸民．食品安全监测与预警系统［M］．北京：化学工业出版社，2006.

22. 唐晓纯．食品安全预警理论、方法与应用［M］．北京：中国轻工业出版社，2008.

23. 黄晓娟，刘北林．食品安全风险预警指标体系设计研究［J］．哈尔滨商业大学学报（自然科学版)，2008，24（5).

24. 何坪华，聂凤英．食品安全预警系统功能、结构及运行机制研究［J]. 商业时代，2007，(33).

25. 曹立亚，郭林. 美国药品安全监管历程与监测体系［M］. 北京：中国医药科技出版社，2006.

26. 胡小钟，余建新，吴涛. 美国食品安全监管体系简介［J］. 中国检验检疫，2000（7）.

27. 刘志英. 美国食品安全管理体系及其对我国的启示［J］. 内蒙古科技与经济，2005（15）.

28. Takemi Yoshida. Preparedness Response to Hazard and Toxic Incidents，and Food Terrorism［J］. *The Pharmaceutical Society of Japan*，2008，128（6）.

29. Welte VR. Emergency Prevention System（EMPRES）for Transboundary Animal and Plant Pests and Diseases［J］. *New York Academy Sciences*，2004（1026）.

30. U. S. Food and Drug Administration，FDA Enforcement Report.

31. Terrorism and Emergency Preparedness in State and Territorial Public Health Departments［J］. *MMWR Morb Mortal Wkly Rep*，2005，54（18）.

32. Liang H. Investigating Public Health Emergency Response Information System Initiatives in China［J］. *Int J Med Inform*，2004，73（9–10）.

33. Lichtveld M. Preparedness on the Frontline：What's Law Got to Do with It?［J］. *J Law Med Ethics*，2002，30（3）.

34. Recall Policies. U. S. Food and Drug Administration Center for Food Safety and Applied Nutrition Industry Affairs Staff Brochure，2002.

35. Food Inspection Agency-Food Safety Directorate-Office of Food Safety and Recall Food Recalls：Distributors' Guide Canadian.

36. Chen Jun-shi. A Worldwide Food Safety Concern in 2008 Melamine – contaminated Infant Formula in China Caused Urinary Tract Stone in 290 000 Children in China［J］. *Chinese Medical Journal*，2009，122（3）.

37. Jib Holee. Analysis of Foodborne Diseases Outbreaks for Improvement of Food Safety Programs in Seoul，Republic of Korea，from 2002 to 2006［J］. *Journal of Environmental Health*，2009，71（7）.

38. Abbas，Hamed K. *Aflatoxin and Food Safety*［M］. Boca Raton：CRC Taylor & Francis，2005.

39. Barbara，Rasco A. and Bledsoe，Gleyn E. *Bioterrorism and Food Safety*［M］. Boca Raton：CRC Press，2005.

40. Dabrowski，Waldemar M.，Sikorski，Zdzislaw E. and Jim，Riviere. *Chemical Food Safety：a Scientist's Perspective*［M］. Ames，Iowa：Iowa State Press，2002.

41. Doyle，Michael P. *Foodborne Bacterial Pathogens*［M］. New York：Marcel

Dekker, 1989.

42. Eley, Adrian R. *Microbial Food Poisoning* [M]. New York: Chapman & Hall, 1992.

43. Lawley, Richard, Curtis, Laurie and Davis, Judy. *The Food Safety Hazard Guidebook* [M]. Cambridge: RSC Pub, 2008.

44. Lees, Michael. *Food Authenticity and Traceability* [M]. Cambridge: Woodhead Pub, Boca Raton, FL: CRC Press, 2003.

45. Matthews, G. A. *Pesticides: Health, Safety and the Environment* [M]. Ames, Iowa: Blackwell Pub, 2006.

46. McSwane, David, Rue, Nancy R., and Linton, Richard. *Essentials of Food Safety and Sanitation* [M]. Upper Saddle River, NJ: Pearson/Prenticeb Hall, 2005.

47. Ortega, Ynes R. *Foodborne Parasites* [M]. New York: Springer, 2006.

48. Raton, Boca. *Toxins in Food* [M]. Florida: CRC Press, 2005.

49. van der Heijden, Kees. *International Food Safety Handbook: Science, International Regulation, and Control* [M]. New York: Marcel Dekker, 1999.

图书在版编目（CIP）数据

食品安全应急管理/唐书泽主编．—广州：暨南大学出版社，2012.4
（应急管理理论与实务丛书）
ISBN 978－7－5668－0075－6

Ⅰ.①食…　Ⅱ.①唐…　Ⅲ.①食品安全—安全管理　Ⅳ.①TS201.6

中国版本图书馆 CIP 数据核字(2011)第 263741号

出版发行：暨南大学出版社

地　址：中国广州暨南大学
电　话：总编室（8620）85221601
　　　　营销部（8620）85225284　85228291　85228292（邮购）
传　真：（8620）85221583（办公室）　85223774（营销部）
邮　编：510630
网　址：http：//www.jnupress.com　http：//press.jnu.edu.cn

排　版：广州市天河星辰文化发展部照排中心
印　刷：广州市怡升印刷有限公司

开　本：787mm×960mm　1/16
印　张：19
字　数：367千
版　次：2012年4月第1版
印　次：2012年4月第1次
印　数：1—2000册

定　价：38.00元

（暨大版图书如有印装质量问题，请与出版社总编室联系调换）